中国艺术品典藏系列丛书

华钗流光

中国传统首饰

王金华 著

中国纺织出版社有限公司

内 容 提 要

中国传统首饰丰富多彩、美不胜收，且蕴含了深厚的文化内涵和民族精神，具有较高的实物价值和文史价值。

作者怀着五十余年的研究心得和收藏感悟，精心撰写了这本收录千余件珍贵首饰藏品的著作。全书共三篇，第一篇为头饰，第二篇为手饰与耳饰，第三篇为长命锁与挂饰。这既是一本专门介绍华夏传统首饰的专著，也是一本画册类的文物书籍，不仅有大量的簪、钗、冠、手镯、戒指、耳饰、长命锁等珍贵文物实图，同时还从人类学、美学、民族学、民俗学、工艺学等角度，展示了文物藏品的历史背景、形制风格、艺术特征、材料工艺、使用情况、当前状态及收藏展望等。

本书内容丰富、图文并茂，具有较高的研究和鉴赏价值，有利于读者了解中国传统首饰文化和历史，也有助于读者对传统技艺和设计方法的学习、借鉴和创新，从而弘扬民族文化，推动我国首饰行业的发展。

图书在版编目（CIP）数据

华钗流光：中国传统首饰 / 王金华著 .-- 北京：中国纺织出版社有限公司，2025.1
（中国艺术品典藏系列丛书）
ISBN 978-7-5229-1297-4

Ⅰ. ①华… Ⅱ. ①王… Ⅲ. ①首饰－文化－介绍－中国 Ⅳ. ①TS934.3

中国国家版本馆 CIP 数据核字（2024）第 003437 号

责任编辑：李春奕　施　琦　　责任校对：高　涵
责任印制：王艳丽

中国纺织出版社有限公司出版发行
地址：北京市朝阳区百子湾东里 A407 号楼　邮政编码：100124
销售电话：010—67004422　传真：010—87155801
http://www.c-textilep.com
中国纺织出版社天猫旗舰店
官方微博 http://weibo.com/2119887771
天津联城印刷有限公司印刷　各地新华书店经销
2025 年 1月第 1 版第 1 次印刷
开本：787×1092　1/8　印张：63.5
字数：548 千字　定价：799.00 元

凡购本书，如有缺页、倒页、脱页，由本社图书营销中心调换

序

工艺美术是劳动人民创造的生活文化，它与人们的生活、生产、风俗习惯有着密切的联系，其多数直接用来美化自身、美化物品和美化生活环境。工艺美术以其典雅的造型、完美的功能，在精神和物质上满足了人们多层次、多方面的需求。工艺美术是中华民族文化的一个重要组成部分，蕴含着各族人民的心理素质和精神需求，反映其审美观念与审美理想。无论是历史上的宫廷工艺、文人士大夫工艺、宗教工艺，还是民间工艺，都是珍贵的民族非物质文化遗产，也是民族艺术的活的传承。

五十多年来，金华先后将自己收藏的成系列的、极为珍贵的传统艺术精品贡献给国内的文博单位、高等院校与研究机构；五十多年来，金华坚持著书立说，出版了十多部有关传统艺术品鉴藏与研究的著作，受到业内专家、学者和从业者、收藏者的赞誉与喜爱；五十多年来，金华满怀对传统文化的敬畏，以一己之力为保护与传承中华民族的优秀传统文化作出了重要贡献。

史实是工艺美术研究的起点和基础，王金华先生将对工艺美术的分析和判断建立在对史料的搜集、整理及辨伪的基础之上，充分地利用实物、遗迹、文献和民俗学材料，特别注重对工艺美术各类型发生学价值的发掘，注重对工艺美术各类型原生态性质的探索与描述。金华的著作体现了图文并茂的特点，侧重于审美、田野考察和研究，揭示它在美学上的发展规律。相信这部首饰著作一定会为中国工艺美术研究作出自己应有的贡献。

孙建君
中国艺术研究院研究员，博士研究生导师
2024 年 7 月

前言

金银首饰自古以来就被人们视为珍宝，视为身份地位的象征，这是不争的事实。尤其是历代的金银首饰，直到今天，其地位从未动摇也从未间断，在人们的思想观念中仍是一件最值得收藏的宝贝。金银首饰，哪怕是一件小小的耳坠、簪钗，也渗透着当年历史与人文的时代气息，睹物思人，每一件金银首饰都有着美好的故事，更是一件值得收藏、欣赏的吉祥物品。

这部《华钗流光：中国传统首饰》的内容很丰富，将读者带入一个雍容华贵，流光溢彩的金银世界。其中有金银点翠制簪、钗、步摇、扁方，银珐琅彩制簪、钗、步摇，有金银制手镯，还有长命锁、戒指、耳环、耳坠等，尤其是一些较大、较重的点翠凤冠和蒙古族镶满珊瑚松石的头冠，更是为本书增加了许多亮丽的色彩。

中国历代服饰文化博大精深，而服饰离不开各种金银饰品的装扮点缀，人们佩戴上珠光宝气的簪、钗、步摇，才是锦上添花，更显精致与高雅。首饰上的各种纹样都有着美好的吉祥寓意，如龙凤呈祥、松鹤延年、鹤鹿同春、富贵万代、金玉满堂、连生贵子、平安富贵、榴开百子、官上加官、鲤鱼跳龙门、三元及第、连中三元、瓜瓞绵绵、官居一品、八仙过海、延年益寿、万代长春、福从天降、欢天喜地、喜上眉梢等都是中华传统文化的吉祥主题，这些主题深深地铭刻于人们的日常生活中，表达对生活的美好期盼。书中展示的历代金手镯格外珍贵，还有金点翠凤冠、镶满各色宝石的金扁方等，其手工艺之巧妙而精细，让人爱不释手。历代金银首饰不仅承载着人们的丰富情感，还体现了各个历史时期的特点、工艺发展水平。

自古以来，世人都把黄金白银当作财富的象征，因为它既能珍藏，又可彰显身份地位。当它们经过匠人的千锤百炼成为一件艺术品，一件可佩戴、可观赏的首饰，一件古董古玩时，则会变身为无价之宝。本人偏爱中国的服饰文化，更爱中国传统的金银首饰，因为每件金银首饰都经过了精心设计、精心施艺，倾注了制作者的情感和心血。书中这些古老的金银首饰，伴随人们度过了最美好的年华，历经岁月沧桑，具有穿越时代的审美价值，是古董、是古玩，更是古典工艺的结晶。有一种收藏就会有一种情趣，老金银收藏，是一种怀旧、是一种对往事的美好回忆。最后，希望这部《华钗流光：中国传统首饰》能给中国传统金银首饰爱好者带来一些帮助，当作一份参考资料，把中国的传统服饰首饰文化传承发扬下去。这部书很快会和大家见面。希望大家喜欢这部书，并提出宝贵意见。祝大家快乐安康！

王金华

2024 年 8 月

华钗流光

中国传统首饰

目录

第一篇　头饰

冠

簪

钗

钗

扁方

蒙古族头饰

其他头饰

第二篇 手饰与耳饰

手镯

手镯

手镯

戒指

耳饰

耳饰

第三篇　长命锁与挂饰

长命锁

银挂饰

第一篇 头饰

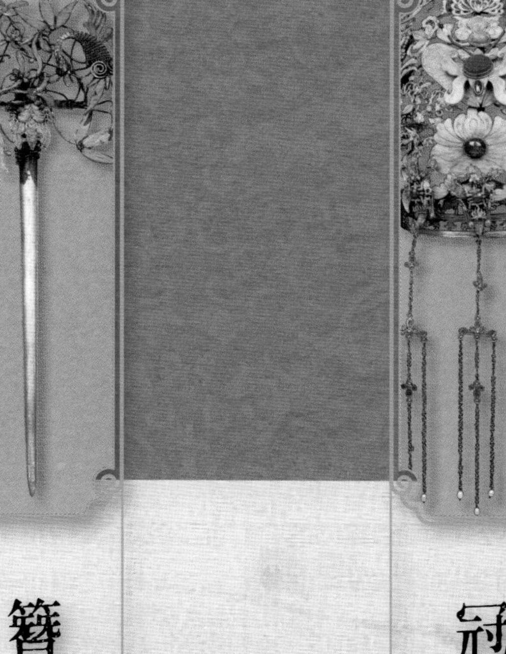

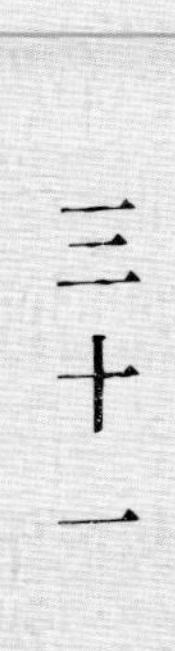

第一篇 头饰

冠

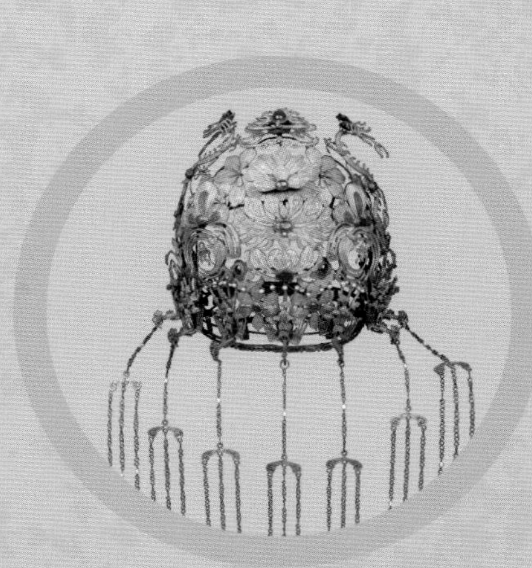

银点翠龙凤呈祥冠

年 代	清代	地 区	北京
尺 寸	长30厘米 高18厘米	重 量	90克

古代的首服主要有三大类别：一类为冠，二类为巾，三类为帽。三种首服用途不同，戴冠是为了修饰，扎巾是为了敛发，戴帽是为了御寒，巾、帽有实用价值，而冠则注重饰容。

冠，自古以来就是权力的象征，是帝王、诸侯、卿大夫、贵妇人的一种礼冠。在各种礼冠中，以凤冠为重，非命妇不备。长期以来，头戴凤冠，身着霞帔，一直被视为中国妇女的最大荣耀。关于冠的来历可以追溯到汉代，汉代以后，以凤饰首的做法在权贵妇女中屡见不鲜。正式把凤冠确定为法服，并将其列入冠服制度，是宋代以后的事情。据《宋史·舆服志》记载，宋代后妃在受册、朝谒景灵宫等最隆重的场合，都必须戴凤冠。凤冠形制为："首饰花九株，同样，并两博鬓，冠饰以九翠四凤。"这是北宋时期凤冠标准的样式和要求。南迁以后，宋代对贵妇所戴的凤冠又做了一些改进。变化较大的是在凤冠上增加了龙的形象，如"龙凤呈祥"。《宋史·舆服志》有载："中兴，仍旧制，其龙凤花钗冠。大小花二十四株，应乘舆冠梁之数，博鬓，冠饰

同皇太后，皇后服之，绍兴九年所定也。”不过，这个时期的凤冠仅见于记载，还没有见到实物。

本图中，不说冠体，单是冠的流苏就不一般，其图案精巧、工艺复杂、制作精良，绝非一般人家能够拥有。冠上，两龙守护在龙门左右，像是刚刚从波涛中跃过龙门、腾入云端。“鲤鱼跳龙门”是大吉大利之意，寓意读书之人科举高中，金榜题名，从此青云直上，步入宽坦仕途。

凤为百鸟之长，群鸟皆从其飞，与君臣之道相合，故《伦叙图》以凤凰喻君臣之道。皇室之物历来多冠以凤，如凤辇、凤邸、凤盖、凤驾、凤楼等。在龙凤文化的发展过程中，龙凤逐渐发生了分化，龙专属男性，凤专用于女性。民间常说，生男是龙，生女是凤。龙凤最初只是皇家专用，以后民间也逐渐使用起来。

龙凤呈祥有夫妻和谐的寓意，所以，银匠将此当作吉祥图案设计在首饰上，象征家庭祥和如意、幸福美满。

银点翠龙凤冠

年 代	清代	地 区	北京 天津 河北
尺 寸	长32厘米 高17厘米	重 量	120克

这件银点翠龙凤冠的主题为龙凤纹，下层额前的五凤流苏坠饰虽然已丢失，但是并不伤大雅。

自从有了点翠工艺，点翠饰品就备受历代女性喜爱。这种饰物具有品类众多、款式多样、用途广泛、图案丰富的特点。头部饰品主要包括：发饰、头饰、颈饰、耳饰、挂件等。许多古代饰件至今仍然能够佩戴，颇有影响力的知名女作家米兰Lady就在她的《饰·琳琅》一书中写道，收到那件“从上到下镶了红宝、碧玺、翡翠、青金石、粉晶和黄水晶等多种天然宝石或半宝石”的耳环，清理后便“戴了两天，果然赢得颇高的回头率，很多人 主动询问和赞美”。

点翠工艺丰富了传统首饰行业，可惜的是，经过几百年的沧桑变革，如今的古玩市场很难再看到完整无缺的点翠饰品了，像这件保存得如此之好的凤冠大件可谓凤毛麟角，是难得一见的极佳之品。

这是一件银点翠龙凤冠，除了中层有二龙戏珠图形外，整个冠的上、下层全部是大、小凤，凤占了整个冠的绝大部分。

在传统纹样中，凤的应用十分广泛，具体可以分为两大类：第一类是只有凤或以凤为主体的纹样，如丹凤朝阳、双凤朝阳、仪凤图、凤凰来仪、凤凰于飞等；第二类是与其他吉祥物组合而成的纹样，如龙凤呈祥、凤麟呈祥、龙蟠凤仪、吹箫引凤、凤穿牡丹等。

这件点翠龙凤冠体量大、分量重、羽翠完整，用掐丝工艺制作轮廓，再加以鎏金、镶嵌工艺等成型。这件饰物辗转流传，至今品相良好，可见曾经拥有它的家族或主人是多么地珍爱它。笔者不惜高价收藏，除了对于物品本身的喜爱外，还有一种对有关藏者的敬重之情。

银点翠龙凤冠

年代	清代	地区	北京
尺寸	长30厘米 高18厘米	重量	128克

银点翠凤冠

年代	清代	地区	吉林
尺寸	长22厘米	重量	450克

在头饰家族中，凤冠的尺寸一般都比较大，比抹额要大出三分之二到四分之三。这类用品的前额多配有五只、七只或九只雏凤，尾上头下，口含由一变三的鎏金点翠饰件流苏。流苏是一种下垂的穗子，以五彩羽毛或丝线等柔软材料制成，主要起到装饰和坠物作用。古代帝王头冠上的流苏多以珍珠穿成，按等级划分，数量有所不同。现在，流苏常见于舞台服装的裙边下摆等处。

明代皇后在接受册封、祭祀或出席朝会时，也戴凤冠，具体形制在《明史·舆服志》中有比较详细的记载。按明朝的制度，除皇后、嫔妃可戴凤冠外，其他人不得私戴。内外命妇礼冠只能用花钗、珠翠或金翟，不能用凤凰图样。但实际情况并非如此，一些达官贵戚为了炫耀自己的地位和财富，往往给自己的爱妻置办各种各样的凤冠。明亡之后，中国的传统服制几乎尽数被废，但凤冠的使用等级制度却得到保存，清代的嫔妃、福晋参加朝廷庆典，都戴“朝冠”，这种朝冠实际上就是凤冠。由于凤冠美丽而庄重，所以成为女人们最喜欢的头饰。同时，凤冠还在民间渐渐普及，成为婚嫁的定情信物和必备嫁妆。无论是汉族，还是满族等一些少数民族，姑娘出嫁时都要佩戴凤冠，以示隆重。

点翠凤冠上的翠羽是用翠鸟羽毛中最漂亮的部分制作的。翠鸟是稀有飞禽，十分稀少，现在已是国家重要的保护鸟类。它的羽毛像蓝宝石一般美丽，故点翠被称为“最软的蓝色宝石”。由于点翠制作工艺格外精细、严谨，因此制作速度相当缓慢。点翠饰品贵重，其色彩历经几百年也不会脱色，但娇气易磨损，在佩戴和保存时都需格外小心。

点翠饰品在清代是最耀眼的首饰，是女人最追捧的时尚物品。人们对这种饰品的宠爱一直延续到清末民初才逐渐消失。原料不易得、制作难度大，可能是其消失的主要原因。

银点翠凤冠

年代	清代	地区	北京
尺寸	长20厘米 高16厘米	重量	200克

凤冠主要用于女性。传说凤凰是四灵之一、百禽之王，无论是宫廷、贵族，还是民间，都把凤凰作为吉祥、荣耀的标志。从笔者的藏品中可以看出，不仅汉族，满族等少数民族也喜欢佩戴凤冠，以祈求富贵吉祥、平安多福。关于凤凰的传说，多之又多、广之又广，《大戴礼记·易本命》云："有羽之虫三百六十，而凤皇为之长。"它与龙一起构成了龙凤文化，是中国传统文化的重要组成部分。在相当长的一段历史时期，龙凤两种纹样都专属于皇家，官民用之则违法，甚至有谋反遭诛之灾。后来，随着时代的变迁、观念的更迭，凤凰图案才逐渐广泛地应用于民间，承载着广博的文化内涵。作为一种公众性的吉祥符号，除了女性起名用外，还在剪纸、刺绣、瓷器，尤其是结婚摆设中大量使用。从传统的寓意来说，龙有喜水、好飞、通天、善变、灵异、征瑞、兆祸、示威等神性；凤有喜火、向阳、秉德、兆瑞、崇高、尚洁、示美、寓情等神性。

银点翠凤冠

年代	清代	地区	浙江
尺寸	长28厘米 高20厘米	重量	220克

银点翠凤冠

年代	清代	地区	吉林
尺寸	长34厘米　高18厘米	重量	220克

这是一件精美的传世之物，为传统的满族妇女佩戴之物。其量重、个大，上面镶嵌着玛瑙、松石及珍珠。这件精品在古玩市场十分走俏，几经周折才有缘成为笔者的藏品。

在中国，由于地域差异，各类首饰在风格上总会有所不同。该冠就比一般的要高，所镶嵌的玛瑙、松石也多，流苏帘上有七只精美的小凤，自然下垂，形式新颖。可贵的是，上面的点翠是用翠鸟身上最好的部位——软翠精心制作而成，至今尚完好无缺、清晰易辨。凤冠上的镶嵌十分讲究，色彩搭配五颜六色、异常美丽，增添了雍容华贵之感。这件藏品，历经百余年，依然完美，饰件犹整，七只小凤一个不缺，个个无损，如此完好十分难得。加上这只凤冠的后面还可以自由调整，能紧能松，收缩自如，佩戴方便，故更显珍贵。独特的设计、异常的纹样，反映出中国古代民间艺人的审美情趣和文化积淀。好的首饰，从整体到局部，都异常耀眼、巧妙、精致，给人一种回味无穷的好感。

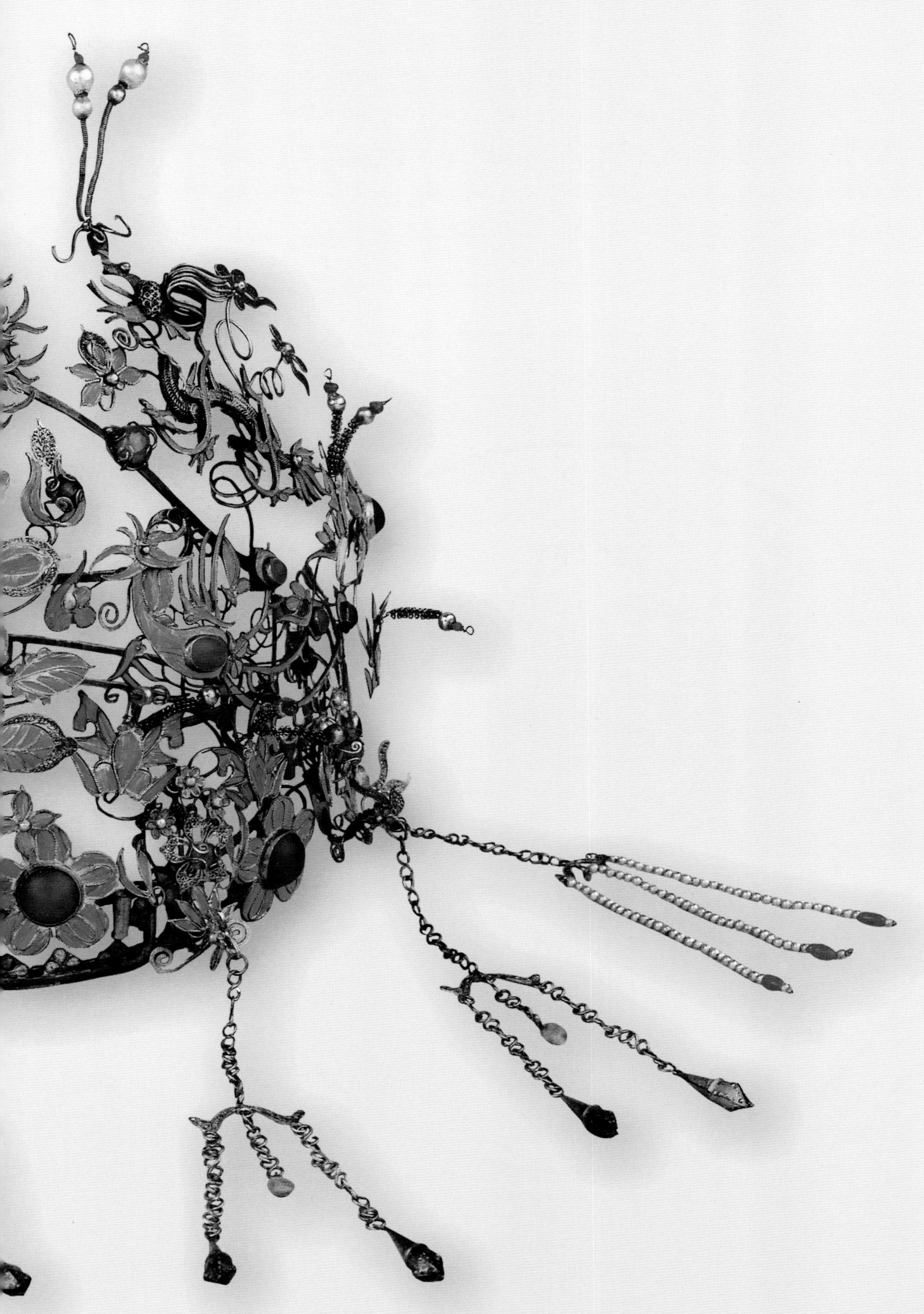

银点翠凤冠

年　代	清代	地　区	吉林
尺　寸	长23厘米　高18厘米	重　量	220克

这件凤冠与其他凤冠不同，造型新颖别致，型方物精，品相极好。

凤冠顶端中间镶有红玛瑙，两边两朵梅花也是用红玛瑙制成，搭配得非常协调。中间三朵牡丹花镶有碧玺，凤冠中间是一个大“寿”字，两侧是由宝石、珍珠、点翠组合而成的双凤，额前是一对由珍珠、小翠片、珊瑚组成的流苏。这种凤冠笔者也是第一次见到，购于东北吉林一个叫乌拉街镇的地方。这里曾经是明清时期满族人居住的地区，一些富裕的家族留下了很多点翠凤冠、银点翠扁方以及其他点翠首饰。三十多年前，一些古董商从这里收购了不少首饰，笔者的运气还不错，一个朋友的家乡在这里，近几年帮笔者收集了一些，书中的一些品质较好的点翠凤冠、银点翠长扁方，都是从乌拉街镇购买到的。

银点翠七凤凤冠之一

年代	清代	地区	吉林
尺寸	高约25厘米（不含流苏）	重量	约820克

点翠工艺分硬翠、软翠两种。硬翠羽毛指翅膀处和尾部的较大羽毛；软翠羽毛指脊背处比较细小的羽毛，是只占翠鸟全身五分之一大小的地方，也是翠羽最精华的部位。在价格上软翠与硬翠相差很大。因此软翠的簪钗首饰流传下来的不多，硬翠在民间还有一些。点翠工艺最早出现在唐代，但只在宫廷里有，真正流行是在明清时，清代达到鼎盛期，一直延续到民国。

银点翠七凤凤冠之二

年代	清代	地区	吉林
尺寸	高约25厘米（不含流苏）	重量	约800克

书中展示的这类点翠凤冠极为少见，用的都是翠鸟羽毛中最漂亮部分的“软翠”，它的翠羽像蓝宝石一般美丽，几百年不变色。这件凤冠满饰“软翠”、宝石珍珠点缀，造型饱满圆润，层次分明，很有观赏趣味。

银点翠七凤凤冠之三

年代	清代	地区	吉林
尺寸	高约25厘米（不含流苏）	重量	约800克

点翠凤冠是清代妇女在重要场合穿吉服时佩戴的一种冠饰。

当年最好的点翠还是在清宫中，清宫贵妇头上都用点翠作装饰。当时流传一句话：“如果妇女头上没有点翠那就不叫佩戴首饰。”从乾隆时期，点翠首饰的工艺渐渐传入民间，给爱漂亮的女人头上插上了一朵几百年都不变色的花。

银点翠九凤凤冠

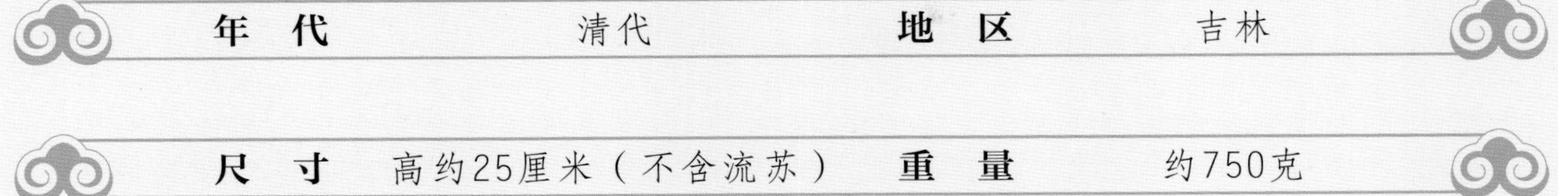

年代	清代	地区	吉林
尺寸	高约25厘米（不含流苏）	重量	约750克

这顶凤冠是清代命妇穿礼服时戴的凤冠，规格很高。冠有五凤、七凤、九凤之分，而这件是九凤，应该是一二品官员夫人所戴。

凤冠的上层左右侧是两条龙，中间是一颗翠圆珠，称为“二龙戏珠”。中间正面一朵牡丹，两边缀珍珠的凤，称为“双凤戏牡丹”。牡丹下有两个南瓜，为多籽的瓜果，称为“子孙万代”。

凤冠下面的三层为九只凤，和上层的两条龙相呼应，可称为“龙凤呈祥”。凤冠的最下层有九条穗子，可称为“岁岁平安，长命百岁”。一个凤冠寓意着这么多的美好愿望，无论是期望、象征，还是假借、比喻，都表达了中国人对美好生活的追求和祈盼。

这件鲤鱼跳龙门凤冠下有两条鱼，上有两条龙，寓意鲤鱼跳龙门。点翠凤冠盛行于清代和民国初期，大多是新娘的嫁妆。古时男子娶妻称“小登科”，可以穿九品官服，新娘则必用凤冠霞帔，以象征吉祥喜庆。据《清稗类抄》云：“凤冠为古时妇人至尊贵之首饰，汉代唯太皇太后、皇太后入庙之首服，饰以凤凰。其后代有沿革，或九龙四凤，或九翠四凤，皆后宫嫔妃之服。明时，皇妃常服，花钗凤冠。平民嫁女，亦有假用凤冠者。”鲤鱼跳龙门图案中，常见的多为二龙戏珠，或称“二龙抢珠”。凤冠帽檐下的凤凰，多的可达七只、九只，少的也有五只，每只嘴上都衔有流苏。为什么都是单数而不是双数？可能与中国人的数字文化观念有关。

点翠凤冠在当时非常流行，只要经济条件允许，女性结婚时都希望佩戴。佩戴凤冠不仅是装束需要，还是婚后夫妻和谐美满的象征，所以在中国历史上被作为婚礼文化的重要仪品。人们喜欢凤凰五彩缤纷的羽毛和均匀对称的纹理，更赞美和敬重它的五种美喻——首之纹为德、翼之纹为礼、背之纹为义、胸之纹为仁、腹之文为信。这五种美喻在古代与君臣之道相吻合，故而《伦叙图》中就将凤凰比喻君臣之道。凤是百禽之王，具有最高的威严和身份，也是美丽至极的象征，所以也就成了中国女性名称中的崇字，如玉凤、巧凤、宝凤、丽凤、凤英、凤岚、凤仪等。总之，人们认为凤能带来美好征兆和光辉前程。

银点翠鲤鱼跳龙门凤冠

年代	清代	地区	河北
尺寸	长20厘米　高15厘米	重量	150克

第一篇 头饰

簪

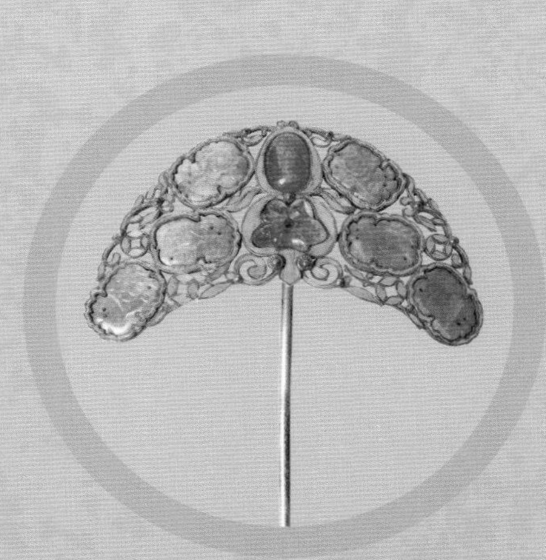

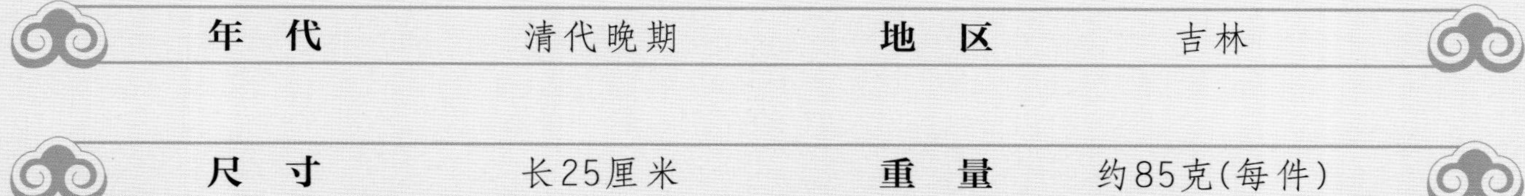

金点翠镶宝石凤纹步摇簪（一对）

年　代	清代晚期	地　区	吉林
尺　寸	长25厘米	重　量	约85克（每件）

图中首饰上的凤为花丝镶嵌，包含了“花丝”与“镶嵌”两种工艺。花丝采用金银为原料，拔成细丝，再编结成型；镶嵌是把金银薄片捶打成型，将珍珠宝石嵌进去，制成装饰品。这是中国细金工艺中最为复杂的一种。通过增加一些珍贵的宝石镶嵌点缀，使美感达到极致。花丝镶嵌这门手艺最早可以追溯到战国两汉时期的“金银错”，这是一种将金银丝嵌入青铜器的手工艺，那个时候已经可以将金丝掐得像头发丝那么细了。

这件点翠的凤鸟就是用极细的金丝绕结，并镶嵌了各种宝石，玲珑精致，令人叹为观止。到了明清时期，宫廷的奢靡生活将花丝工艺推向登峰造极。在北京定陵出土的一件“金丝蟠龙翼善冠”是明代万历皇帝的心爱之物，只有在出席盛大典礼时才使用。这顶皇冠就是用0.2毫米的细金丝编织出来的，薄如轻纱，精妙绝伦。花丝工艺确实是一门复杂的手艺。这门工艺包含了几十种手法，首先要制胎，以便造型，再用堆、垒、编、织等方法使花丝成型，加以烧焊固定，酸洗后烧蓝或镀金，再点翠镶嵌各种宝石，还要打磨锃光等。正因为工艺复杂，花丝工艺的首饰相比其他首饰要少很多，是足金又点翠镶嵌宝石的更是凤毛麟角。

金镶宝石暗八仙纹簪（一对）

年代	清代晚期	地区	吉林
尺寸	长28.5厘米	重量	约89克（每件）

八仙，指中国民间传说中的八位神仙：铁拐李、张果老、汉钟离、吕洞宾、蓝采和、何仙姑、曹国舅、韩湘子。民间有很多关于他们的传说，其中“八仙庆寿”“八仙过海”流传最广。《东游记》中记述的八仙自西王母蟠桃宴会醉归时，途经东海，吕洞宾提议各乘一物渡海，于是八仙各显神通。渡海时，蓝采和遇险，最后八仙各施法力，终于战胜艰险，顺利回归目的地。由此，“八仙过海，各显其能”成了人们常用的一句谚语流传至今，八仙纹也成为中国宫廷、贵族、民间不可缺少的吉祥图案。八仙纹不仅在金银首饰上应用很多，在刺绣、瓷器、玉器、建筑、字画等上的运用也很广泛。

八仙纹的图案有两种：一种是八仙人物纹，另一种是八仙手持的八件宝物纹，称为暗八仙。八仙纹迎合了很多群体的喜爱，是中国人最喜欢的吉祥图案之一。

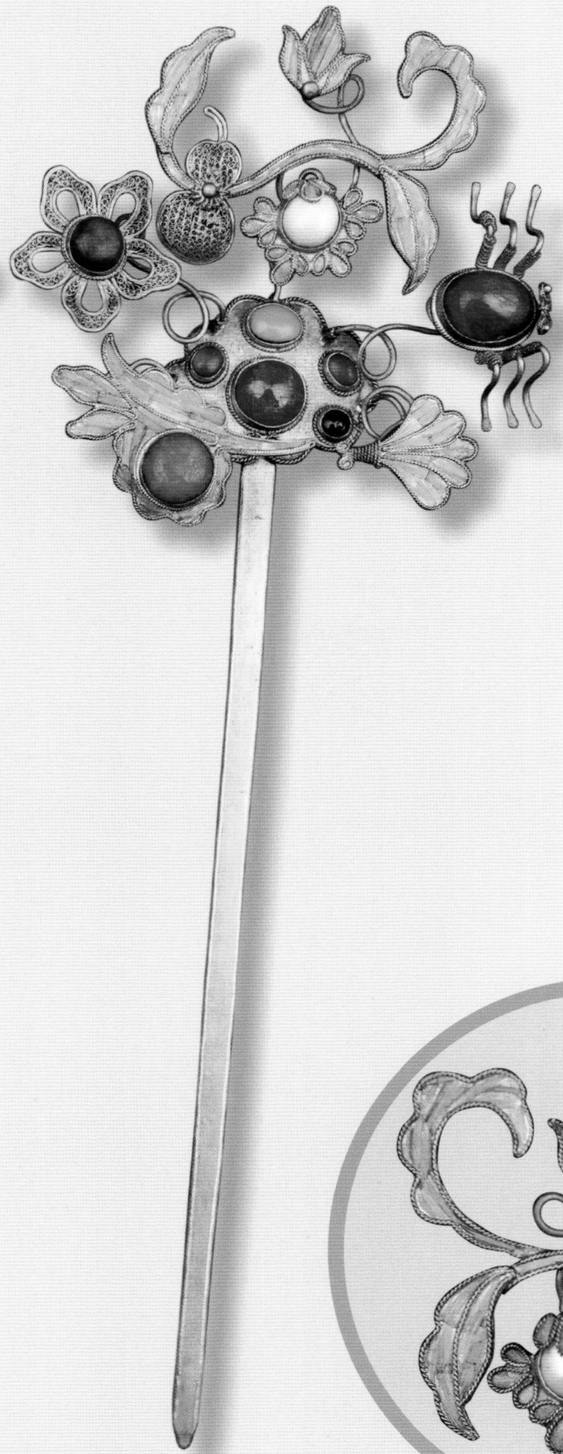

金点翠镶宝石簪（一对）

年　代	清代晚期	地　区	吉林
尺　寸	长17厘米	重　量	约81克(每件)

满族首饰的传统风格就是厚实，尽管在清代很多金首饰打造得很精细，融合了很多汉族人的技艺精华，工艺几乎达到了顶峰，但某些满族人首饰还是保持着原来的制式。这对头簪表面来看并不是特别精细，但古朴、厚实，仍能体现游牧民族对美的追求。这样的饰品在当时能够享用，以后还能传承给儿孙，其风格就像他们的性格一样，实实在在为人，脚踏实地做事。

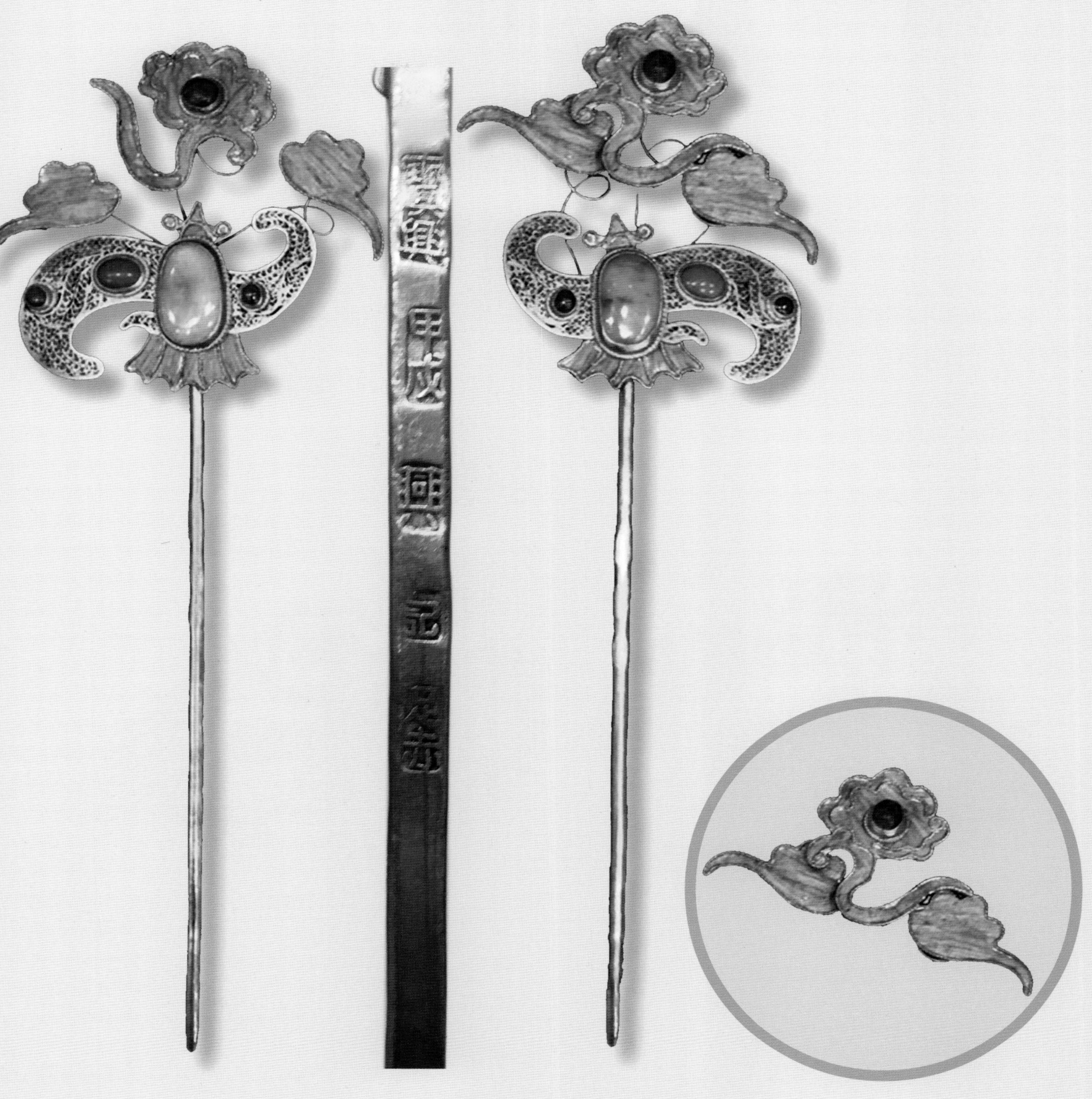

金点翠镶宝石簪（一对）

年　代	清代晚期	地　区	吉林
尺　寸	长13厘米	重　量	50克(每件)

在金银首饰中，有款没款很重要，但注重打款的主要是金饰品，“款”代表一个老字号的信誉、生产年代及辨别真伪材质的依据。因此，很多收藏金银饰品的藏家都特别注重饰品上的落款。

这对簪为金掐丝工艺，镶嵌点翠、红宝石、翠组合而成，簪背面的落款文字是“宝兴、甲戌、兴、记、足赤”8个字。

金点翠镶宝石珍珠簪（一对）

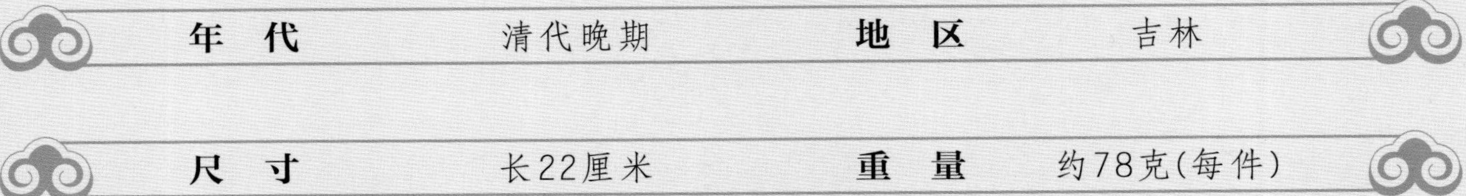

年　代	清代晚期	地　区	吉林
尺　寸	长22厘米	重　量	约78克(每件)

这对金簪每件缀珍珠33颗，一对共缀珍珠66颗；另镶红碧玺、翠、绿松石各1颗，一对共镶宝石6颗。中国人对数字特别敏感，“6”是中国人的吉祥数字，代表顺利的意思。

这对金簪为金掐丝点翠镶嵌珍珠、松石、碧玺簪。簪的背面有字款，为“泰昌、景、甲戌、足赤”7个字。

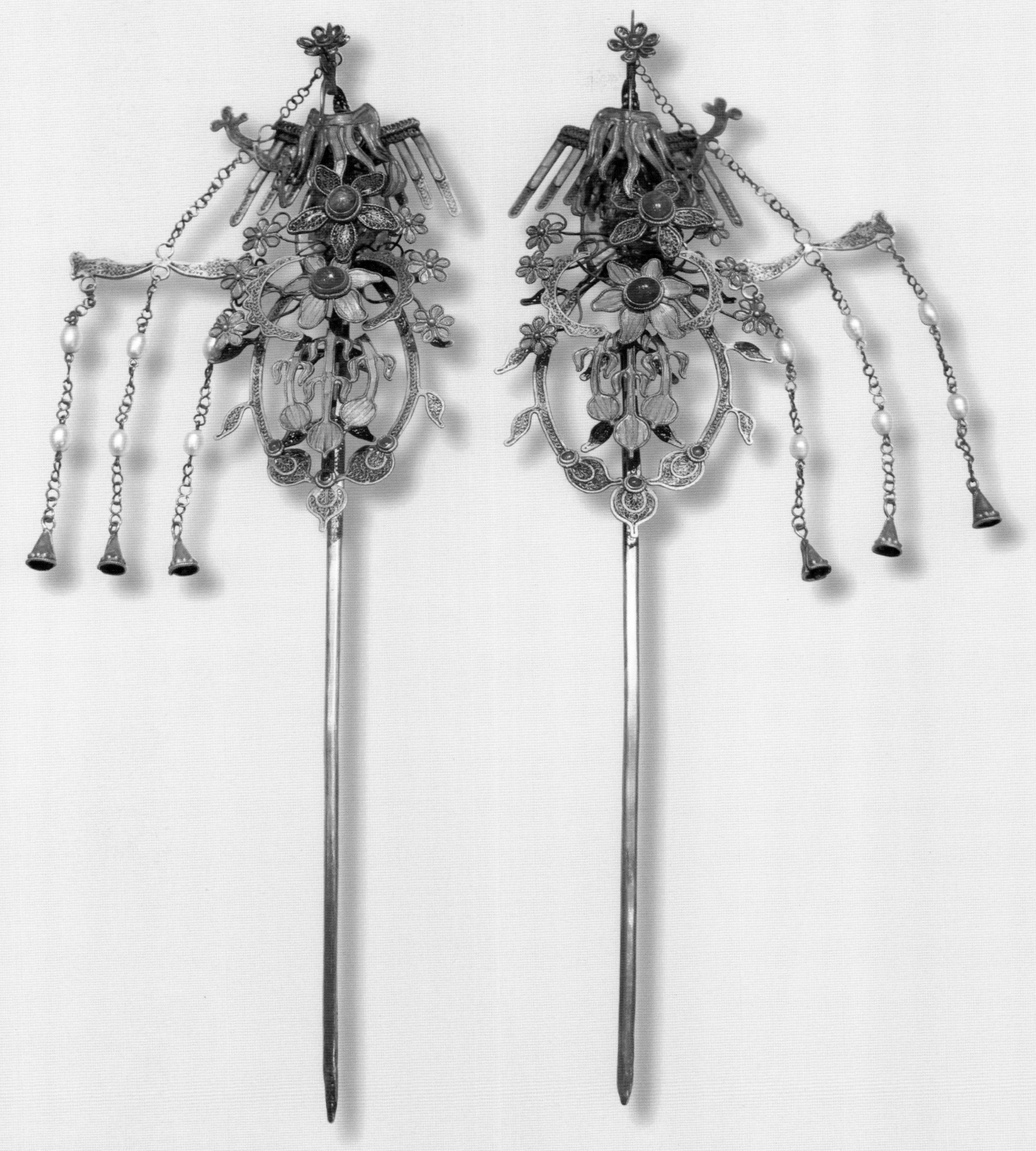

金点翠凤纹步摇簪（一对）

年代	清代晚期	地区	吉林
尺寸	长18厘米	重量	约90克(每件)

图中步摇簪的工艺为金掐丝点翠，镶嵌红宝石、缀珍珠组合而成。

金银簪钗中凤纹是最多的一种形式。据说凤饮必择食，栖必择枝，凤凰出现则天下太平，吉祥如意。凤在五行中属火，《春秋演礼图》云“凤为火精”。其形象是综合其他禽兽的特点想象出来的，与神话传说图腾崇拜联系紧密，各时代的形象都有差别。

金点翠镶多宝簪（一对）

年代	清代晚期	地区	吉林
尺寸	长26厘米	重量	约107克(每件)

在中国古代，一枚头簪也能反映出插簪者的身份和地位。头簪具有鲜明的时代特色，历朝历代流传下来的簪钗实物十分丰富。不同头簪的变化主要在簪首部位，簪梃的变化不大，梃的形状主要有两种：扁形和圆形。簪首造型有动物形、圆形、耳挖形和如意形、花朵形等。材料上，古时有竹、木、骨、石的，后陆续被淘汰，延续下来的为金、银、玉、铜等。

这对金簪镶嵌各色宝石，并用翠羽精心装饰，每件簪上镶嵌大小17块宝石。虽然上下堆集较满，但层次分明，满而不乱，具有北方满族首饰的特点。满族人的金银首饰粗犷中带有精细，比较厚重，簪、钗、步摇、扁方等都比较厚重，在追求工艺完美的同时展现出了民族的地域文化特征。这对金簪是高贵品质和地位财富的象征，也是金首饰中不可多得的上品。

金点翠镶宝石蜻蜓纹簪（一对）

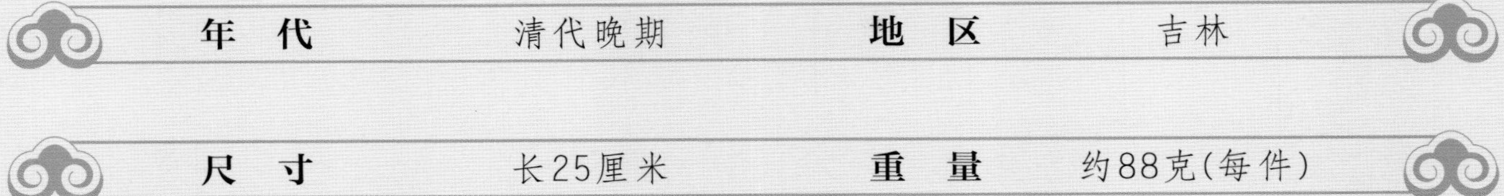

年　代	清代晚期	地　区	吉林
尺　寸	长25厘米	重　量	约88克(每件)

蜻蜓喜欢在水边、塘旁急速而飞，它的翅膀轻盈透明，眼睛硕大，腹部细长，会捕食蚊虫，是昆虫中的益虫。

唐代诗人刘禹锡在他的《和乐天春词》中写道："新妆宜面下朱楼，深锁春光一院愁。行到中庭数花朵，蜻蜓飞上玉搔头。""蜻蜓飞上玉搔头"，大概说的是真的蜻蜓，而将蜻蜓做成头簪，就可以不受季节、地点的限制，而永远享受这种饰物的装点之美。而宋代杨万里的《小池》又让人看到蜻蜓画龙点睛般地带给世间一种美景："泉眼无声惜细流，树阴照水爱晴柔。小荷才露尖尖角，早有蜻蜓立上头。"

图中这对金头簪，加上点翠工艺，巧妙地反映出中华美学的艺术渊源和审美情趣，同时也反映出人民对大自然的依赖、热爱和敬慕。头簪为昂贵的材料制作而成，镶嵌珊瑚、松石、翠、宝石，更为这对金簪增添了不少秋色，且历经百年风雨，华贵依旧，这种美妙无比的享受给人们带来了无限神往和遐想。从这对金簪中既能看到我国古代首饰艺人的精湛技艺，又能体会到当年盛世的人间美景，并领悟到佩戴者的唯美心境以及多姿多彩的中华传统金工首饰文化。

金龙纹簪

年　代	战国	地　区	陕西
尺　寸	长25厘米	重　量	19克

这是战国时期的头簪，由两种材料组成，头为金，梃为银鎏金。这类长簪在民间收藏中很少见到。本品是出土之物，具体的出土地点、时间等还需要进一步考证。

鎏金是一种古代金属加工工艺，也称“涂金”“镀金”“流金”，是将金和水银合成的金汞剂涂在银或铜器表层，加热后使水银蒸发，让金牢固地附着在银、铜器表面。这种技术在春秋战国时就已经出现，汉代称“金涂”或“黄涂”，近代称“火镀金”。

金掐丝寿字纹簪（一对）

年　代	清代	地　区	北京
尺　寸	长16厘米	重　量	约30克(每件)

这对簪为镂空工艺，首部为垒丝工艺，镶嵌宝石，上有一个大“寿”字。

这对簪无论是选料还是工艺都很精良，造型也很考究，是金首饰中的上乘之作，也是金工中的精品，反映了清代金首饰的工艺达到了相当高的程度。这对寿簪当初应该是点翠工艺，由于土浸翠羽已失去，但曾经的华贵犹存，给后人以美的享受，欣赏当年那个风雅的朝代，体会沉睡了千百年的故事。

金蝉纹簪（一对）

年　代	清代	地　区	北京
尺　寸	7～8厘米	重　量	约40克(每件)

这对金头簪的花、叶、蝉皆以锤垒丝工艺制作，叶中间各镶宝石一颗。金簪上的蝉纹格外清晰。古人对蝉给予极高的评价，称蝉有“文”“清”“廉”“俭”“信”五德。晋人陆云的《寒蝉赋》云：“夫头上有绣，则其文也；含气饮露，则其清也；黍稷不食，则其廉也；处不巢居，则其俭也；应候守节，即其信也。”认为人具有这五德方为君子，方可安身立命，因此常将蝉纹缀以玄冕，制成首饰而礼赞其清德高雅。这对头簪为錾花工艺成型，垒丝工艺制作，主要工艺集中在蝉首前部，蝉纹尾部为最细的垒丝，在形体上与蝉首部相呼应，具有很强的审美效果。

三式金禅杖簪

年代	清代	地区	北京
尺寸	长13～16厘米	重量	约14克(每件)

禅杖有多种叫法，如“对称声杖”“鸣杖”“智杖”“德杖”等，是佛教中的一种道具，佩戴这种簪子的多为一些佛教徒或吃斋念佛行善的女眷等。簪头装环，摇动起来有声响，三式金禅杖簪流行于清代，很多豪门家中的贵妇都戴这种簪子。

银点翠镶玛瑙白玉簪

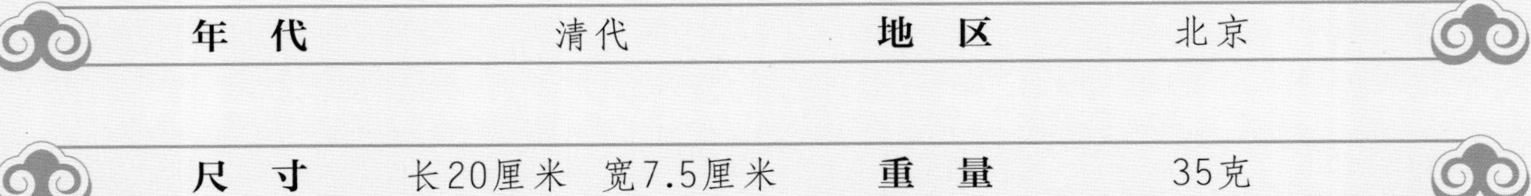

年代	清代	地区	北京
尺寸	长20厘米 宽7.5厘米	重量	35克

明清时期的金银首饰在发展过程中，逐渐形成了典型的风格特征，在设计、选材、制作和使用等方面都达到了相当高的境地。尤其是点翠饰品，在审美、内容上更趋于世俗化、现实化、民族化，工艺越来越精巧细致。这件饰品集中反映了头饰制作的成果，镶嵌了宝石、白玉、珍珠、玛瑙、红珊瑚等珍贵材料，外观豪华富贵，工艺精湛无疵。

清代的点翠花样最多，内容丰富多彩，寓意深刻广博，笔者的点翠藏品中就有许多花鸟鱼虫、四季花卉纹样。尤其是一些动物纹样，如蝈蝈、蛐蛐、蚂蚱、蜘蛛、甲虫、松鼠等，都制作得生动逼真、活灵活现。通过这些饰物，我们可以了解当时人们生活、劳动的场景——上山采茶、下田耕种、读书经商、娶妻生子等，丰富多彩，富有浓郁的生活气息。

到了清代乾隆时期，点翠工艺已经达到顶峰，制作工艺十分完善、严谨、繁杂。其程序是：先将打制成型的金片、银片，按花型制成一个底托，用金丝沿着图案花型的边缘焊槽，然后在中部涂上胶水，将翠鸟的羽毛细致准确地粘贴在底托上，形成图案。这样的首饰，由于翠羽光泽好、色彩艳丽，再配上金边，佩戴起来可产生富丽堂皇的视觉效果。现在掌握此种工艺的人已经很少了，加之翠鸟是国家保护动物，因此点翠式的首饰和舞台戏装等多采用代用品。

簪的作用是什么呢？古代男女发式多以挽髻为主，发髻挽成之后，就要用发簪将其固定住。在上古时期，发簪被称为“笄”。在男子盛行戴冠之时，发笄还有固冠作用，即将冠体和发髻相连并固定。古文《释名·释首饰》中“笄，系也，所以系冠，使之不坠也”，说的就是这种情况。用于固冠的发笄通常横插在发髻之中，所以又称“衡笄”。商周时期，衡笄质料讲究，诸侯可以用玉，士大夫用象牙。这种衡笄因为要贯穿整个冠体，所以在式样上比普通发笄长25~35厘米，笄首前端多附有一个圆形挡板，以便在使用时固定位置。多出外面的一截则用来系缚冠缨或玉饰。这种专用于固定冠冕的衡笄，在河南安阳小屯殷墟等地已有发现。

银点翠白玉蝴蝶簪

年代	清代	地区	北京
尺寸	长19厘米　宽9厘米	重量	32克

这件用白玉、玛瑙、点翠制成的头簪，色泽鲜亮、对比强烈、品质优良，风格明朗。这种组合材质的簪，在首饰家族中所占比例较少。采用具有通透之感的优质玉石制作昆虫的翅膀，巧妙自然，彰显出制作者的良苦用心和精湛技艺，也反映了这类饰品的超高制作水准。我国对玉石的研究、使用具有相当久远的历史，早在新石器时代，先民就形成了对玉石的崇拜心理，他们把玉石看作是自然环境中的灵物，并格外宠爱，甚至出现了将玉石神化的现象。他们常常把自身利益和命运依附在这些神圣的物质上，将个人的情感甚至是社会的道德规范融入其中，对玉石无比尊崇。那些能工巧匠，通过雕琢玉石展现自己的技巧、情感和创造力。他们制作的簪钗是其辛勤劳动的成果，由于采用玉石制作而成，因此也被认为具有灵性。把带有玉石的饰品戴在头上，可以祈求神灵的保佑和赐福。在这种观念的影响下，我国古代金银玉石文化和对神灵的敬仰得到了完美的结合。

清代的头饰之所以得到高度发展，和作为统治阶层的满族人的喜爱是分不开的。簪子是满族妇女梳理各种发髻必不可少的头饰，她们喜欢在发髻上插饰由名贵材料制成的珠花簪、压鬓簪、凤头簪、龙头簪、大挖耳子簪、小挖耳子簪等。北京故宫珍藏的白玉一笔寿字簪，采用一块纯净的羊脂白玉制成，簪梃是寿字的最后一笔，其材料、设计和工艺都格外精美，代表了当时簪器制作的最高水平。

银点翠缀珍珠龙纹耳挖簪

年 代	清代	地 区	北京
尺 寸	长18厘米	重 量	约25克

银点翠耳挖簪

年代	民国初期	地区	山东
尺寸	长16厘米	重量	28克

金银首饰中，很多头簪的上端都做成耳挖勺的形状，其通用名称是“耳挖簪”。簪首上方的耳挖勺，或实用或装饰，或二者兼备。在中国民间家庭的实用器具中，耳挖勺是一种专门用来清洁耳道的小巧工具。耳挖勺形制简单，有细长的柄把，柄把的一端打制出一个小小的凹勺。其形状和旧时厨房中的铁质勺子接近，只不过体积要小得多。勺子本身是用来舀水、舀汤、盛饭的，是一种满足餐食需要的专用工具。勺中盛物，具有载物、揽财、溢满、至福的意思。只要勺子尽职，主人就有吃、有喝，心满意足。耳挖簪是集吉祥和实用于一体的器具，很受女人喜爱。

银点翠凤纹簪（一对）

年代	清代	地区	河北
尺寸	13厘米	重量	25克(每件)

在古代的传说中，凤凰是一种极其美丽、高雅、圣洁的神鸟，每逢它的生日，百鸟均来祝贺朝拜，营造了壮美豪华的热闹场景。中国织绣中的百鸟朝凤也是人们最常见、最喜欢的吉祥图案。在传统文化中，凤凰被称为灵魂化的两只神鸟，民间也称为“好事成双”，以示时来运转、惊喜突现。不同姿态的凤纹造型很多，但无论什么曲线、动姿，都显示着凤凰的高贵、华丽、祥瑞。

银点翠凤纹簪（一对）

年　代	清代晚期	地　区	北京
尺　寸	长12厘米	重　量	27～30克(每件)

凤纹是中国传统纹样之一，在《山海经》《周易》《诗经》《史记》等书籍中有很多有关凤的描写。

凤是吉祥的征兆，祥瑞的感应，历代统治者都将凤喻为皇后，强调其高贵、庄严并加以推崇。民间也常把凤作为纯洁、幸福和爱情的象征，赋予其更加丰富的寓意。凤的图案已成为中国工艺美术的传统纹样，深深地扎根于人们心里，并深受人们的喜爱。

银点翠凤凰纹簪（一套三件）

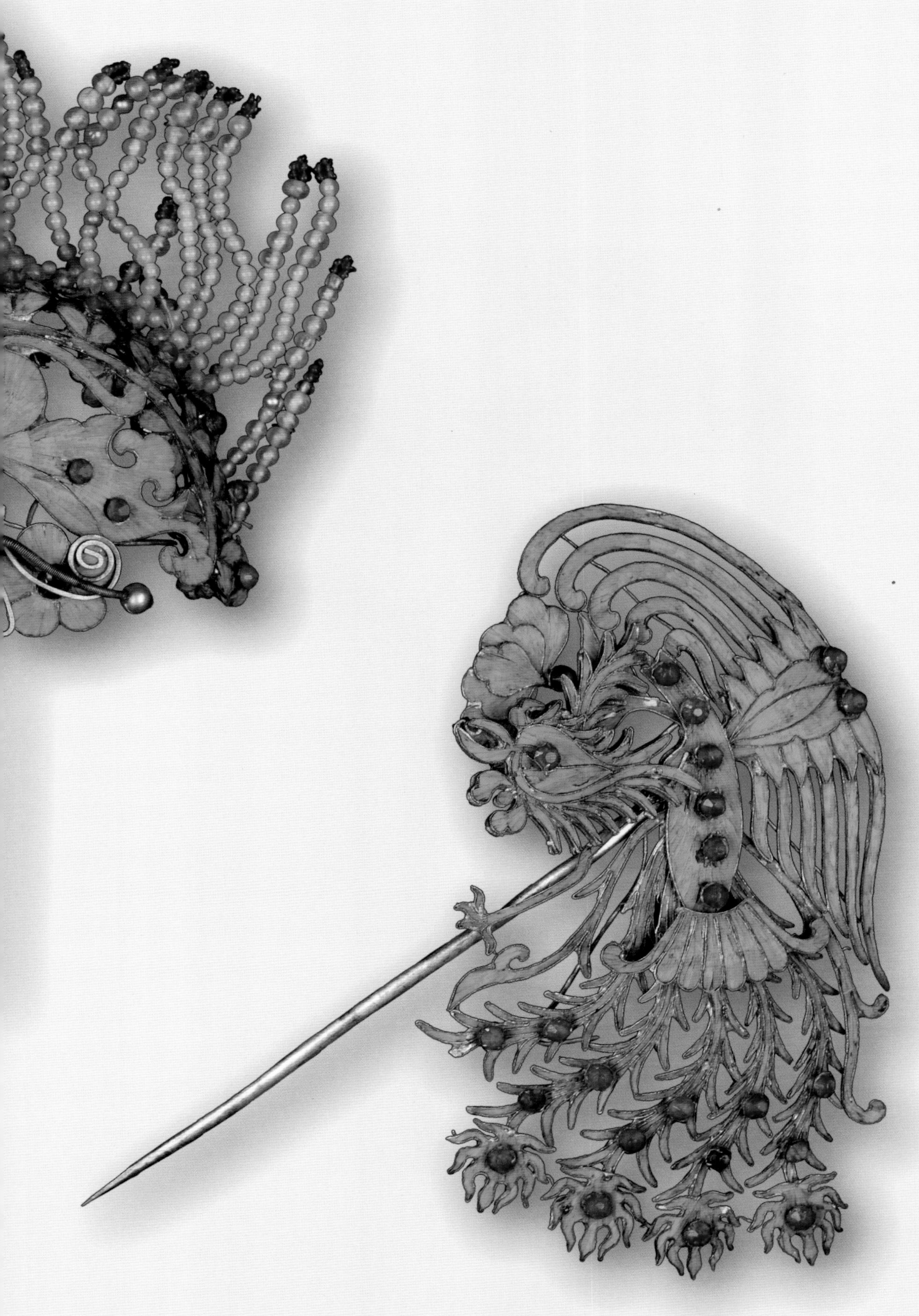

年　代	清代	地　区	福建
尺　寸	16～21厘米(每件)	重　量	30～32克(每件)

银点翠花卉纹簪

年代	清代晚期	地区	北京
尺寸	长17厘米	重量	约45克

在传统纹样中花卉纹是最主要的纹饰之一，包括花草植物和鸟虫纹在内，但也有很大一部分是花鸟混合纹，这些纹样几乎出现在中国传统文化的各个领域，如瓷器、玉器、家具、建筑、书画、竹器、木器、牙角雕刻等。而花卉纹如牡丹、兰花、菊花以及桃花、杏花等一些带果实的花卉构成了一个花卉世界。花卉纹在中国传统文化中寓意和谐美满、幸福吉祥，也为各种艺术品带来了美的视觉效果，成为重要的装饰纹样之一。

银点翠龙舟簪

年　代	清代	地　区	福建
尺　寸	长22厘米　宽6厘米	重　量	21克

赛龙舟是我国民间节庆时的传统习俗。我国南方的许多地方，每逢节日或盛大的庆典祭日，都要举行龙舟比赛，以祈求风调雨顺、国泰民安。赛龙舟的习俗始于汉代，盛于唐宋，是自古以来“祭天”的遗风。古代百姓认为龙是海洋的主宰，它的威力无穷，因此，人们把它作为农作物的司雨之神来敬奉。赛龙舟本是为了纪念战国时期因忧国忧民愤而投江的爱国诗人屈原，后来逐渐发展为一种体育竞技活动，不仅每年端午节时在汨罗江举行，全国各地的很多地方也在举行，时间则因地而定。

这件头饰虽然简朴粗糙，但寓意深刻，为典型的渔乡民间饰品。

银点翠镶白玉簪（一对）

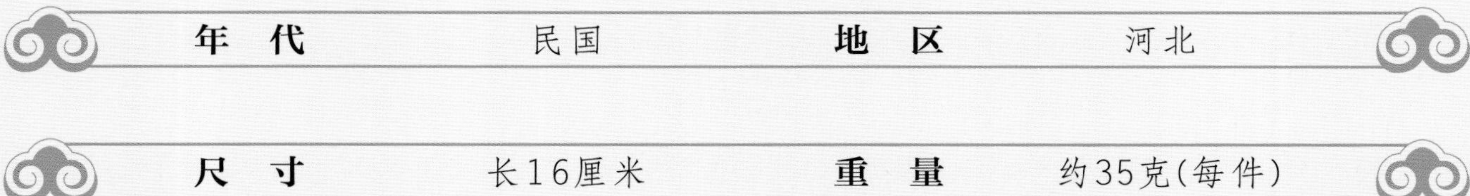

年代	民国	地区	河北
尺寸	长16厘米	重量	约35克(每件)

图中白玉簪的工艺为银掐丝，点翠镶嵌白玉组合。白玉的形状为盆景，盆景上端有一蜘蛛，民间称“喜蛛”，寓意“喜从天降”。盆景掐丝中间是一乐器“笙”，笙的左侧、右侧是掐丝石榴，石榴籽多，笙和石榴组合寓意为“连生贵子”。

这对镶白玉点翠簪上的小昆虫和花卉寓意人们对美好生活的追求，记录了我国悠久的历史文化和多姿多彩的民俗风情。

银点翠蝴蝶纹簪（一对）

年　代	清末民初	地　区	北京
尺　寸	长12厘米	重　量	约27克(每件)

在昆虫王国中，蝴蝶被人们称为“会飞的花”“虫国的佳丽”。据说蝴蝶对爱情忠贞不渝，一生只有一个伴侣。在中国的吉祥图案中，蝴蝶图案很多，应用广泛，尤其在金银首饰中，已成为纹样的代表。女性的簪、钗等饰品中，多数为蝴蝶纹。中国传统文化把双飞的蝴蝶当作自由恋爱的象征，借此表达人们对自由恋爱的向往与追求，著名的《梁山伯与祝英台》就是其中的典型代表。另外，蝴蝶的“蝶”与“耋”字谐音，有长寿之意，因此受到人们的广泛追捧与喜爱。

银点翠蜻蜓簪（一对）

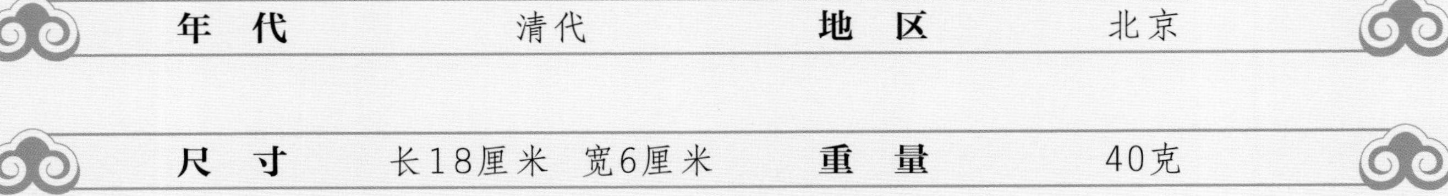

年代	清代	地区	北京
尺寸	长18厘米　宽6厘米	重量	40克

蜻蜓是一种常见的昆虫，它们的翅膀轻盈透明，一起一落擦着水面飞腾的姿态十分优美。将这类自然之美通过不同材料转化到首饰中，既反映了自然界的生灵之美，又表现了人类对美的追求。中国民间首饰多以不同的吉祥物寓意不同的含义。蜻蜓虽吉祥指向不是很突出，但是却受到人们的分外喜爱。笔者认为原因很多，除了它为民除害的本能、急速的飞姿和漂亮的身形外，还与它和人们的生活、生存息息相关不无关系。千百年来，这种随处可见的昆虫以它们美好的形态和规律的生存习性被人们接纳并喜爱。这种昆虫多生活在乡间田野，生活在这里的人们历来就有对周围的一切进行细致观察且示意好恶的习惯和传统。这一物种除了频频出现在高雅的饰物上，一些有名的文人雅客、画家诗人，也极尽自己的才华、能力进行赞颂。

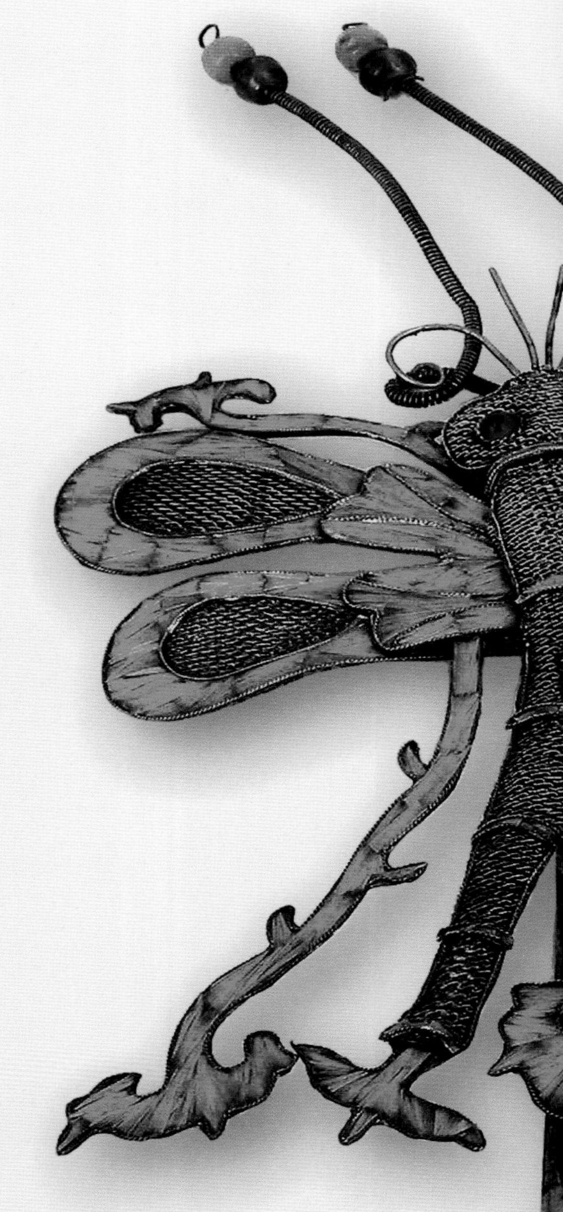

图中这两件来源于民间的头饰，制作得精美逼真，头尾翅须齐全，再加上点翠的独特工艺，巧妙地反映出中华民族的美学渊源、审美情趣，尤其是劳动人民对生活、对大自然的依赖、热爱和敬慕。这两件精致的头簪采用昂贵材料制作而成，因此不是一般家境的农夫、村姑或市井女性所能够享用的。就饰品而言，当我们遥望数百年前插簪移步的清代女子之际，饰品会带给我们无限的神往和遐想，这是一种美妙无比的精神享受。这类藏品具有独特的魅力，且历经百年风雨，今天我们通过这对蜻蜓头簪，既能看到我国古代首饰艺人的精湛技艺，又可体会到当年盛世人间美景，领悟到佩戴者的唯美心境以及多姿多彩的中华传统首饰文化。

遗憾的是，蜻蜓这种无处不在、数量繁多的季节性生灵，现在已经不多见了。大概在20世纪90年代之前，无论乡间还是城区，在落雨前后和日暮之时，我们还能看到它们数十、数百，甚至是上千地聚拢在一处，风驰电掣、如闪电般飞行捉虫以及群体嬉戏的壮观情景。

银点翠花鸟纹簪

年　代	清末民初	地　区	北京
尺　寸	长14厘米	重　量	约32克

中国女性喜欢首饰，就像女性喜欢花朵一样，这是不争的事实。虽然插戴有吉祥图案的首饰并不代表好运一定会来，但却反映了人们对生活的乐观态度。正是基于对生活的热爱，我们的民俗氛围才会长盛不衰，有滋有味，才会过那么多的节日，讲那么多的规矩。

这支点翠花鸟纹簪由花卉纹、凤纹、蝉纹组成，工艺采用掐丝、垒丝。图中的双凤应该是一雄一雌，雄雌同飞，相和而鸣，中国人常以“凤凰于飞”“鸾凤和鸣”来为新婚夫妇祝福。簪的下方有一只蝉，蝉在中国吉祥文化中有很高的评价，称蝉有“文”“清”“廉”“俭”“信”五德。所以在中国的金银首饰中常有蝉的图案，礼赞人的高洁品德。

银点翠葫芦纹簪（一对）

年代	清代	地区	北京
尺寸	长16厘米 宽8厘米(每件)	重量	62克(每件)

葫芦，在艺术品中是一种较为常见的图案，在金银首饰中也是司空见惯。

“葫芦”与“福禄”谐音，图中的葫芦纹头簪，寓意子孙万代、永远繁荣昌盛。葫芦是草本植物，其枝茎绵长，称为“蔓”。而“蔓”与“万”谐音，形与“带”相近，如此“蔓带”又与“万代”谐音。“福禄”“万代”，即“福、禄、寿”齐全，故而葫芦与它的茎叶一起被称为“子孙万代”，表示家族人丁兴旺、世世荣昌。在民俗中，人们常常用吉祥的葫芦表达对美好生活的向往。

正因为葫芦有这样的吉祥寓意，在中国的瓷器、玉器、木器、织绣、金银首饰等器物上，常常能见到葫芦图案。而且葫芦本身也是一种经久不衰的实用物品。

银点翠鎏金镶玛瑙簪

年代	清代	地区	北京
尺寸	长15厘米	重量	约30克

图中的玛瑙簪做工精细而雅致，色彩搭配协调，两侧6块翠片为绿色，中间为上下2块红色的玛瑙，点翠为宝石蓝色。整体造型饱满，浑然一体，装饰效果明朗，尤其是玛瑙与翠片的镶嵌红绿对比，视觉效果强烈。这件簪饰给人一种视觉美感，属首饰中的精品。

四式银点翠簪

银点翠簪（一对）

年 代	清代	地 区	北京
尺 寸	长14厘米(每件)	重 量	21克(每件)

图中的一对头簪，不但饰有蝴蝶，还有莲、笙和梅花，并镶嵌了红玛瑙。

千百年来，中国人对生活所抱有的希望和祈求主要集中在升官发财、富贵长寿、家宅平安、后代昌盛等方面。对此，说是迷信心理也好，说是美好向往也罢，其实，这些只是一种慰藉或祈望。然而，正是这种慰藉或祈望增加了人们的生存动力和奋斗精神。不少平民百姓，都深信不疑地寄托自己脱贫致富、家族昌盛的愿望。一些目标，如果真在这种寄予中得以实现，那必然会增强他们的虔诚之心。一旦求非所盼，往往明知毫无关系，也宁信其有，不信其无。如此一来，那种朦朦胧胧的信仰和崇拜就不断发展和延续下来，慢慢地形成了一种特定的文化，进而在具体的饰品中得到体现，如此这般周而复始、延绵不绝。可见，每一件古代藏品，都是我们认识、了解我们祖先生活时代的线索和实证。如果我们将这一时期的各类有关饰物或不同时代的同一类饰物集中起来加以分析研究，那么，我们将会得到更多的收获，探视到更多的文化秘密，从而不断激发我们弘扬传统文化的责任。

近年来，有关方面的专家、学者、学生，常与笔者一起探讨传统首饰各方面的问题，且强烈希望共同立书著传。笔者在与之交友、乐谈认识的同时，更是实实在在地希望他们扬长避短，依托实物，深入地研究探索一下这些饰品背后的故事，包括当时的经济、文化、民俗、制度，尤其是首饰研发、制造、材料以及市场等方面的背景信息。这就是笔者几十年来广泛收藏和喜爱收藏的不竭动力，由此带来的金钱回报还在其次。

银点翠簪（一套六件）

年 代	清代	地 区	北京
尺 寸	15～18厘米(每件)	重 量	24～28克(每件)

银点翠簪（一对）

年　代	清末民初	地　区	山东
尺　寸	长16厘米　宽9厘米(每件)	重　量	68克(每件)

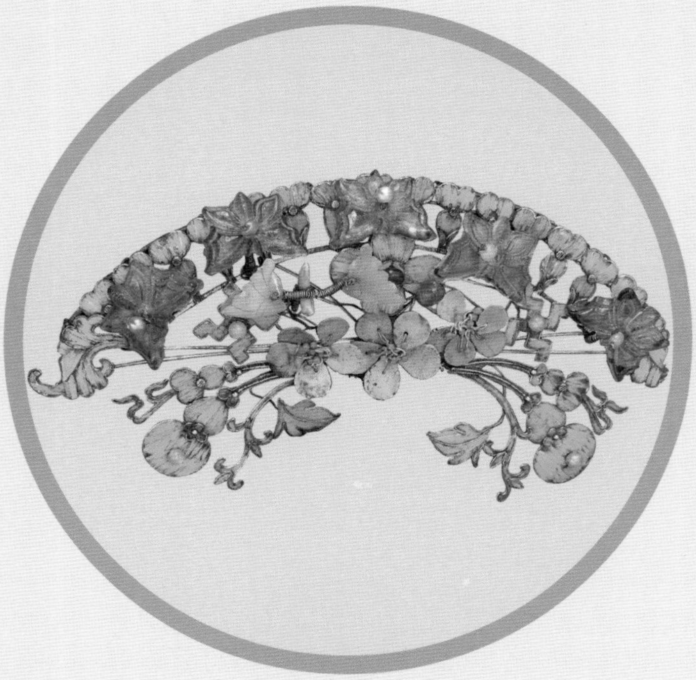

这对点翠头簪，是用珍珠、玛瑙、珊瑚粒等珍贵材料和蓝色的翠羽巧妙制作而成，其选料丰富、色彩斑斓、组合协调。饰品在充分展现点翠之美的同时，其他组成饰件也相当出众，大小适当、疏密有度、层次分明，且都被安排到了最佳位置。这是笔者十分欣赏的一对藏品，观赏之余，不禁对这对作品的银匠师傅产生了由衷的敬佩和敬重。爱屋及乌，也对曾经佩戴过它们的女主人的审美情趣佩服不已。此外，从这对饰品上还可以感受到当时的银饰手工艺水平，以及文化、工业和市场等。笔者没查到有关这对或这类头饰的相关记载和传说，也没有查到关于这一时期中国银饰制作方面的足够史料，这是一个遗憾。

银点翠簪（两件）

年 代	清末民初	地 区	山东
尺 寸	长16厘米(每件)	重 量	24克(每件)

翠鸟羽毛美妙鲜亮，再配上金光闪闪的鎏金细边，点缀着乌黑如云的秀发，再搭配艳丽舒展的服装，会使中国女性更加艳亮妩媚。然而，翠鸟娇小，翠羽较少，即使一件小巧的头花或簪钗，也需要多只娇小生灵的献身。翠鸟只有野生的，鸟源有限而用量较大，难以满足市场需求，因此，在点翠饰品需求量增大、羽毛难得的时候，便出现了仿翠饰品。常见的仿翠鸟羽毛材料主要是孔雀羽毛，这种羽毛的饰品基本用在戏装上，但也不尽然。一般来说，雀羽和翠羽很好区别，孔雀羽枝粗软，胎体轻薄，整体做工不会很好，防水性远不如翠羽，遇湿气就会起翘脱落。此外，还有一种仿翠材料是蓝色进口粗纹纸，民国时期常见，这种纸比较厚，有一定的防水性。这种纸粘贴难度较小，比粘贴羽毛简单得多，但外观有样无神，很好区分。这些廉价的仿制品无法与翠羽饰品相媲美，也更凸显了点翠饰品的珍贵和收藏价值。

六式银点翠镶玉鱼纹簪

年 代	清末民初	地 区	北京
尺 寸	长14厘米	重 量	15～20克(每件)

中国的点翠首饰上有各种各样的水族纹样，有虾、青蛙、螃蟹、龟等，最多的是各种鱼。鱼文化在中国已经有几千年的历史，从陕西西安半坡的彩陶鱼纹到这件点翠头簪，呈现了中国人的思维发展轨迹。

半坡彩陶鱼纹反映了早期先民在生活中多种观念的互渗，物质内容与精神内容互渗。到了春秋战国时期，中国人进入理性思维时期，物质内容成为思维的客观依据，逐渐形成了讲求实际的功利准则和人生憧憬。明清时期，无论是宫廷艺术还是民间艺术，“鱼跳龙门”“金玉满堂”“富贵有余”“年年有余”“吉庆有余”等有关鱼纹图案大量运用在各种器物上。千姿百态的“鱼”将中国人从功利的物质社会带进了诗意的生活境界。

银镀金蟾纹簪（一对）

年代	清末民初	地区	北京
尺寸	长15厘米	重量	约23克(每件)

在民间传说中金蟾喜居宝地，凡是有三只脚的蟾居住的地方，地下都有宝物。这就是民间风水上要用蟾的道理。旧时很多家庭在家里摆放金蟾，还要把金蟾的嘴朝向自己，寓意把财吐给自己。金蟾被人们看作一种灵物，古人认为得之可以致富。

传说蟾本是妖精，后被刘海仙人收服，改邪归正到处帮助穷人，吐钱给人们，所以被人们当作旺财瑞兽传至今日。

银镀金盘长纹簪

年　代	清代	地　区	北京
尺　寸	长18厘米	重　量	26克

盘长本为藏传佛教的“八宝”之一。其图案本身盘曲连接、无头无尾、无休无止，显示出绵延不断的连续性，因而被中国民众视作吉祥物。盘长纹用途很广，形式多样，有数个盘长相互连锁，有两个盘长重叠，形成双盘长，此外还有梅花盘长、方胜盘长、套方胜盘长、四合盘长、万代盘长等各种变体纹样。盘长纹广泛地应用于建筑、家具、杂器等上，而在金银首饰上用得更加普遍，尤其在银簪钗上使用得最多。盘长纹由模仿绳结而来，其形如同一线盘曲连续，寓意永远长久，后变为驱魔佛具。该纹样早在汉魏时期已有应用，象征着长久无尽。而用作佛教的符号，一说借盘古开天地之事以喻长久，故称为“盘长”。

银珐琅彩凤纹步摇簪

年代	清代	地区	内蒙古赤峰
尺寸	长18厘米	重量	32克

步摇是中国古代妇女的重要首饰之一，各时代的文献中多有记载，晋傅玄《有女篇》载："头上金步摇，耳系明月珰。"唐罗虬《比红儿诗》道："妆成浑欲认前朝，金凤双钗逐步摇。"这些最简单的词句说明，步摇是插在髻上的饰物，是可以摇动的坠件，走起路来，随着步履的颤动而不停地摇曳，故称"步摇"。

银吉庆有余珐琅彩步摇簪

年　代	清代	地　区	福建
尺　寸	长20厘米	重　量	28克

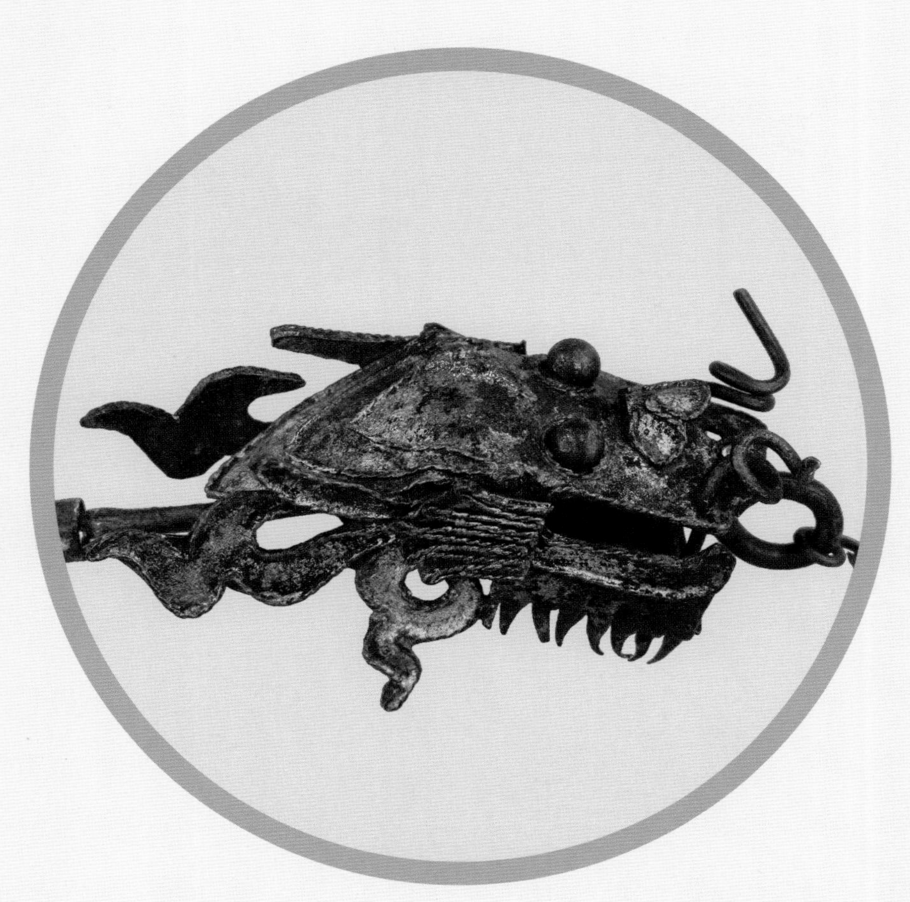

中国传统吉祥图案，以营造吉兆环境为目的，以动人的纹饰和造型祈福求吉，范围涵盖避凶除邪、纳吉祝福、劝勉警戒等诸多内容，反映了民众的美好愿望、生活追求和宗教观念等。

中国古代饰物通常具有图案与图意，且图意一定是吉祥的。这件步摇簪，最上层是一个“吉”字，第二层是磬，第三层是两个“有”字，“有”字中间还有一条鱼，上下三层连贯起来就称“吉庆有余”。整体结构巧妙、紧凑，寓意热烈、清晰。

鱼的图案对中国人很重要，可以说中国的吉祥装饰离不开鱼。在吉祥图案和吉语中，中国人寄托着朴素的希望，人们恳望生活富足、年景丰裕、收获多多，不仅够用，还有些结余。鱼，由于和“余”同音同声，故格外受宠。我国古代最早的鱼图样见于氏族社会的半坡彩陶鱼纹，汉洗上的双鱼则开启了双鱼图案的先河，后来的历代玉刻、铜器、织绣、家具等用具、用品上也多有鱼的图案。鱼饰作为吉祥文化的主要内容之一，多角度、多层次地反映了我国劳动人民对生活幸福的理解与愿望。中国古代吉祥文化体现的丰裕、安康、足食的祈望和价值观，通过这件饰物可以具体生动地显现出来。

银错金扁簪

年　代	明末清初	地　区	陕西
尺　寸	长13厘米	重　量	18克

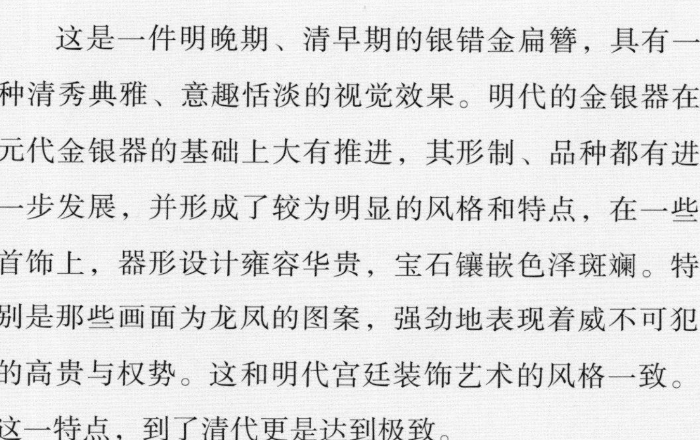

这是一件明晚期、清早期的银错金扁簪，具有一种清秀典雅、意趣恬淡的视觉效果。明代的金银器在元代金银器的基础上大有推进，其形制、品种都有进一步发展，并形成了较为明显的风格和特点，在一些首饰上，器形设计雍容华贵，宝石镶嵌色泽斑斓。特别是那些画面为龙凤的图案，强劲地表现着威不可犯的高贵与权势。这和明代宫廷装饰艺术的风格一致。这一特点，到了清代更是达到极致。

图中这件银错金扁簪，给人的是一种截然不同的感觉，没有雍容华贵、色彩斑斓的视图，图中只有一文官，只身信步在楼台亭阁的花园曲径之中，神态自若地观山望景。那种文人的气度，悠闲的神情，似乎能够一下把人引领到另一个意境之中。

这件银错金扁簪背面刻有“长伴”（有的为“常伴青山”）。意义何在呢？据考证，类似饰品，用者生前会常插在头上，死后随人陪葬。

这类扁簪主要产在山西、陕西两地，就是古时的秦晋两国。

银耳挖簪（三件）

年代	清代	地区	河北
尺寸	长16～18厘米	重量	12～16克(每件)

蛙纹耳挖簪　　蝴蝶纹耳挖簪　　蝙蝠纹耳挖簪

银扁方簪

年 代	清代	地 区	山西
尺 寸	长12厘米 宽4厘米	重 量	30克

这种扁方为錾花工艺成型，风格上和其他扁方不一样。同是錾花工艺成型的扁方，这件扁方中间又设置了一个盘长纹图案，显得十分独特。扁方的周边以盘长纹的图案作边饰，扁方的一边图案为暗八仙，寓意有仙人保佑。八仙的名字及故事自唐代以来就有记述，是中国吉祥图案中不可缺少的题材，因为他们救人济世的故事深受人们喜爱。八仙寓意吉祥，“八”字与“发”字谐音，人们就喜欢用“八”谐音发财的“发”字。中国人喜欢用“八”字祈福，求吉求利。

图案的右边是琴棋书画，由古琴、棋盘、书卷、画组成，体现了天下太平、偃武修文的思想，象征生活安逸，具有清闲高雅的文化韵味。这样的图案，能够多层次地表达吉祥含义，更令制作它、佩戴它的人对生活充满愉悦感，心情更加美好。难怪那些收藏把玩老银饰的人会因买到一件喜爱的银饰而兴奋不已。笔者亦有这样的感受，如果看好了却因故没买成，再次回去定夺时又让别人买走了，便会懊悔，先是三天睡不好觉，然后是遗憾自责。所以，遇上好东西时一定要当机立断。

三式银簪

年　代	清末民初	地　区	福建
尺　寸	长12～18厘米(每件)	重　量	15～25克(每件)

图中三式头簪，均产自中国福建地区，左右两边为八卦纹，中间是人物纹。

八卦纹头簪中的八卦，为中华史前文明遗留下来的吉祥符号，后被用作卜筮符号。八卦亦称“经卦”，其为：乾、坤、震、巽、坎、离、艮、兑。八卦图最早出自伏羲所创的先天八卦（起始于五千多年前）。《周易》认为八卦主要象征天、地、雷、风、水、火、山、泽八种自然现象，以阴阳交感为万物本源，通过八卦形式推测自然和事物变化。八卦图形后来发展为道教标志，道家以“阴阳平衡”的法则来解释宇宙及世间一切事物，民间运用八卦图形作装饰，寓意通过辟邪获求吉祥。

人物纹头簪，是银匠利用一枚银币焊接一根簪梃制作而成。将银币就势加工成工艺品，这种财富加装饰的做法，在我国南方一些少数民族中十分盛行，他们往往将数十、上百枚银币链接在一起，做成珠链套在颈部，作为身份和财富的象征。在汉族饰品上的这般表现，则体现了艺人的灵感，是对生活的洞察、感受的表达。将美丽有价值的东西和赏玩物品合璧，转化成艺术形式，古来有之，我们也要思索，艺术永远是在探索中推进的。

五式银盘长纹簪

年 代	清末民初	地 区	河北 北京 山西
尺 寸	长13～18厘米(每件)	重 量	15～18克(每件)

图中五式头簪均饰有盘长纹样，其中两件为银鎏金胎底。每件银簪造型都十分精巧，宽窄变化极具韵律，纹饰既华丽又素雅。五式头簪放在一起相映成趣，或许不是一个银匠打造的，但是每个盘长纹都錾刻得细致精彩，富有装饰性，从而反映出独特的中华传统文化和民族审美意识。

簪一直是中国妇女的主要首饰，而玉是最早的用材之一。据《西京杂记》记载："（汉）武帝过李夫人，就取玉簪搔头，自此后，宫人搔头皆用玉，玉价倍贵焉。"因为这个原因，玉簪又被称为"玉搔头"。唐张祜《病宫人》诗"双髻慵插玉搔头"、冯延巳《谒金门》词"碧玉搔头斜坠"对玉簪都有直接的描述。全国各地的博物馆大多收藏有玉簪，民间也保留了不少。除玉质头簪外，还有许多银质头簪。笔者的头簪藏品就以银质的居多，品类式样较为丰富。

银“抗战到底”镀金步摇簪（一组四件）

年 代	民国	地 区	北京
尺 寸	长13厘米	重 量	5克(每件)

这是一套饱含爱国热情的非常有意义的头簪。

四件簪子的顶部均有一个标准、工整、劲道的繁体字，仿佛蕴涵生命、隐现声响。我们将其排列在一起，就是：“抗战到底”。

“抗战到底”，曾是中国大地、也是全世界一切有华人的地方的最强音，是时代的怒吼。

在这些头簪之上，围绕和衬托汉字的是各种花朵、枝叶，并用或红或绿的碧玺、料石恰到好处地镶嵌其间。于是，每个字上都有一点圆圆的艳红，外围还有两个水滴形的红绿色装饰。红色，象征着激情，如鲜血；绿色，象征着希望，如生命。是的，那时我们的同胞，就是要竭尽全力，用自己宝贵的生命，捍卫我们的祖国——抗战到底，决不妥协。

为了表达某种意境，一节精致的垂链（流苏）还将簪头和簪梃连接在一起，链子的顶端垂挂着两枚配石。这一设计，既为簪子添美，又仿佛有某种隐喻，令人遐想无限。

由于岁月的磨砺，这些头簪现在都已沧桑陈旧、残迹斑斑。然而，正是这般的旧、这般的残，才更加强烈地把我们带回到那群情激愤的年代。1937年7月7日，古老而平静的华北大地突然狼烟升腾，野心勃勃的日本帝国主义在北京的卢沟桥发动了蓄谋已久的侵华战争。华夏大地怒吼了，四万万同胞同仇敌忾，摒弃前嫌一致对外，大家各尽所能，为抗击日寇极尽努力。妇女界积极筹资，伴随着“打倒日本帝国主义”“将抗战进行到底”的决心和口号，多个省市的妇女都将捐出的首饰镶成“心”形，中间嵌着“爱”字。同时还做宣传、募捐款、救伤兵，拿不出钱的就熬更守夜做军鞋，将绣着“胜利”“抗战到底”等字样的鞋子插在战士的背包上以鼓舞士气。

这组头簪，显然是抗战初期之作，既鼓舞斗志，又显示决心。头簪做工精细、设计巧妙、配纹恰当，加上采用的是压膜技术、焊接工艺，料石又打磨镶嵌得精细到位，由此可以断定，这是出自正规的首饰作坊或专业银匠之手。并且，这种式样的头饰绝对不会只有一组，应该是一批或几批。那么，到底出自何方？是表达工匠激愤、用以自励，还是用以鼓舞大众？是捐出之物，还是售出之后再捐款？是孤品，还是另有若干……目前尚不知晓。笔者为此曾多方查询，但都没有结果。

然而，类似物品也并非唯一，福建的一位陈先生也收藏了一件头簪，其上的字文为“拥护领袖 抗战到

底”，且八字一排，横列在簪梃上。虽做工粗糙，但口号时宜指向明了。另外，还见过一件写着“抗战到底”的银质或铜质的方章式男性戒指。

将时政表现在头饰之上，将政治和艺术融合在一起，是中国传统服饰文化中的一大亮点。通过这本书、这组头簪，可以看出：收藏品不仅是艺术、是文化，更是凝结历史的珍品，反映了人们的思想、斗志和激情，是难忘的昨天，是前行的推力。

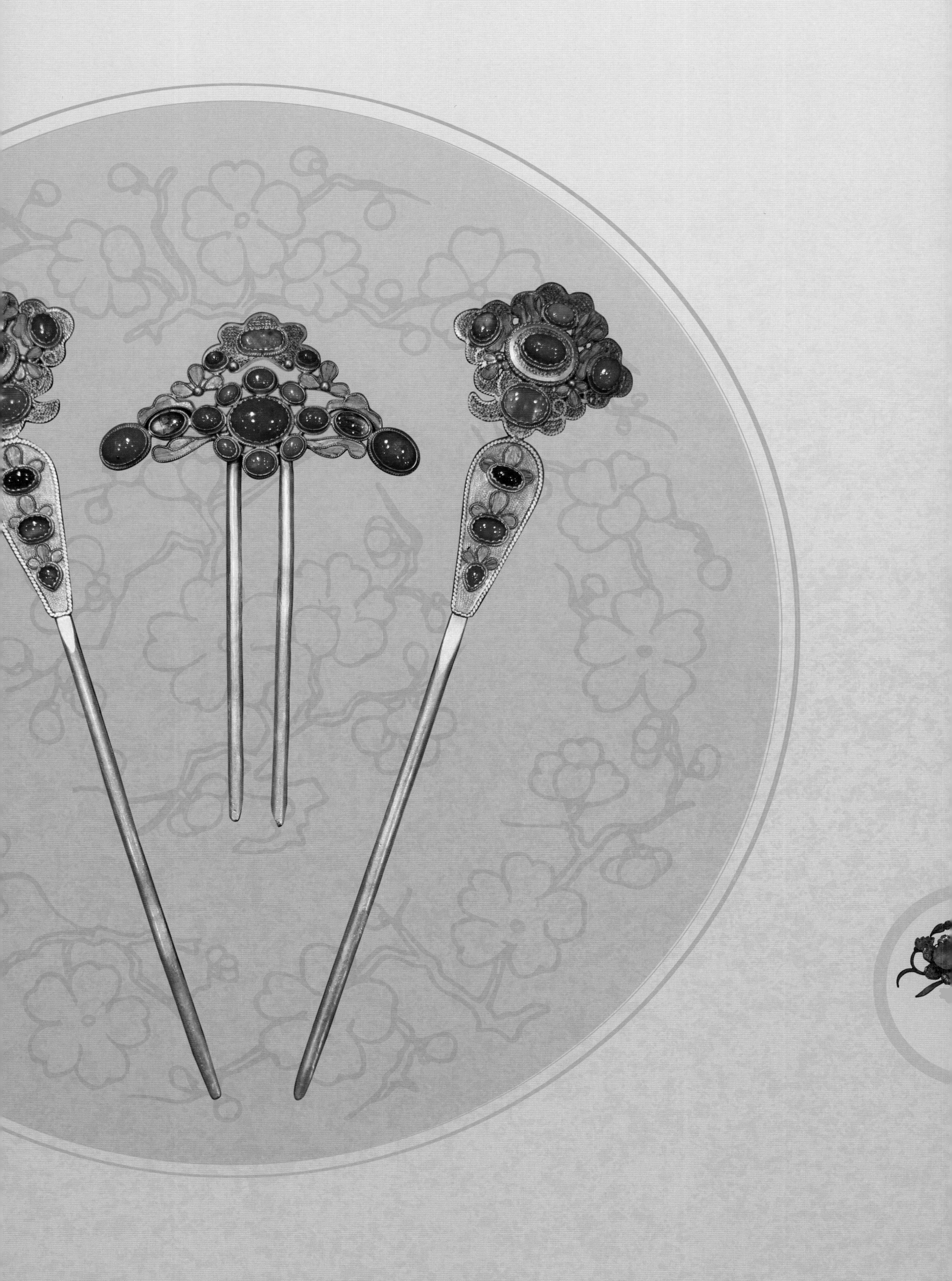

第一篇　头饰

钗

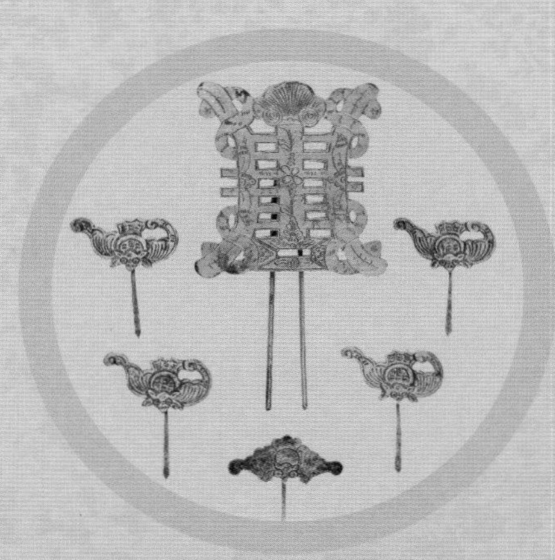

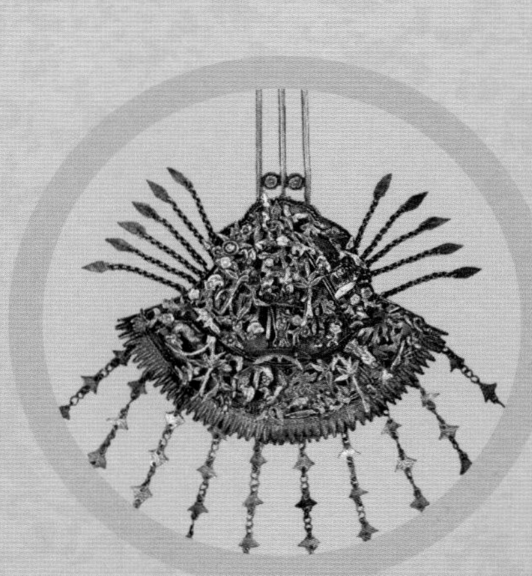

金点翠镶宝石簪钗（一套）

年代	清代晚期	地区	吉林
尺寸	长簪长29厘米　短钗长17厘米	重量	长簪约89克(每件)　短钗77克

中国古代金银器的造型大概经历了商周至两汉、魏晋至宋元、明清三个较大的变化时期。宋代金银器是在唐代基础上不断创新，而形成了具有鲜明时代特色的形体和花纹，其造型古朴、文雅，常见纹饰有写实性的花卉纹、瓜果纹。所刻的花卉、珍禽、瑞兽、人物及诗画故事，图案广博，示意完美、讲究，渐渐成为集中性的流行装饰，如天官赐福、招财进宝、福禄寿三星、刘海戏金蟾等。其上留款，多为打制器物的匠号、商号，少数为年款或所有者的姓氏。宋代金银器的纹饰总的来说以清素文雅为特征，与变化多姿的器物造型巧妙结合，达到了和谐统一的境界。

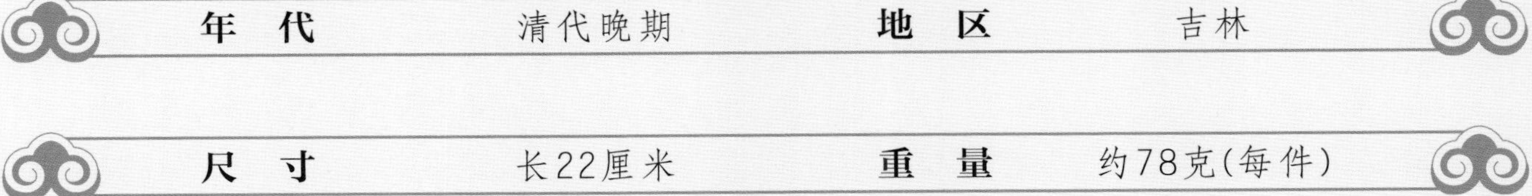

金点翠镶宝石扇形步摇钗（一对）

年 代	清代晚期	地 区	吉林
尺 寸	长22厘米	重 量	约78克(每件)

这对扇形点翠钗，字号款是宝恒祥，各有四个流苏，扇的正面镶嵌碧玺、宝石、翠。明清时期很多首饰上都喜欢镶嵌碧玺。因为“碧玺”和“避邪”两字谐音。中国独特的艺术表现方法是运用汉字形声的假借方法，即借同音同声或谐音字表达吉祥寓意。如“合盒”与“和合”，“有鱼”与“有余”，“蝠”与“福”，“鹿”与“禄”等都是借同音同声字寓意吉祥。

金花卉钗

年代	宋代	地区	北京
尺寸	长12厘米 宽9厘米	重量	48克

这件头钗，由二十一个忍冬花（即金银花、银花、双花、鹭鸶花、二宝花）并列相连呈折扇形排列组成，是宋代忍冬花钗中最有代表性的头钗，它比一般的忍冬花花朵要多，既完整又精细，毫无损伤，品相极好，绝不是一般人家所使用的。

当下，这类藏品多珍藏在金银器爱好者手中，拿出来进行市面交易的极少。

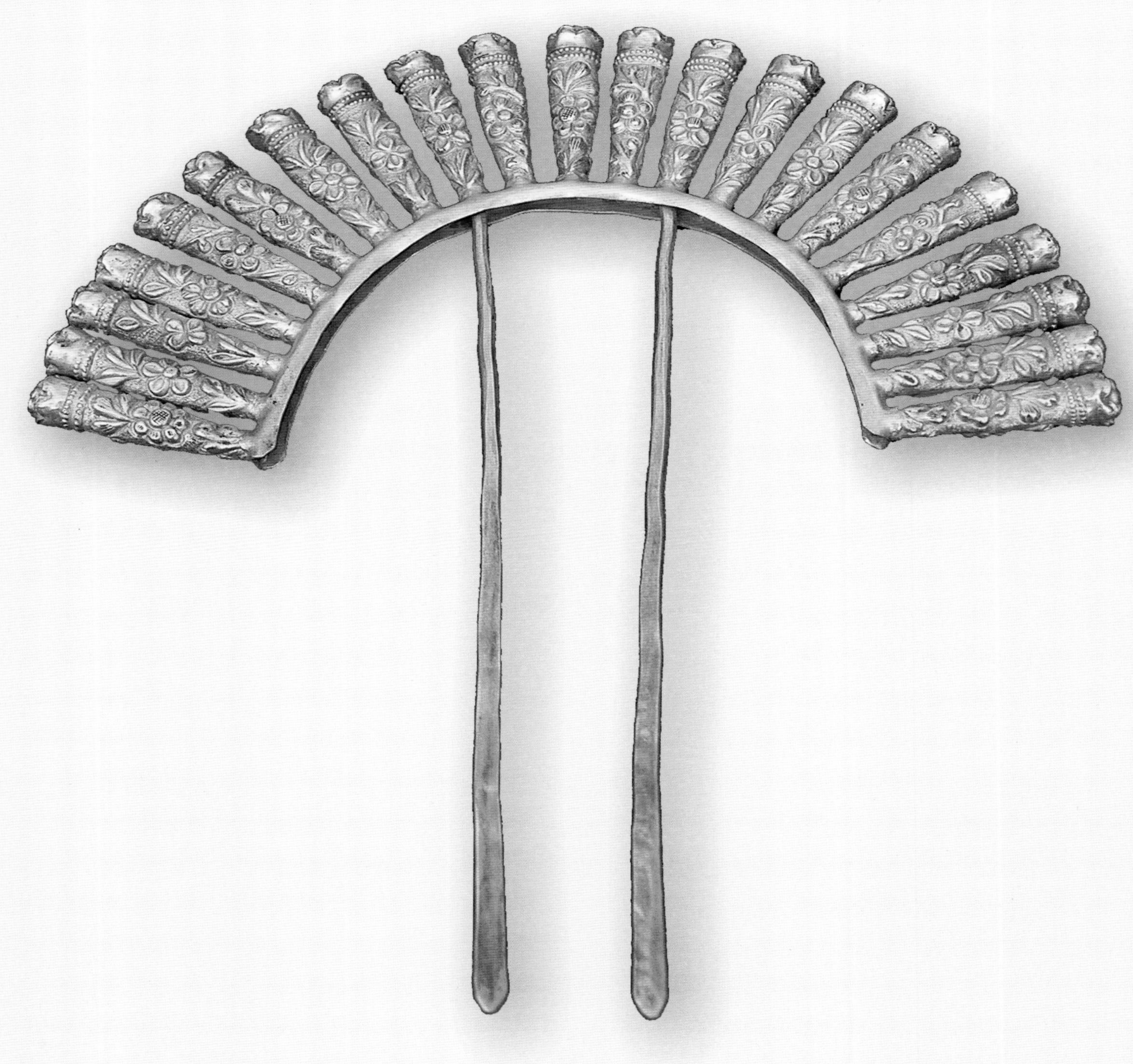

金花卉钗（两件）

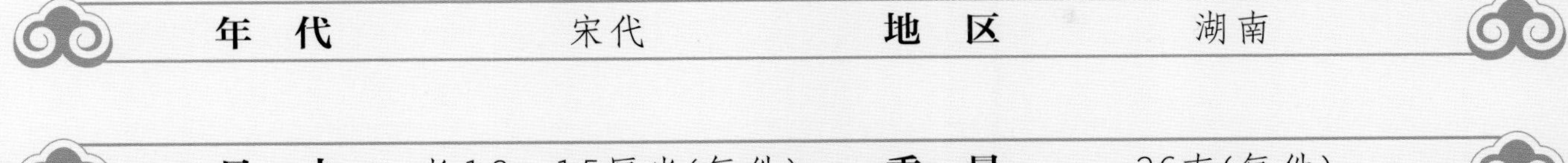

年　代	宋代	地　区	湖南
尺　寸	长12～15厘米(每件)	重　量	36克(每件)

图中一大一小两件金钗均为宋代饰物，其个性风格为钗的上部双股合成一体。目前，所出土的类似头钗已有不少，在北京、南京等地均有发现，尤以湖南地区为多。从数量上讲，中国的金器比银器要少得多，也贵重得多。唐朝时金银器开始普及并迅速社会化，到了宋代，已经从皇亲国戚走向富贾巨商，走向较为富裕的庶民百姓。从金器的制作地域上分析，可以明显地看出，这类饰品已有明显的商品化迹象，再也不是皇家的专一用品了。元代的金银器也很精致，苏州尤为发达，是元代金银器的制造中心。明代出土的各种金银首饰不少，并且多出土于公侯之陵，其中的精品为数不少。

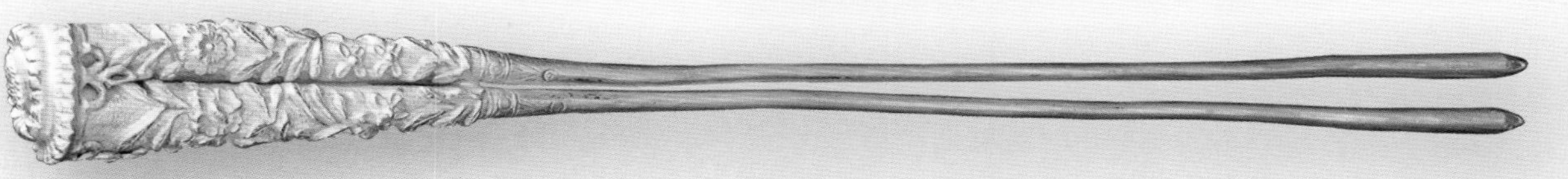

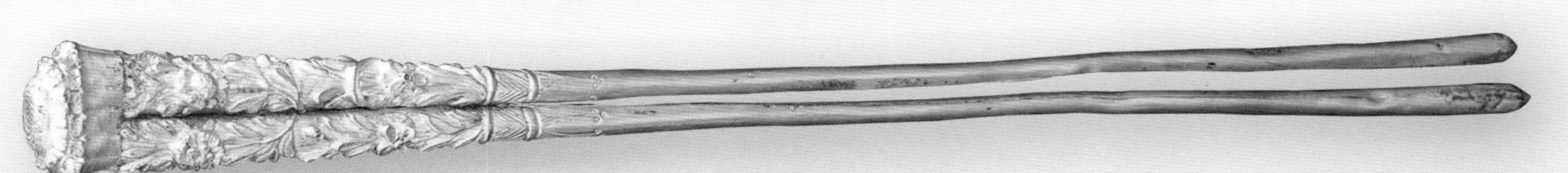

六式银镀金“五福捧寿”簪钗

年　代	清末民初	地　区	北京
尺　寸	大寿字钗长9厘米　小蝙蝠簪长6厘米	重　量	大寿字钗12克　小蝙蝠簪6克(每件)

中华民族是一个勤劳、勇敢、吃苦耐劳的民族，也是一个拥有丰富文化内涵和修养的文明古国。先民通过造物活动营造吉兆，而由此产生了祈盼丰收、长寿、子孙繁衍昌盛等寓意的各种吉祥器物。中国的传统吉祥图案是一种在民俗事项中传承的文化现象，其内容和形式被特定民俗所规范，是具有广泛社会共识的吉祥符号。通过这些吉祥符号所产生的美好寓意，使吉祥图案世代流传。

该图中五式簪钗组成一个图案称“五福捧寿”。福虽然是一个抽象的概念，却真实地反映了人们对美好生活的理解。《尚书·洪范》曰：“五福：一曰寿，二曰富，三曰康宁，四曰攸好德，五曰考中命。”这反映了周代奴隶对福的理解：长寿、富裕，全家人健康和睦地生活在一起有好的名声和家风，老年没有疾病与痛苦的折磨而安详地寿终正寝，儿女孝敬，对生活各个方面都感到顺心。

春秋战国时期的学者韩非认为：“全寿富贵之谓福。”意思是说，所谓福就是富贵加长寿。宋代欧阳修诗云：“事国一心勤以瘁，还家五福寿而康。”可见宋代幸福的观念也有多种内涵。到了明清时期，无论宫廷、贵族还是民间，以“五福（福、禄、寿、喜、财）”为吉祥装饰主题更为流行，并用五只蝙蝠环绕着一个寿字飞舞的图案来寓意这种福的观念。以“五福捧寿”为主题的图案则成为中国人最喜闻乐见的吉祥符号。

“五福捧寿”不仅仅在金银首饰上常见，在中国的绘画、织绣、锦缎、玉器、瓷器、木器、剪纸、版画、建筑、雕刻器物等上的应用也很广泛。

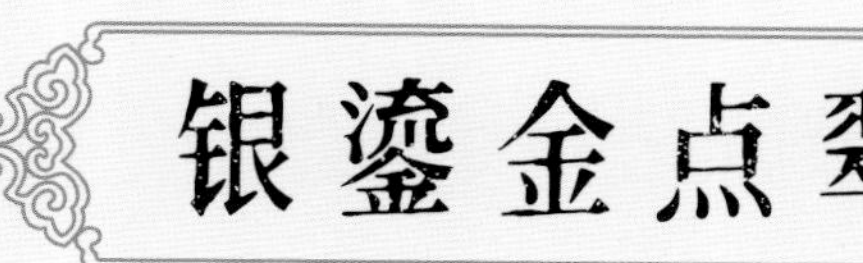

银鎏金点翠钗

年　代	清代	地　区	北京
尺　寸	长15厘米	重　量	18克

点翠被称为“软质的蓝宝石”，得到这样的尊称，是因为它逼真的蓝宝石色泽以及历经百年而不褪色的特点。由于点翠饰品美丽高雅，因此能够满足妇女们的饰美需求，成为当时宫廷、贵族以及民间女子最为青睐的饰品。有记载显示，清代乾隆年间，北京城专门设有点翠作坊，制作大到宫廷礼品、小到簪钗头花等各种点翠饰品。

银镀金点翠蝴蝶纹钗

年代	清代晚期	地区	北京
尺寸	长26厘米	重量	约46克

这是一件较大的蝴蝶纹钗，尺寸比一般的钗大很多，在点翠首饰中比较特殊。材质由点翠、珍珠组合而成。

蝴蝶主题的形象位置、大小变化、疏密变化及立体层次都达到了不错的效果。点翠的工艺和制作过程：

①将银丝拔成细丝，搓成花丝。

②根据所需造型，将花丝掐成花纹，并焊在银板上。

③剪出花形，局部剔空。

④把锤垒花瓣片剪下，将其与用银线焊好的花托焊接牢固成立体状。

⑤将花架与簪钗架焊接。

⑥镀金，粘贴翠羽。

⑦镶嵌珍珠或宝石。

⑧将各部件缀连成型。

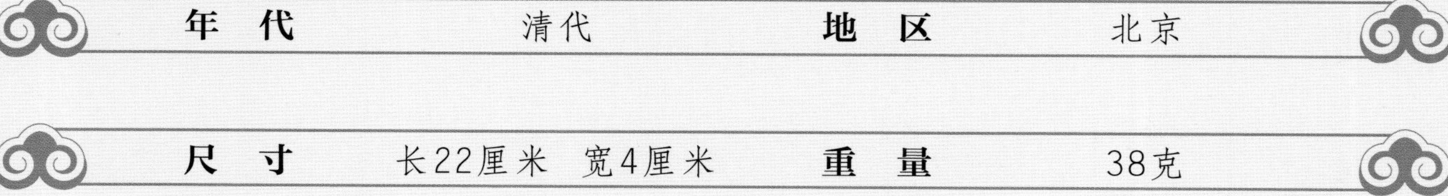

银点翠镶玛瑙钗

年代	清代	地区	北京
尺寸	长22厘米 宽4厘米	重量	38克

这件饰品以色泽红润、大小搭配巧妙的珠形玛瑙为主体，衬以数朵造型紧凑、形状娟秀的点翠花朵和蝶虫，从整体上看，饰物密而不挤、布局舒匀。若是体型丰健的女子佩戴，一定会恰如其分地带来增色的视觉效果；若是清秀的年轻少女佩戴，则产生弱女生威的对比效果。由此，我们可以深切地感受到这件饰品制作者的高超技艺和非凡匠心。并且，能够肯定地推断，在他的手中，肯定打造出了更多造型轻盈、样式舒展的各类头饰、耳饰、颈饰与手饰等。甚至我们能够从中看到当时整个社会繁荣、和睦的景象。可惜的是，尽管是能工巧匠之作，但饰件上也不见制作者的刻字留名，其他的头饰也是如此，这是一个普遍现象。是因为当时社会的商标广告意识不强，还是名人、强者的造物不愁卖？或是物价低廉，饰件是非耐用品，不值得留名？不得而知。

尽管现藏翠饰大多品相很好，但从价值、价格上看，人们现在所持有的清代点翠饰品，是当时并不多么贵重的民用物品。那时，由于社会繁荣、工匠众多，在我国的许多地方，如北京、天津、河北、山东、山西、福建、安徽、广东等地，均有点翠饰品产销。尤其是北京、山东、山西，只要是首饰店铺，大都有点翠商品供应，故翠饰大概并非物稀价高之物。

旧时，平民百姓家的大姑娘小媳妇，逢年过节都要扯上几尺花布做件新装，还会买上一两件点翠簪钗添美增艳。女人都有爱美之心，喜欢精巧的首饰，但毕竟不能和那些富贵人家的女眷相比，不敢有过多的奢想，一年下来，只要能吃饱穿暖，再余存几个闲钱置办些许首饰戴在头上，就算过上幸福美满的康乐日子了。笔者凝望着这一件件精心收藏的饰品，内心常常浮现出这般场景。难能可贵的是一个多世纪过去了，那样的年景已去，斯人也远逝，只有她们所珍爱的首饰，历经无数坎坷流传下来。这些，不单是过去景况的记忆，更是历史的延伸。旧时首饰含情表意，承载文明、承载情感、承载文化，历经风雨，汇于慕者，藏于阁室，乃史之需求，国之幸事。

银镶玛瑙点翠钗

年代	清代	地区	北京
尺寸	长15厘米	重量	20克

这是一件蝴蝶纹头钗。

蝴蝶纹广泛流行于民间，具有浓厚的生活气息和美丽造型，因此，在簪钗首饰中应用极广，成为流行一时的主流纹样。蝴蝶纹样在明清时期非常流行，在首饰中所占比重极大，特别是清代。慈禧太后就特别喜爱绣有蝴蝶的服装及其绣品。故而，在清代后期的妇女当中，一度流行穿蝴蝶绣饰的服装，戴蝴蝶标记的首饰。这种时尚主要源于人们对蝴蝶外观的欣赏，同时也源于对其名字的好感，因为蝴蝶与“福叠”谐音。中华民族的吉祥图案是表达人们对幸福美好生活的祈求的载体。蝴蝶是幸福的象征，具有美满婚姻的寓意，其身姿十分轻盈、艳美，因此备受姑娘、媳妇们的喜爱。

银点翠金鱼纹钗（一对）

年代	清代	地区	山东
尺寸	11厘米	重量	29克(每件)

中国的民俗民风体现了人们的一种吉祥观念，代表着一定的祈盼求助心理，反映出一定的社会意识，带有丰富的情感色彩。

“金鱼”与“金玉”谐音，老子曰：“金玉满堂，莫之能守。”金鱼的寓意丰富，象征年年有余、吉庆富贵等，人们以此祈望家中的财产丰盈富足。另外，“金”还代表男孩，“玉”代表女孩，这样就又有了子女满堂的含义。我国人民自古就崇尚鱼形纹饰，喜在各类饰品、用具上显现不同的鱼的形态，且多以写实的艺术手法加以表现。

银点翠莲花纹钗

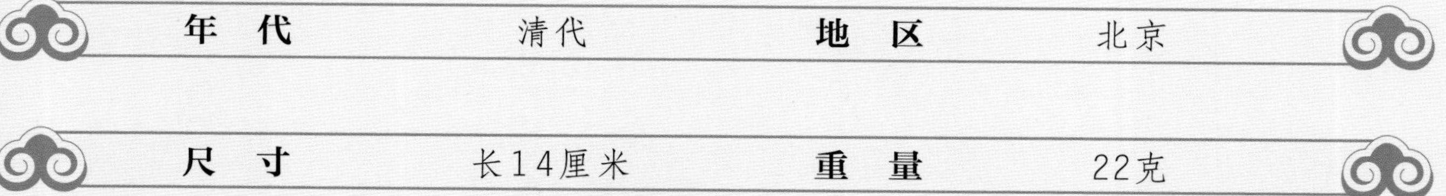

年代	清代	地区	北京
尺寸	长14厘米	重量	22克

莲，是君子和高洁的代名词，是友谊的象征和使者。中国古代民间就有春天折梅赠远，秋天采莲怀人的传统。古人喜莲，对莲花的称呼也非常之多，如“芙蓉”“藕花”，其子曰“莲子”，其根曰“藕”，佛经称为“莲经”，佛座称为“莲台”“莲座”。莲花出淤泥而不染，被誉为花中君子，清冷高洁。在饰物中，莲花常与鱼和钱组合在一起，意为年年有余，年年发财。若是并蒂莲，就有连生贵子、连连高升等含义。莲花图案的应用非常广泛，在木器、瓷器、玉器、建筑、织锦及刺绣中多有显现，在金银器中则更多。

很多著名的古代诗人都咏颂过莲藕，宋代李清照曾在一首《如梦令》中写道：

常记溪亭日暮，
沉醉不知归路。
兴尽晚回舟，
误入藕花深处。
争渡，争渡，
惊起一滩鸥鹭。

这件点翠莲花纹钗，镶嵌着翠羽、碧玺等材质。由于翠羽饰品非常耀眼且不褪色，故被当时的女性所钟爱，并成为一种时尚。那时的点翠饰品主要有四种材质：金胎、银胎、铜胎和纸胎，价格上则有较大的差别。

地域气候、潮湿度以及保管存放的方法等，对点翠的品相都有一定的影响，所以，保存的完好程度也就有所不同。近几年传统点翠饰品深受市场青睐，价格一直攀升，但是已经很难见到完整无缺的点翠饰品了。

银点翠白玉钗（两件）

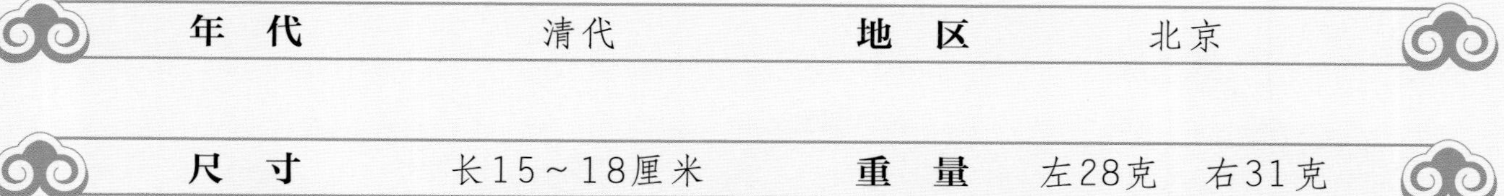

年代	清代	地区	北京
尺寸	长15~18厘米	重量	左28克　右31克

点翠的制作工艺相当复杂，要想把翠鸟的羽毛粘牢，就必须将花丝图案进行鎏金处理，以防止生锈或氧化。翠鸟的羽毛具有美丽奇妙的天然纹理和无与伦比的自然色泽，为细心的观赏者带来柔和微妙的观感，极富审美效果，加上历经百年颜色不衰，因此，与很多在色彩上易变的古玩相比，具有很强的持久性。此外，其不耐磨损的特点，又使其具备了少有的娇贵特性。故而，历经沧桑、饱受岁月洗礼的点翠饰品，其点翠之处尽管磨损严重，曾经的光鲜亮丽甚至所剩无几，但其仅存的点滴羽毛依然艳丽醒目。这就是点翠饰品的又一迷人之处，折而不弯、死而不亡。

银点翠蝉纹钗（一对）

年 代	清代	地 区	北京
尺 寸	长20厘米 宽6厘米	重 量	46克(每件)

中国人常在传统金银首饰中使用蝉的吉祥图案，“蝉”有一脉相承、连续不断之意。几千年前人们就对蝉的品行给予了高度赞扬，称蝉有“文”“清”“廉”“俭”“信”五德。

蝉的图纹应用十分广泛，风格多样，有写实的，也有抽象的，有简洁的，也有细腻的。特别是到了明清时期，很多金银首饰都塑造成“蝉”形，如竹、木、牙、角、玉的戒指、簪钗和挂件饰品。由此可见人们对蝉的喜爱和颂扬程度。

这对点翠蝉纹钗，形态塑造得圆润饱满，极具装饰性。其选取的翠羽都是翠鸟身上最好的羽毛，且粘贴平整、均匀、服帖，不露底，颜色搭配统一、和谐。从整体造型到局部塑造，这对头钗都具有极好的装饰效果。这件异常耀眼的作品反映了中国人极高的审美情趣，也展示了作品设计制作者的巧妙构思和高超手艺。

银点翠镶白玉蝴蝶钗

年　代	清代	地　区	北京
尺　寸	长20厘米　宽6厘米	重　量	32克

点翠饰品一般都具有造型规范、色泽绚丽、做工考究、精益求精的特点。这些点翠饰品具有高超的艺术魅力，既满足了人们的精神追求，又继承和弘扬了中国的传统首饰文化。

明清时期的首饰，在材料、工艺以及式样上均存在着严格的等级差别。材料上，民间多以银料为基材，镶嵌物为大众化的饰物；宫廷王府、皇亲国戚、达官显贵则多以金为基材，并镶嵌珠宝玉石。工艺上，民间首饰多以錾花、刻线装饰为主，讲究的是经久耐用；贵族的首饰，则多以花丝工艺成型，特别是常用垒丝技艺塑造精巧立体的龙凤瑞兽，不计工时，只求华丽无瑕。在题材方面，皇亲国戚的首饰大多选择龙凤纹、福禄寿喜纹，此外也选择一些民间广为流传的吉祥喜庆纹饰；民间首饰在装饰纹样的选择上更加宽泛随意，更显生动活泼并具有现实生活气息。

这件点翠头饰，不是宫内用品也是富豪人家之物，从价值和工艺角度看，具有很高的收藏和研究价值。

银点翠蝴蝶钗（两件）

年 代	民国初期	地 区	山东
尺 寸	长15厘米	重 量	22～26克(每件)

三式银点翠镶白玉玛瑙簪钗

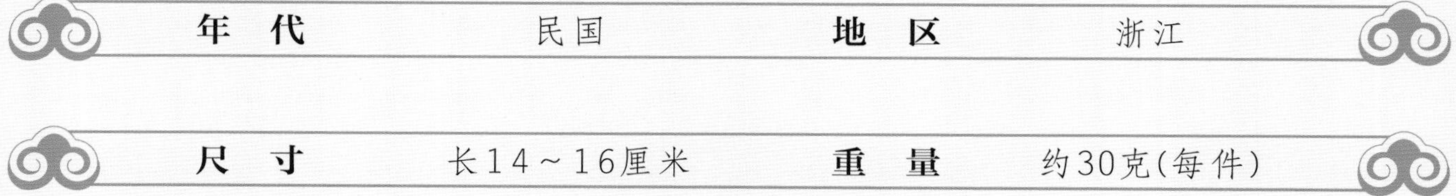

年　代	民国	地　区	浙江
尺　寸	长14～16厘米	重　量	约30克(每件)

浙江地区的金银首饰都比较精细，而且惯用多层次镶嵌红玛瑙或白玉作为主要装饰。从点缀方面看，南方的工艺比北方的细腻，而且极富对比性，讲究疏密聚散，虚实妥帖。金银首饰各有特色，地域不同，工艺是有差异的，但从继承古代文化传统来看是统一的。如今这种点翠工艺的首饰并没有失传，点翠工艺和很多其他手工艺都在传承之中。民间很多地区制作出来的点翠饰品的工艺也非常好。不同地域首饰有不同的风格，可以说百花齐放，各有风采。

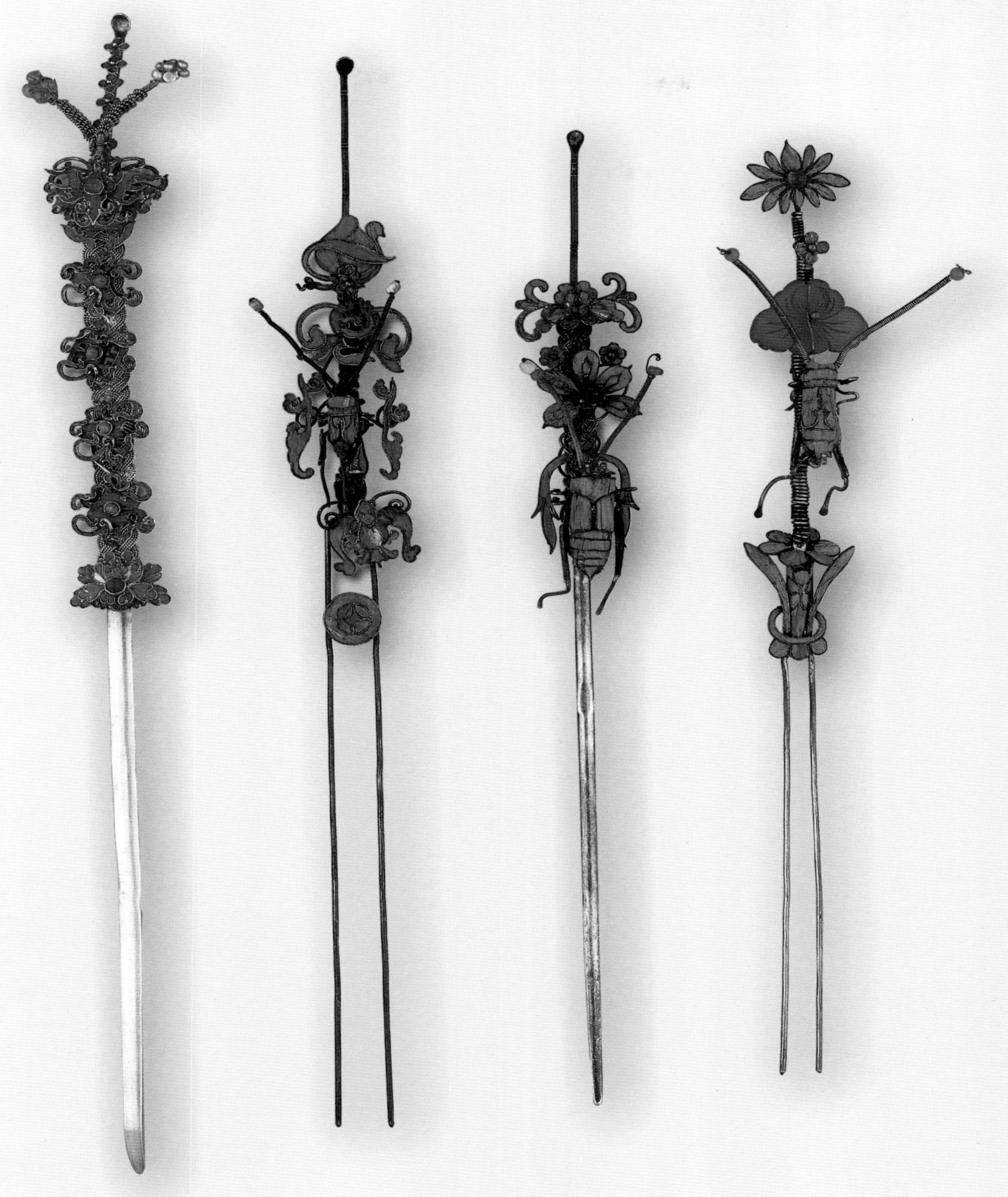

银点翠簪钗（四件）

年 代	清代	地 区	北京
尺 寸	长12～16厘米	重 量	12～18克(每件)

图中的四件簪钗，除了一件为蝴蝶纹簪外，其余三件均为蝈蝈花卉簪钗。

蝈蝈落在花卉的叶片上，具有很强的生活气息和生活情趣。虽然蝈蝈在人们的生活、生产活动中经常可以看到，但却很少将其运用到点翠首饰中。在现有资料上也很难查找到蝈蝈或蛐蛐的吉祥寓意。但是这件饰品的银匠师傅通过精细的观察和高超的设计能力，对这种可爱的小精灵进行了艺术化的表现，使其成为一种独具特色的簪钗图案，可谓异常新颖别致。细看花卉中的蝈蝈，其体态肥硕、触须弯曲、肚子圆润、背脊弓起、蓄势跳跃，活脱脱地勾画了一幅栩栩如生的蝈蝈待跃图。这一精巧的设计打破了一般的昆虫形象创意，给人以极大的感官享受，从而使其成为一件高雅独特的传统艺术品。

三式珐琅彩钗

年代	清代	地区	河北
尺寸	长13～15厘米	重量	15～17克(每件)

二式银珐琅彩钗

年代	清代	地区	河北
尺寸	长14厘米	重量	18克(每件)

银珐琅彩钗

年代	清代	地区	福建
尺寸	长16厘米	重量	33克

这件珐琅彩钗是福建莆田地区的首饰，特点是掐丝錾花镂空，珐琅彩，上圈再饰一排稻穗纹，下坠七串流苏，造型十分秀丽，为典型的福建传统银饰风格。头钗图案丰富，下面有蝙蝠，左侧有石榴，正面上层是花卉，中间是枚古钱，图案主题应是“福在眼前”。饰品布满了烧彩小花，形成非常精巧的装饰，呈现出既精美又雅致、和顺的视觉效果。

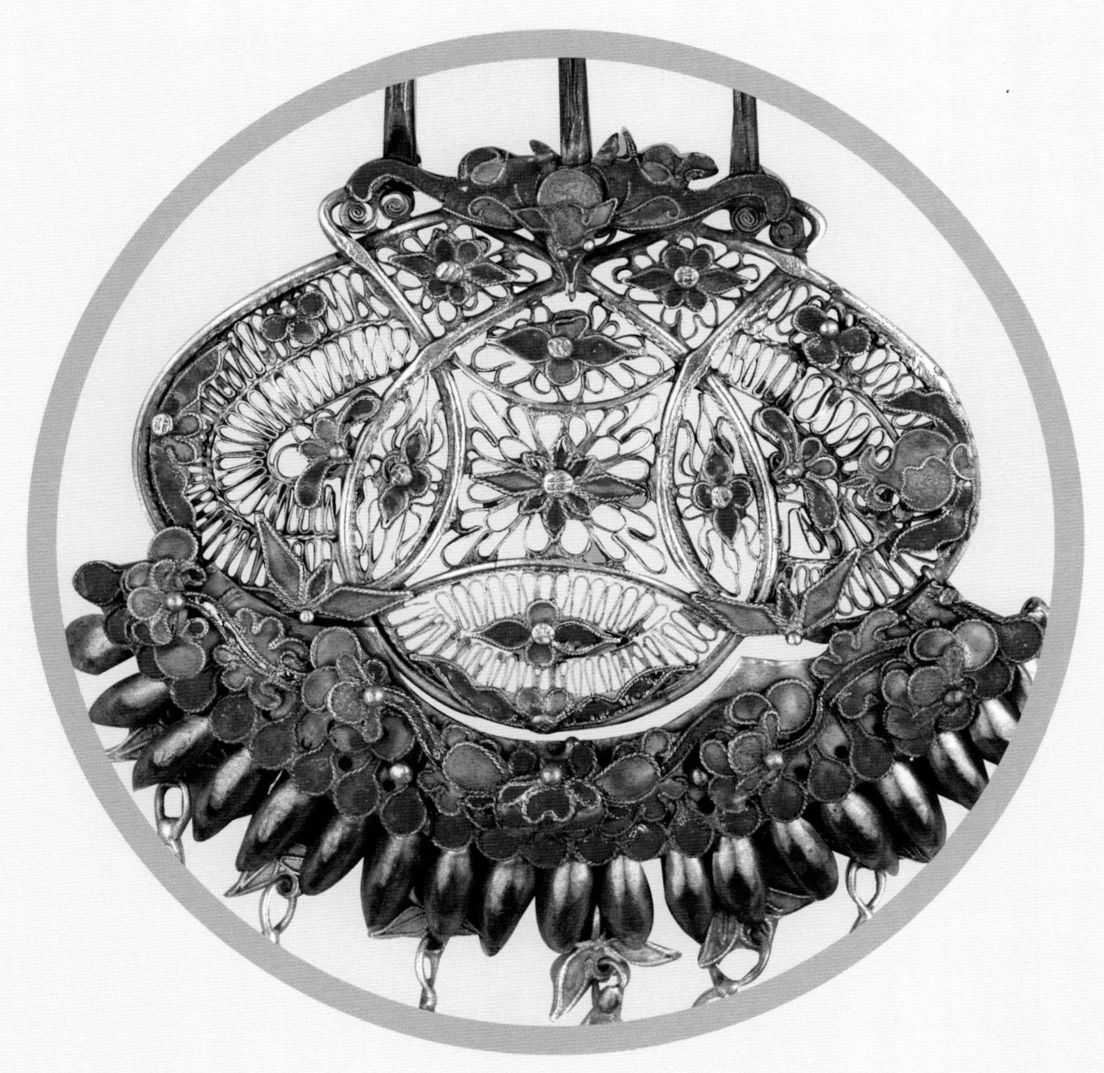

银珐琅彩莲花纹钗

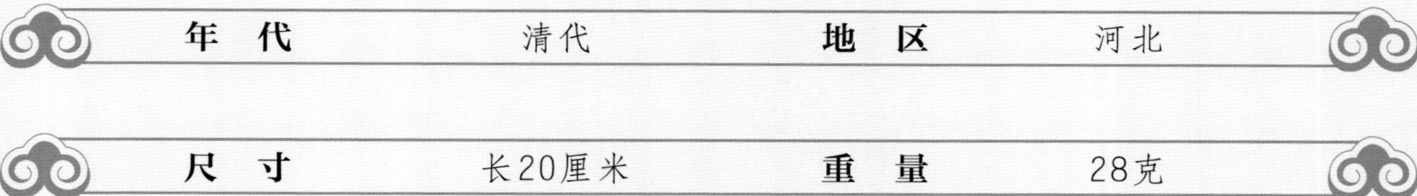

年代	清代	地区	河北
尺寸	长20厘米	重量	28克

莲花纹在金银首饰中运用广泛。莲蓬与莲花同时生长，故喻为“早生贵子”“多多生子”。因莲花根部肥大，枝、叶、花茂盛，故其吉祥图案还表示“本固枝荣”，多用于祝愿家道昌盛、世代绵延。又因莲花也称“荷花”，“荷”与“和”“合”谐音，所以两朵莲花图案的头钗象征着“和睦相爱”。莲花也常用于喜联，如：

比翼鸟永栖常青树，

并蒂花久开吉祥家。

莲花有并蒂同心者，为一蒂两花，是男女好合、夫妻恩爱的象征。莲花还是佛祖之座，寓意崇尚高洁。莲花是君子之花，也是八吉祥之一。所以很早就被广泛应用于建筑、织绣、石器、首饰等很多领域。

求吉望祥，是人类对生活的一种期盼。中国古老传统文化中蕴含着人们对生活的种种信念，一些信念中还包含宗教因素，我们从这些银饰品中可以看到中国民俗文化与宗教文化互为影响的迹象。

钗和簪的用途相似，都是盘髻首饰。但簪通常为一股，钗有双股、三股甚至更多股，因此，相比簪，钗固定发髻更为牢固。钗与簪形式也近似，都是由起装饰作用的钗头和实用作用的针梃相连而成。钗的出现比簪要晚。较早的发钗实物是在山西侯马春秋墓中出土的骨钗，其以一根完整的肢骨制成，长12厘米，在钗身约三分之一处分叉，并在分叉的上部烙有火印图案。

银珐琅彩蝴蝶纹步摇钗

年代	清代	地区	福建
尺寸	长12厘米	重量	48克

中国福建闽南地区的银饰制品做工精致，流传很广。那个时代，福建地区的妇女非常喜爱步摇这种首饰，家中稍有条件的妇女都置办，条件富裕的甚至备有好几套换着佩戴。闽南地区的银饰文化经历了一个漫长的历史演变过程。秦汉以前，闽中土著居民与中原交往不多，土著居民自成体系，傍水而居，善于用舟，盛行原始巫术。汉晋至五代时，中原民族开始向东南沿海迁徙。随着汉族人大批入闽，汉文化在闽中由北向南迅速传播，汉族的生产方式、生活习俗、礼仪规范、宗教信仰等民俗民风逐渐占据了重要地位。同时，汉族的饰品文化也渗入其中。随着汉族与当地少数民族的通婚，当地少数民族居民慢慢适应了新的社会环境，包容、扬弃、转化地接受了汉族风俗。福建地区的银首饰制作也因此慢慢吸纳了汉族文化中的很多吉祥图案。

图中的这件蝴蝶纹步摇钗就是福建闽南地区最有代表性、最有特色的银饰。福建地区的头饰，无论是头簪还是头钗，总是挂坠很多小吉祥物。这些吉祥物主要有小鱼、鸣蝉以及茶壶、鸟笼、食盒、水烟袋等民俗物件和生活器皿，非常生活化、实用化。另有特色的是，很多坠件都配有响铃。

地域不同，饰品风格也不尽相同。与常见的北方步摇簪钗相比，这件饰品的流苏坠链非常细，而北方的则粗些。南方的步摇簪钗还有一个特点就是流苏多，多的达到十几串、二十串，而北方多的也就五至七串，最多不超过九串。总之，南方的工艺细致，北方的做工粗犷，制作上各有千秋，各存韵味。

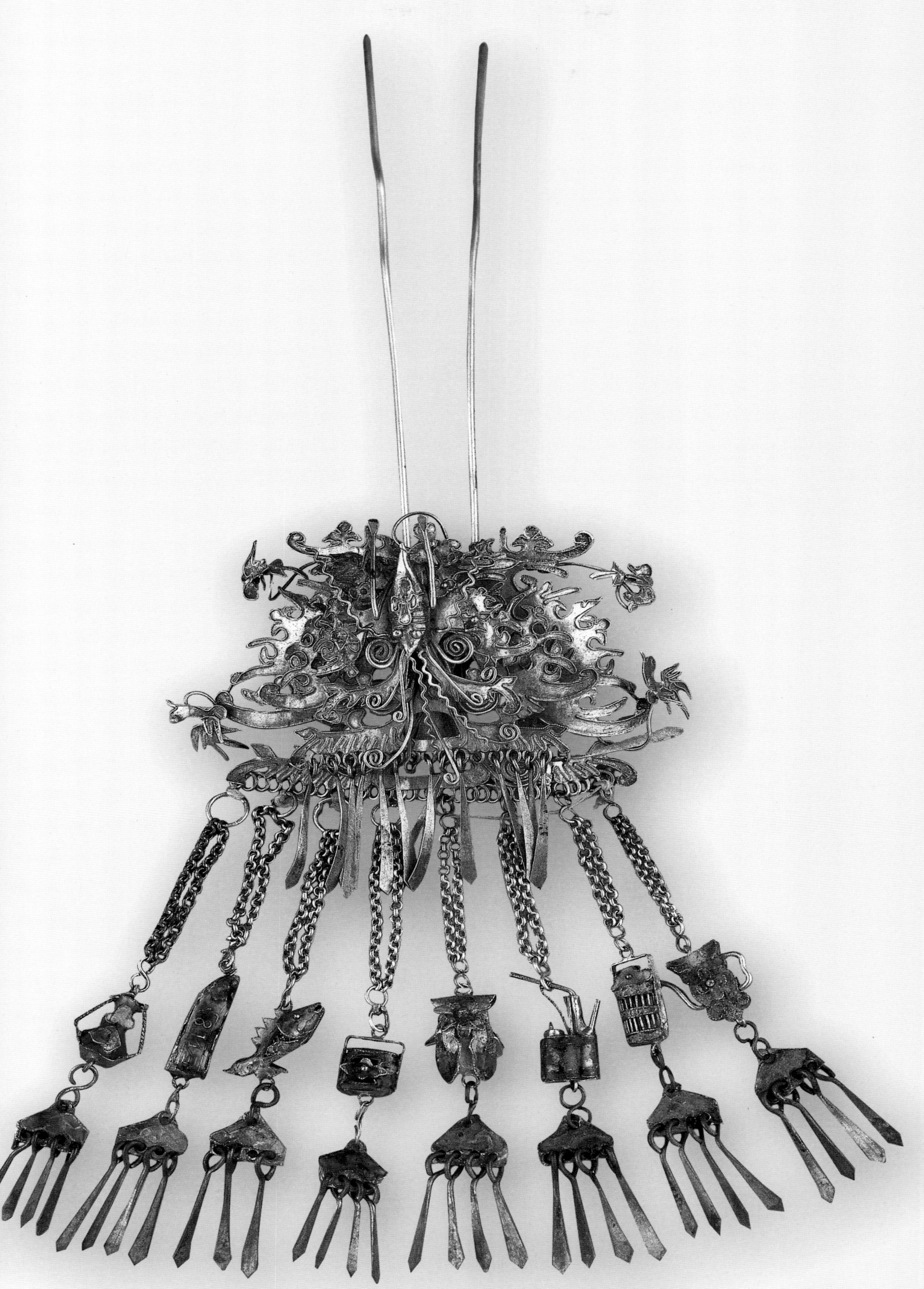

银珐琅彩戏曲人物步摇钗

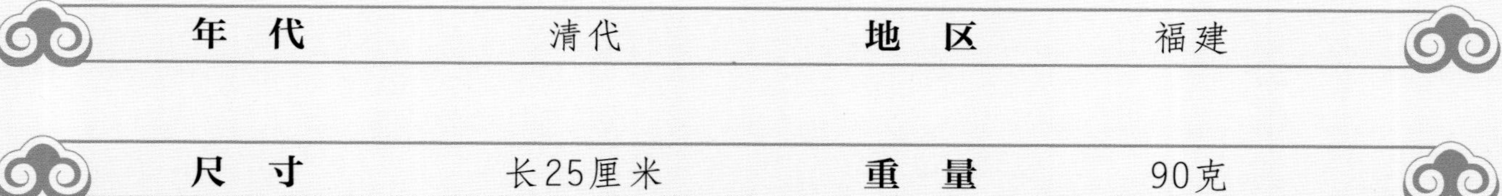

年代	清代	地区	福建
尺寸	长25厘米	重量	90克

步摇始见于汉代宫廷礼制，有文道：“步摇者，贯以黄金珠玉，由钗垂下，步则摇之之意。”汉代以后，步摇逐渐在民间流行起来，成为妇女们最喜爱的时尚首饰之一。步摇也称为“流苏”，其形式多种多样，顶端的图案主要有龙凤头、雀头、蝴蝶、鸳鸯、蝙蝠等，它们或口衔垂珠、或头顶垂珠，巧妙搭配、交相辉映、美妙洒脱。装饰珠串的数量不尽相同，有一层的、两层的，也有三层的。

这件步摇钗的布局饱满豪华，在不大的平台上，密布着楼台亭阁、雕梁画栋、戏曲人物，可谓空间虽狭小，但天地广博。这是中国福建闽南一带的古代饰物，此地旧时的很多首饰，都是如此有雅有俗、有粗有细，在格式构成上具有很强的包容性和装饰性，凸显了当地首饰文化特色和银匠的审美取向及工艺水平。其实，不只首饰，该地区的其他精细手工制品也是如此，在许多木质、石质、牙质等制品上的饰图也都是这样。显而易见，这件大型扇形钗以戏曲人物为题材，但具体是哪出戏、什么剧种，则很难说清了。我国自古以来，戏曲人物、故事非常之多，自古就有“曲海词山”的说法，而戏文中的人物故事历来就是手工图案的参照。随着古代戏曲曲目的流失和改编，很多戏文或章节都已失传，现在我们无法弄清这件饰品上图案的出处，自然也就不足为怪了。这件戏曲人物步摇钗具有很强的典型性，用一个小小的平面反映出一个时期的生活场景，并使其文学化、世俗化、大众化。

中国古代的戏曲文化十分繁荣，作品如林，素有“唐三千，宋八百”的说法。到了明清时期，更是文学兴旺、作家辈出，反映民间生活、生产以及其他题材的作品不胜枚举。舞台小、天地大，戏曲是社会的缩影。人间的光明与黑暗、智慧与愚昧、恶与善、好与坏，都能在戏曲舞台中得到体现。正因如此，戏曲图案的运用也非常广泛，仅首饰而言，从银锁、头簪、头钗、扁方，到手镯、项圈、戒指等，都有戏曲图案，且有褒有贬有扬有抑。中国几千年的历史，数以万计的戏曲剧目，刻画出多少人物，描绘出多少史实，我们或许可在首饰中略见一斑。所以，我们说银饰上的这些戏曲故事也反映了历史。在这里，我们应该感谢民间那些银饰设计者、制作者、使用者和传承者，有了他们的创造和传递，我们今天才得以欣赏到这些美妙绝伦的佳作，感受到波澜壮阔的历史故事。

银珐琅彩钗

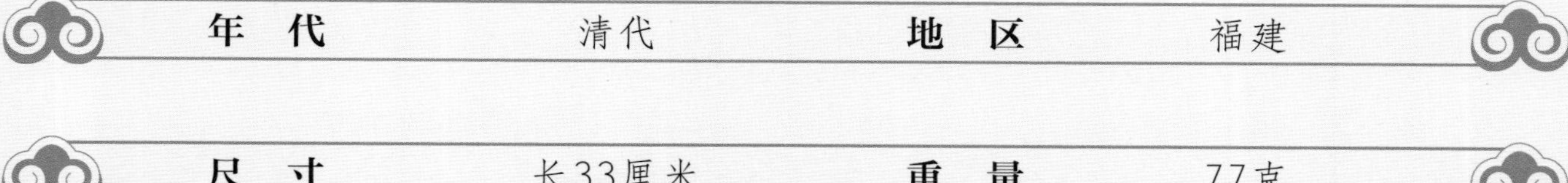

年代	清代	地区	福建
尺寸	长33厘米	重量	77克

本书介绍了很多福建的银饰品，种类多、工艺精。福建银饰有着独特的风格，在中国银首饰中占据着非常重要的位置。目前，以这个地区为背景，系统地介绍、解读传统银饰的图书和文献还不多见。其实，不论有还是没有，笔者所收藏的福建银饰也算不少，而且有些很有特色和代表性。故而，本书对于关注福建银饰和有意进行研究者而言，可能都是相当有益、有助的。笔者也欢迎藏品界的仁人志士与我一同把玩探讨、著书立传，以便为中华民族传统银饰文化的丰盈或补缺作出贡献。

该件银钗是清代福建地区的产品，属于富足大户人家使用的励志寓意类银首饰。

福建省简称“闽”，这一名称最早出现于周朝，距今已有两千多年的历史。公元前221年，秦始皇统一中国初，福建是闽中郡的一部分。秦末汉初，勾践的后代无诸因佐汉伐楚有功，被汉高祖刘邦封为闽王，时称福建为“闽越国”。唐开元十三年（725年）闽州都督府，将其改为福州都督府，“福州”第一次出现。开元21年（733年），此地设立军事长官经略使，官名从福州建州（今建鸥）各取一字，名为“福建”经略使，同福州都督府并存。这样，就首次出现了“福建”之称。

福建的银饰工艺精湛、制作精良、用料考究、造型优美，多采用炸珠、錾刻、掐丝、镶嵌、镀金工艺和珐琅彩。笔者在传统织绣方面的藏品也十分富足，故知道福建不光银饰工艺精湛，还知道其刺绣艺术也非常有名。其主要以三国人物、封神榜为题材的人物画面较多。祝寿的寿帐、结婚的喜帐、衣服、道袍大多以人物故事来表现。其针法繁多，层次分明，有圈金绣、打子绣、方格绣、网绣、平金绣、缠针绣、夹棉绣等，一幅好的图案中最少有七八种甚至近十几种绣法。所用的道具和图中表现的动物、人的坐骑及装饰与中国四大名绣，尤其是山西的晋绣、山东的鲁绣大不一样，可谓自成一体，堪称一绝。福建还是具有浓厚地方特色的妈祖文化的发祥地，其影响远至海内外，这方面题材的银质首饰现存的亦有众多。

图中这件银钗，上宽5厘米、下宽3厘米、重77克、全长33厘米，即整整一尺之长。钗首图案由四个单元图案叠加而成。制作上运用了錾刻工艺、掐丝工艺和镂空工艺，四个单元全部是点烧珐琅彩。

第一个单元：一条巨龙从海涛中飞跃而起腾上云端，巨龙张巨口、舞利爪，威猛凶悍。龙文化在民间百姓中十分活跃，中国人普遍把龙当作一种吉祥象征，奉之为聚云降雨、救苦救难、斗邪战恶的神灵。结婚迎亲时，将龙凤图纹当成婚庆贺图；喜庆活动时要“闹龙灯”“赛龙船”。于是祥龙也就成为中国人离不了的吉祥物种了。

第二个单元：在亭台楼阁的庭院中，男女两个顽童在追逐玩耍。此图为“婴戏图”，为众多或几个小孩在庭院中游戏。这件饰品画面上的儿童与夸张处理后的雀鸟、蝇虫同在，妙景横生、童趣悠然。“婴戏图”还有和生肖图案、吉祥器物、儿童游戏结合的，象征着多子多福、生活美满、后代延绵。百余幼童济济一堂的画面，则寓意连生贵子、五子登科、百子千孙。“婴戏图”与各个朝代的社会状况密切相关，明清是婴戏图的鼎盛时期，从简单的一两个幼童形象发展到百多个幼童，幼童神态各异。婴戏图的流行，反映了当时民众的心态、孝道伦理、社会状况。

第三个单元：一本打开的书卷。书是知识的象征，是举人、秀才做官、成名的基础，是步入上层社会、治理社稷的资本，因此具有至高无上的神圣地位。这件饰品显现的是一本工艺相对简单的书卷，说明银匠追求的并不是制作技巧，而是世俗交代。那么，知识和文化在当时社会中备受敬仰的情景也就显现在其中了。由此可见，在这四连图中，将书与其他三幅典型图案排在一起，银匠的眼力不能不说高超，书卷的吉祥、赐福意义也不能不说深刻。

第四个单元：鲤鱼跳龙门。传说黄河鲤鱼跳过龙门就会变成金龙。比喻书生中举、升官、飞黄腾达之意，也比喻逆流前进，奋发向上。《三秦记》中说，山西河津县有一龙门，水险浪大，鱼鳖之类很难上去，大批江河鱼群集聚，能跳上龙门的为龙，跳不过去摔下来的，额头上还会摔出一个黑疤。一般来说，选用这种装饰首饰的绝不是男耕女织的平民百姓，该是家境富足的人家或书香门第的大户。

通过这件首饰，我们看到了富贵家庭的祈盼：强龙保佑，平安无难；子孙满堂，香火兴旺；苦读诗书，求取功名；超出一般，高官厚禄。的确，这正是旧时读书人、富豪、官宦人家最理想的发展轨迹和人生追求。将这样一柄头钗戴在头上，既是美丽装饰，又是励志警示，真是意味深长。我们今天解读这件饰品，不得不为先人的智慧和盼求所折服。中华民族的首饰文化多姿多彩、含蓄丰富，既要满足人们使用头钗的实用功能，还能满足人们的精神需求。

这样解释其实很粗浅，真正读懂这些首饰，不是轻而易举的事情。但是，我们至此就已经惊喜地发现：旧时人家在国泰民安的环境下，其乐融融地享受着平和的生活，妇女们梳妆打扮，俏丽幸福；男人们寒窗十年，胸存大志。生活的安乐、市井的繁荣、道德的良好、信念的坚固，通过一件小小头钗得以显现。中国的传统首饰，满载着千古风情和诉说不尽的生动故事。

珐琅彩簪钗（一百件）

银戏曲人物钗

年 代	清代	地 区	福建
尺 寸	长15厘米	重 量	26克

这件钗首錾刻有戏曲人物故事，产地为中国福建地区。福建旧时有各种各样的头饰品，尤其是闽南地区，这是中华银饰文化一个具有鲜明特色的地域。闽南的银饰文化形成及其发展经过了漫长的演变与磨合过程，同时受到东南沿海地带独特的地理环境、人文环境等的影响。因此，在文化思想、社会行为等方面，均显现出一些与中原主流文化不同的独特表现形式。

本书收录了不少福建闽南地区的银簪、钗、步摇等首饰，在一定程度上展现了中华传统文化的多样性和丰富性。

这件头钗展现出饰物主人的良好审美能力和欣赏情趣，器物上的人物主次分明，上下布局得当。一件小小的头钗，装饰了如此丰富的人、神、兽、鱼、云、浪、车、房等图案，工艺精湛、内涵丰富，令人赞叹不已。

银戏曲故事步摇钗

年代	清代	地区	福建
尺寸	长16厘米	重量	33克

这件步摇钗十分精致，底纹为珍珠地，錾刻的为戏曲人物、亭台楼阁。其画面清晰，线条明快，构图饱满灵透，主次讲究，层次分明。此外，头钗下部还坠有五条流苏。

中国民间首饰的图案很多来自戏曲中的精彩情节，且题材广泛。这些流传下来的题材往往都是精品之作，观赏时常常令人赞叹不已。

首饰中大量使用文学故事中的人物和情节，无疑会增加首饰的内涵和趣味性，会进一步活跃首饰市场，满足更多使用者的需要。这种现象，既说明当时经济、文化的繁荣程度，也反映了当时手工制造业的发展水平，同时还表现了中国传统银饰文化的特色。我们凭借现有的资料，要想把每个出现在首饰上的戏曲图案都弄清楚、弄懂是非常艰难的事情。因为历史的积淀太深、太多、太广泛，数百年来对戏曲的扬弃太多，而且相关专业研究还比较欠缺。系统地挖掘中国首饰图案中的戏曲文化，需要充足的实物资料，需要一批专心致力于此的学者、专家。令人欣慰的是，改革开放，藏宝于民，在很多银饰收藏者手中还保存了一些颇有价值的首饰。这些饰品的存在给我们提供了研究、挖掘中国戏曲文化的宝贵资料。

银钗

年　代	清代	地　区	山西
尺　寸	长14厘米	重　量	26克

这么一件小小饰品，能够给女性带来美好的希望和憧憬，为全家带来无尽的欢悦和喜庆，简单而深刻。这就是历代中国民众对美好生活和未来的求索。中国传统文化源远流长、绚丽多姿，几个常见的果品和一只树虫的组合，生动地渲染了吉祥祈盼和志向，寄托了无尽而有度的希求和愿望。

三多银耳挖钗

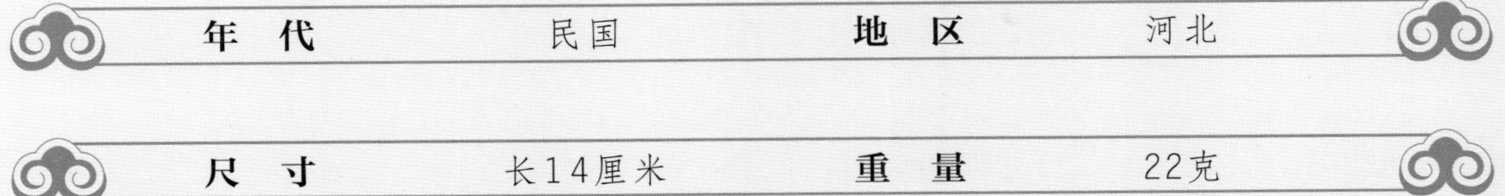

年代	民国	地区	河北
尺寸	长14厘米	重量	22克

该头钗的图案是中国最常见的“三多”吉祥图案。一只大蝉守护陪伴着佛手柑、桃、石榴，形象地组成了立志高远，多福、多寿、多子的寓意。佛手柑的“佛”与“福”同音，桃子表示长寿，石榴表示多子多孙。蝉性高洁，“蜕于浊秽，以浮游尘埃之外”，其在成虫之前，生活在污泥浊水之中，等脱壳化为蝉，爬到高高的树上之后，清高自尊，只饮露水浆汁，可谓出淤泥而不染。加上蝉只进不退永远前行的生性，又有励志之意。将蝉与三多组合成头钗，深刻地表达了高雅、不卑，求索幸福、恳望完美的意境。

三式银钗

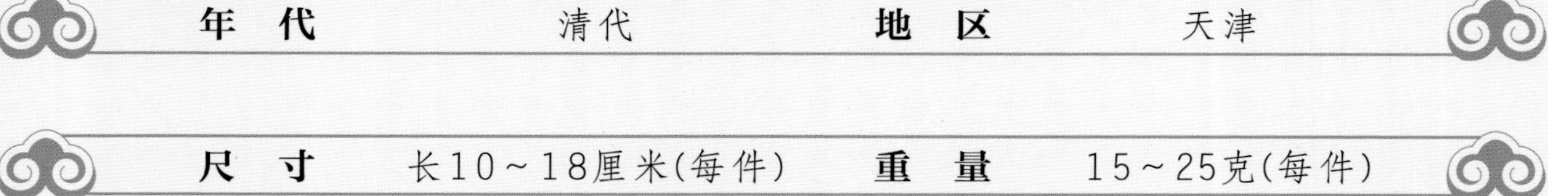

年　代　清代　地　区　天津

尺　寸　长10～18厘米(每件)　重　量　15～25克(每件)

我国传世下来的清代银饰很多，但多梃的头钗却不多见。图中三式头钗从左到右分别为四梃、五梃、六梃，非常少见，纹样有花篮纹、三多纹、一路连科纹，均属吉祥图案。传统的首饰图案，即使是一件小小的簪钗，也往往承载着一个生动的故事、一段真实的历史。虽然有的只是一个简单的动植物图案，但来源于百姓的日常生活，来源于悠久的华夏文明，离开了这些根基，就失去了生存空间。有些图案的起源可以追溯到原始社会的部落图腾，随着社会的发展，图案也不断演变、完善，逐渐成为某种美好祥和的标志或象征，继而固定下来，成为人们称道求祥的饰品装饰。经过几千年的文化积淀，到了清代，中国的金银首饰制造业越来越发达，越来越精细，到了炉火纯青、登峰造极的地步。同时，银首饰也更加广泛地进入普通百姓家庭。

四式银钗

年　代	清代	地　区	山西
尺　寸	长8～10厘米(每件)	重　量	10～15克(每件)

从左至右，这四件头钗分别为：银镀金蛙纹头钗、银梅花纹头钗、银镀金蛙纹头钗以及加彩蝴蝶纹头钗。

这四件头钗的造型均为花瓶式，寓意平平安安。每一件头钗的纹样均有吉祥美好的含义。

青蛙（蟾蜍）在中国民俗信仰中是通神之物，主农事、有灵性，同时也寓意人丁兴旺、多子多孙。古代有金蟾招财进宝的说法，中文名“祈福蛙”的谐音是“七只福蛙”。其腮帮子鼓鼓的，寓意福气满满、荷包满满。在中国民俗文化中，青蛙的头、尾、四肢和肚代表世界，因此，青蛙在我国民俗中具有“四通八达、财源广进”的吉祥寓意。在一些文献中，还常常将青蛙或蟾蜍附会在神话中。传说日中有三足乌，月中有蟾蜍，日月如果不按常规运行，就会被咬蚀而失去光辉。蟾蜍是古人认为的月中神灵；青蛙在母系氏族社会中则是一种神圣的动物，含有不容否认的意义。远古先民以青蛙象征女性肚子，蛙纹体现了对女性怀胎的崇拜。青蛙也是古代一些少数民族的图腾，如纳西族古时崇拜青蛙，称为“智慧黄金大蛙”；壮族的先民以青蛙作为图腾，传说青蛙是雷神之子，祭祀蛙神可求得风调雨顺。

梅花，即使在冬季仍生机勃勃，在中国传统吉祥纹样中，梅花具有重要的地位，寓意丰富，如喜鹊落在梅枝上是喜鹊登梅、喜上眉梢；梅花开在百花之前，是报春之花，古人形容它冰肌玉骨，梅花五瓣代表福、禄、寿、喜、财五福；牡丹与梅花的组合为“长命富贵”。

蝴蝶纹，在中国民俗中被喻为浪漫爱情及长寿之意，亦是美好、吉祥的象征。蝴蝶的形象美丽、轻盈，常用来比喻爱情和婚姻的美满、和谐。

第一篇 头饰

扁方

明代错金扁方（七件）

年代	明代	地区	山西 陕西
尺寸	长11～14厘米(每件)	重量	12～18克(每件)

金点翠镶宝石菊花纹扁方

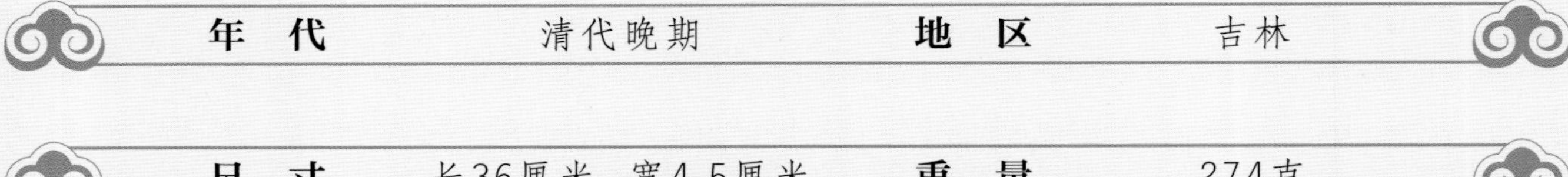

年　代	清代晚期	地　区	吉林
尺　寸	长36厘米　宽4.5厘米	重　量	274克

扁方是北方满族妇女的惯用头饰。其造型均为卷首一字形，形体有大有小，有宽有窄，有长有短，薄厚也有差异。从尺寸上讲，短的有15～20厘米，长的有30～45厘米，是专门用于梳旗头所插的首饰。

扁方的材质有铜、银、银鎏金、足金、白玉、翠、玳瑁等。金和玉制的扁方应该是最奢侈的，多见于王府、贵族、旺门之家和富商，非一般家庭所有。这件扁方的工艺为镂空菊花纹，镶嵌碧玺、白玉、翠，还粘贴了蓝色的翠羽，是件旺门家族压箱底的传世之品。

这款扁方刻有文字款号。无论是从尺寸、重量，还是工艺来讲，图中的扁方均属上品。

金点翠镶宝石寿字纹扁方

年代	清代晚期	地区	吉林
尺寸	长31.5厘米 宽3厘米	重量	197克

这是一件足金扁方，为传世之物，镶嵌有碧玺、松石、珊瑚、翠、宝石、点软翠羽，主题纹饰以“寿”字为主。

长寿是人类社会永恒的主题，因此在我国各种金银首饰的吉祥图案中，以寿字为题材的纹样最多。

“寿”虽然只是一个抽象的概念，却真实地反映了人们对生活的理解和愿望。到了明清时期，无论宫廷贵族还是民间，以“寿”字纹为主题更为流行，并用五只蝙蝠环绕着一个寿字飞舞的图案来寓意这种福寿观念。因此，以寿字为主题的图案成为中华民族最喜闻乐见的吉祥符号之一，广泛运用于瓷器、木器、刺绣、首饰、字画等多种艺术品中。

金点翠镶宝石扁方

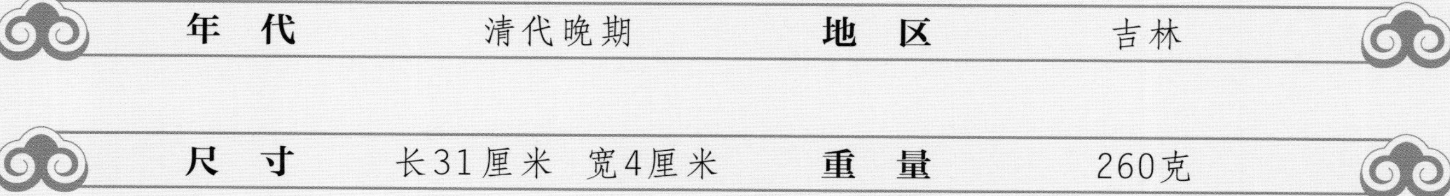

年　代	清代晚期	地　区	吉林
尺　寸	长31厘米　宽4厘米	重　量	260克

扁方首饰是满族特有的一种饰物。入关初期，满族人的首饰并不特别精致，入关后在和汉族文化长期融合后，无论是金银首饰还是服装文化，尤其是图案纹样，都得到了改进。

这件扁方的掐丝工艺明朗，构图巧妙，不但镶嵌宝石珍珠，还粘贴了翠羽进行装饰，虽经历了一百多年的岁月磨砺，但连最易残损的翠羽都没有损伤，仍旧艳丽如初。其在保持原有饰品造型的同时，更多地吸纳了汉族吉祥纹样的设计，使之更具地域和时代特色。

银龙纹扁方

年　代	明代	地　区	陕西
尺　寸	长15厘米	重　量	22克

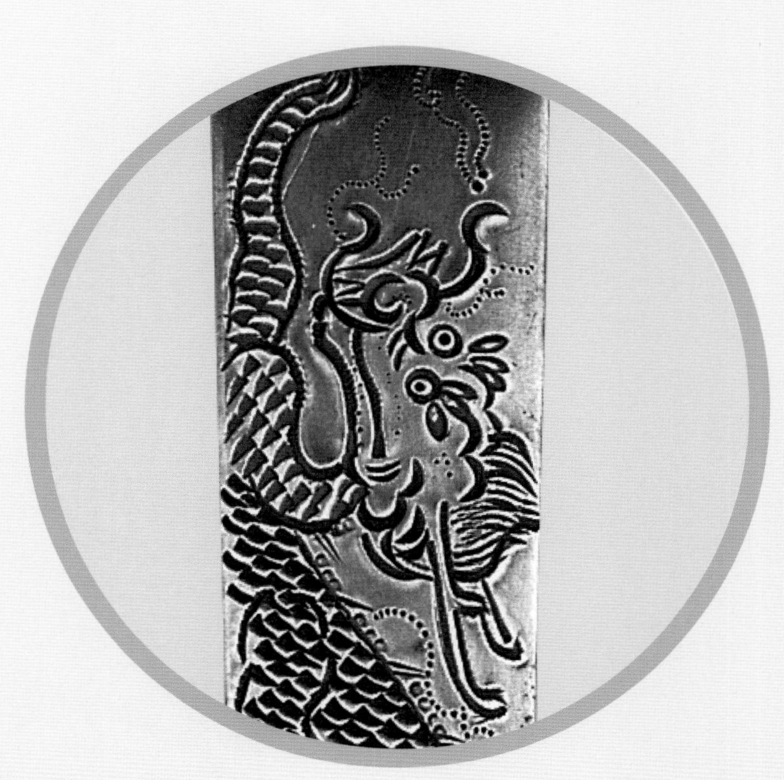

这是一件非常难得的明代龙纹扁方。

图中扁方上的龙，应该为传说中掌管地表水源的地龙。只见它在波涛汹涌的水浪中乘风破浪，勇往直前。一只扁方的方寸狭地，腾跃着一条生猛神勇巨兽，其神形兼备，大气冲天，足以满足敬神爱龙之人的心境。据传，龙与水聚于一处，乃是农民最大的祈望。这样，就能风调雨顺、人畜兴旺、五谷丰登。龙虽然是一种传说，但是在人们的心目中已经成为一种精神依托，是一种求之愿有、诉之可敬的完整形象。这从中国有那么多的有关龙的成语、故事中可看得出来。龙虽虚无缥缈，但在中国的吉祥图案中已是一种得到公众认可的吉祥符号，进而形成了丰富的龙文化。在古老的传统文化中，龙占有绝对地位，今后也将是一种激励标志。

五式银龙凤纹扁方

年代	民国初期	地区	吉林
尺寸	长12厘米	重量	38克(每件)

满族妇女的发型庄重、繁杂、美艳，十分显眼的是一只又宽又长、似扇非扇、似冠非冠的头饰，这就是扁方，也称“旗头”。而“旗头”的另一个含义是指满族妇女常梳的几种发型，如“两把头”“水葫芦”“燕尾”“大拉翅”“高把头”“架子头”“前刘海”“盘头翅”等的总称。扁方是满族妇女梳两把头时的主要首饰，在载涛、郓宝惠合著的《清末贵族之生活》一文中写道：“满族女子平时梳两把头，式样简朴，皆以真发挽玉或翠之横‘扁方’之上。”

这组扁方的图案为“龙凤呈祥”纹，是笔者从一位古董商手中购买的。据他说，他是从一位老奶奶手里费了不少心思才买到手的。他还说，这是那位老人家压箱底的传世之品。

龙是我国古代传说中最大的神兽、吉祥物。龙在中国的应用极广，皇宫中的建筑雕龙画凤，其他诸多用具、用品等也多是以龙纹为标。在称呼上，也是处处龙字相随，皇帝被称为“真龙天子”，穿龙袍盖龙被，子孙为“龙子龙孙”，女婿为“乘龙快婿”。龙成了皇帝和皇室的特有标志。

凤凰是传说中的一种瑞鸟，与龙一起构成了龙凤文化。凤凰色泽五彩缤纷，全身羽毛均有说辞，首纹为德、翼纹为礼、背纹为义、胸纹为仁、腹纹为信，凤成为五种美德的集中象征。在政界，龙凤的显现和形态，也是王道仁政的体现，是世道兴衰的晴雨表。在传统习俗中，龙是男性的象征，凤是女性的标志，龙凤结合，是最理想的婚姻佳配。所以，“龙凤呈祥”图案多用于祝贺新婚。在银首饰上，龙凤呈祥的图案最多，最受民众欢迎。

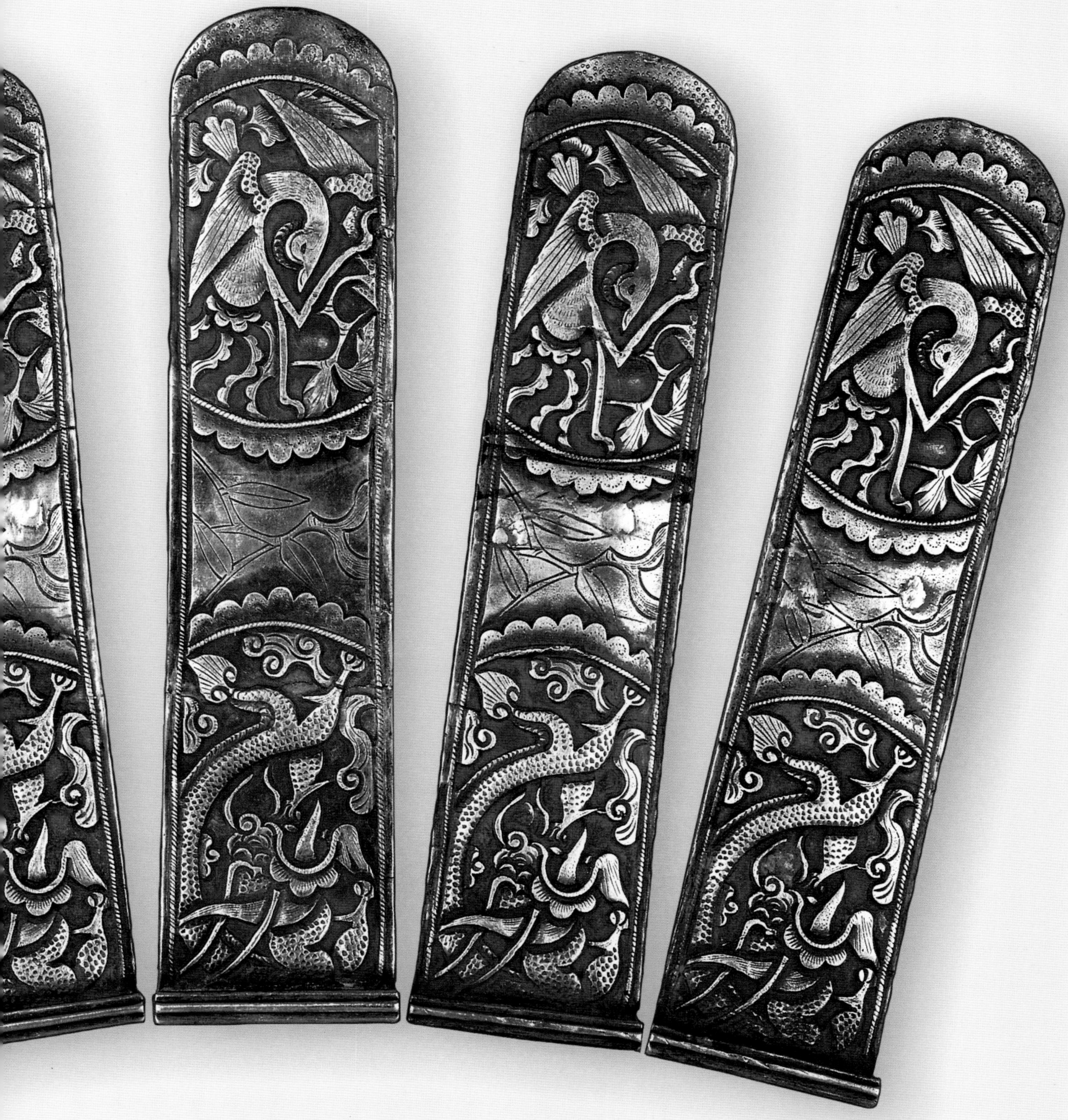

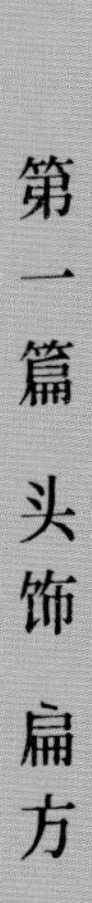

银鎏金大扁方（四件）

年　代	清代	地　区	吉林
尺　寸	长35～40厘米	重　量	58～70克(每件)

下图中饰物头左尾右时，从上至下：

扁方1——福禄莲花纹扁方。

扁方2——寿字花卉纹扁方。

扁方3——凤穿牡丹寿字纹扁方。

扁方4——暗八仙莲花纹扁方。

扁方1中的福字直接用单个吉祥“福”字作为装饰，旁边的鹿、鹤、莲花、牡丹，同样是吉祥之物。扁方2、扁方3中的“寿”字，也是用吉祥字样直接装饰的，其上、下有吉祥花草。“寿”字位居扁方的中间，位重义明，让人一目了然，顿获祥瑞、收获祝福。扁方3上还有四只凤凰，在牡丹花丛中翩翩起舞，为之增美添喜。古人认为凤凰是神圣、高贵的百鸟之王，它的到来是无比的吉祥和鸿运。扁方4中的芭蕉扇，是八仙之一铁拐李永不离身的贴身神器、法物。

中国的吉祥图案在宋元时期的饰物上就非常直接、明显，极易理解。到了明清时期，这种风格更是约定俗成地遍地开花。一般的饰物，常佐以带谐音、寓意的纹样与吉祥文字组合表现主题。例如宝相花是我国的传统装饰纹样之一，又称“宝仙花”“宝花花”。一般以某种花卉（如牡丹、莲花）为主体，中间镶嵌形状不同、大小粗细有别的其他花叶，常在花蕊和花瓣基部，用圆珠作规则排列，似闪闪发光的宝珠，富丽华美，故名“宝相花”。此花盛行于隋唐时期，元明清时期的器物上亦多以之为装饰题材。另外，喜鹊闹枝象征喜庆，鸿雁衔胜象征平安，鱼和瓜象征人丁兴旺等，这些在民俗图案中随处可见。因此可以说，中国的吉祥饰品就是一个吉祥文化的大荟萃、大观园。

呈现在这几件珍品扁方上的图案，都是上述文化荟萃和吉祥大观中的主要部分，在泱泱中华大国的辉煌史册中，它们传承了数百年的吉祥寓意，弘扬了中华民族厚重的传统文化。

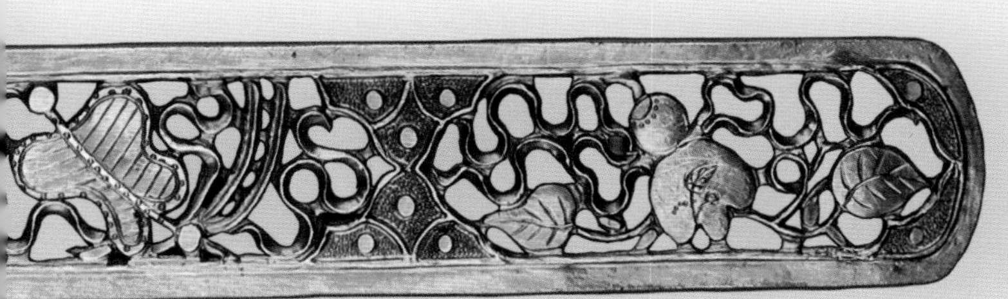

银鎏金点翠扁方（四件）

年 代	清代	地 区	吉林
尺 寸	长35～38厘米 宽5厘米	重 量	70～115克(每件)

图中四件镶嵌宝石的扁方，为清代满族妇女的饰品。在当时，不是皇亲国戚也是朝廷重臣女眷的佩戴之物。这组扁方，支支都是不可多得的艺术佳作。

数年前，笔者的一位好友李先生，应笔者之望，多年间千辛万苦搜寻到了这些扁方。笔者十分珍爱它们，多少年来，无论谁出多高的价格都没出手。这是笔者最喜欢的藏品之一，它们给笔者带来无尽的精神享受和生活乐趣。这些头饰非同一般，是北方地区很有地位的满族妇女的佩戴物。造型均为卷首一字扁平状，体型巨大、超宽，长度在35～38厘米。对于这样的头饰，饰物主人平时是不佩戴的，要束之高阁，只有在年节或重大礼仪时，才用在精心梳扮的旗头上。

这些扁方风格明朗、构图巧妙、工艺精巧。不但镶嵌了红宝石、玛瑙石、绿松石、珊瑚、碧玺等，而且每只都用翠羽装饰，这在扁方中是非常罕见的。故而，它们才能够成为珍贵的传世之物，且历经一百多年的岁月磨砺，就连最易残损的翠羽都完好无缺，艳丽如初。

佳品有佳缘，藏品存史源。为笔者提供这些饰品的李先生介绍，得到这些扁方的地方，曾是铁马金戈、战马嘶鸣的古战场和清朝受贬或退休高官隐退终老的福地。现名为乌拉街满族镇，是距吉林市三十多公里的一个名镇。史说，先有乌拉古城，后有吉林市。当年，后金政权的建立者、后金首位可汗——爱新觉罗·努尔哈赤，曾大兴兵马清剿过这个地方，从此乌拉古城土著人家的主姓就只有索、荣两个了。这两个姓氏人家在朝廷担任的多是显赫官职，一些触犯朝律、被贬回乡的官员，往往都能带回大量的金银财宝、精致饰品。所以，这个地区一是做过高官的多，二是巨贾富商多，因此有很多精美高雅首饰传世。

曾经的辉煌和悲壮，承载着特定的文化内涵，这四件百多年前的首饰能够完好无损地传承到今天，是何等难得。这些大、精、美、艳的吉祥饰品，包含着丰富的古史风云和特定的地域文化。

珍爱它们，是因为它们不仅在展现满族传统首饰，还在研究少数民族史实方面有着重要意义。这组扁方，是我国传统饰品文化史册中的一份骄傲和辉煌。

银鎏金扁方（三件）

年　代	清代	地　区	吉林
尺　寸	长33～38厘米	重　量	68～75克(每件)

下图从上至下：

扁方1——杂宝纹镶宝石扁方。

扁方2——婴戏图镶宝石扁方。

扁方3——八仙镶宝石人物扁方。

本书中的大长扁方主要来自东北的吉林永吉县。从资料中可以查到，永吉县自古就是满族人居住的地方，从秦代肃慎开始，就有一部分人定居永吉，到明代后期，渐成繁荣之地。永吉县早称乌拉城，于明嘉靖

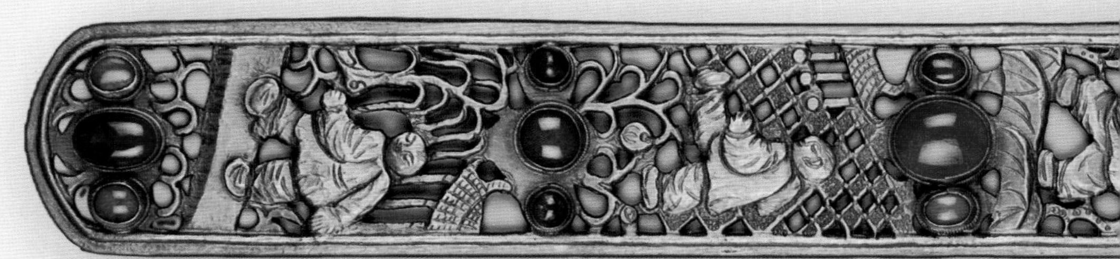

四十年（1561年）正式建国称王，国号“乌拉”。乌拉国作为扈伦四部之一，起步虽晚，但发展很快。当时，乌拉为扈伦正统之国，在女真人中享有很高的威望。据史料记载，当时的乌拉城颇具规模，外城周长6000米，紫禁城周长800米，宫殿金碧辉煌，街道纵横交错，为东方第一大城。清代学者、诗人兼书法家成多禄诗云：“乌拉部，贝勒家，层楼复殿飞丹霞。”可见当时的气势之盛。后毁于战火，宫室殿宇全部焚毁。16～17世纪初，中国历史上正处于明朝没落时期，东北地区的女真人却由分散、流徙、动荡不安的部族社会再一次趋向统一，后拥兵入关，平定中原，取代了明王朝，建立了历时近3个世纪的清王朝。虽然战争不断，乌拉街镇却留下了很多满族文化。现在，乌拉街镇共有省级文物保护单位7处，市级文物保护单位2处；列入世界文献名录的有2项；列入国家级非物质文化名录的有3项，省级的有14项，市级的有22项。

改革开放以后，乌拉街镇曾经是一些古董商人热衷淘宝的地方。笔者赶上的只不过是个尾巴，已经没有什么大宝可得了。然而，这些迟迟不肯出手的藏品，倒多是一些精致至极的宝物，自然价格也是比较昂贵的。对此，笔者也犹豫过，但是为了这本书，还是下定决心购买了下来，以便为更多的爱好者所共赏。

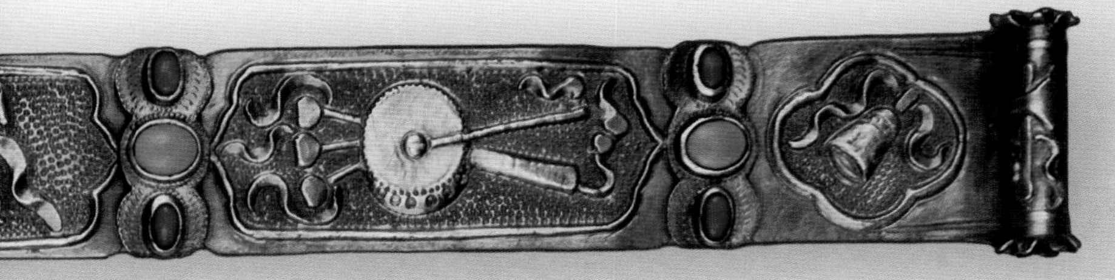

银鎏金扁方（四件）

年 代	清代	地 区	吉林
尺 寸	长35～40厘米	重 量	58～75克(每件)

下图从上至下：

扁方1——花卉纹镶宝石扁方。

扁方2——花卉纹点翠镶宝石扁方。

扁方3——暗八仙点翠镶宝石扁方。

扁方4——双囍鱼戏莲镶宝石扁方。

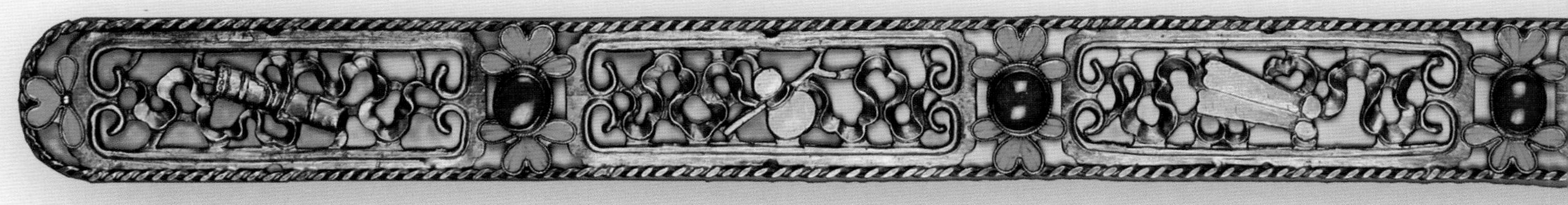

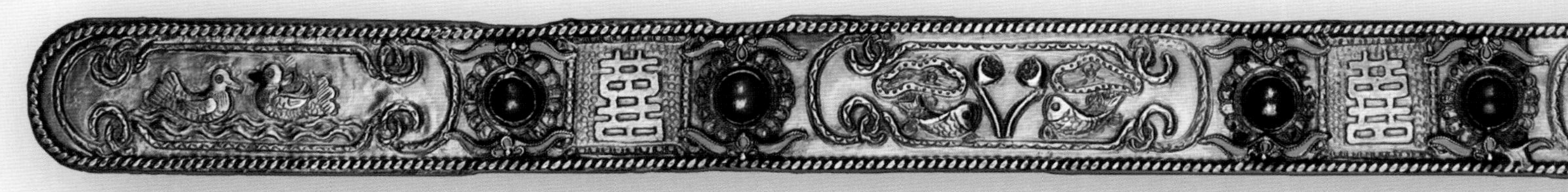

图中有四件长扁方，其中扁方1、扁方2、扁方3为鎏金錾花镂空花卉纹，上镶嵌松石、红碧玺、点翠等。满族贵族的扁方极具个性，满工、满饰，类似这种上面镶满松石、碧玺、红珊瑚、珍珠、翠羽、玛瑙的，往往是皇宫、官家、富商家族妇女使用的上品，一般人家是享用不起的。这组扁方，制作工艺精细、镶嵌配饰昂贵、造型格式讲究，具有典型的满族风格。其视觉效果十分强烈，让人过目难忘。这组满族头饰，其华丽的装饰、精湛的工艺几乎到了无与伦比的程度。

四式银鎏金扁方

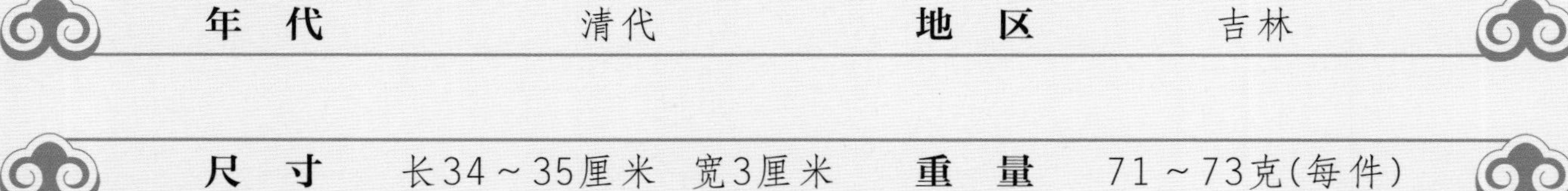

该四式扁方为银鎏金錾花工艺成型，其造型均为卷首一字形扁平状。尺寸在同类中算是较长的，两个长度为34厘米，两个为35厘米，宽度相等，都是3厘米。

这四式扁方的图案分别为蝙蝠纹、蝴蝶纹、花卉纹、杂器纹。背后分别打有：永记、世宝、和泰、永盛

的作坊款印。在饰体上打制作坊名款的古首饰不多，在民间，只有那些技艺高超、信誉上乘、拥有著名匠人的老店才会如此。关于这四家作坊的具体情况，目前还没有找到任何有价值的介绍材料。这几件打了标记的首饰，是否为当时的官商大户妇女所专用，甚至是进入了宫廷，现在还难以定论。但从制造工艺和正面纹饰上看，的确是十分流畅、精致的上品之作。

这几件饰品的造型和装饰虽都比较简洁、朴素，但却不失华美、清丽之态。如此长的扁方，往往是固定大拉翅用的。满族入关以后，在汉族文化和汉民族审美意识的影响下，扁簪日趋精巧细致，特别是宫廷、贵族妇女使用的扁方，更是大有发展，所用材料更加讲究，有金、玉、翠、宝石等，装饰上也更多地融合了汉文化中的图纹和理念。

银错金人物纹扁方

年　代	明代	地　区	陕西
尺　寸	长16厘米	重　量	32克

类似本图的扁方，现在已经很少。明代至今已有四五百年的历史，能够传世的不多，所见到的大多为出土之物。在收藏家的眼里，这样的藏品，能够被认可的价格都较昂贵。这件扁方上的图纹看似简洁、平凡，其实不然。首先，制作上完全由刀具錾刻，远比压模复杂。我们可以清楚地看到，工匠的刀法流畅、达意明朗、走线精准、折转舒展，不见半点犹豫顿滞之处。其次，画面虽狭长，却表现出宽旷的富家庭院之景和生动的人物形态，无论是人物动作，还是亭台楼阁、树木花草，都历历在目，为观者展开足够的遐想空间。其创意和刻制手法高雅有致、超凡脱俗。毋庸置疑，这是一件具有高超绘画素质和绝佳工匠手艺的能人，甚至是名家之作。

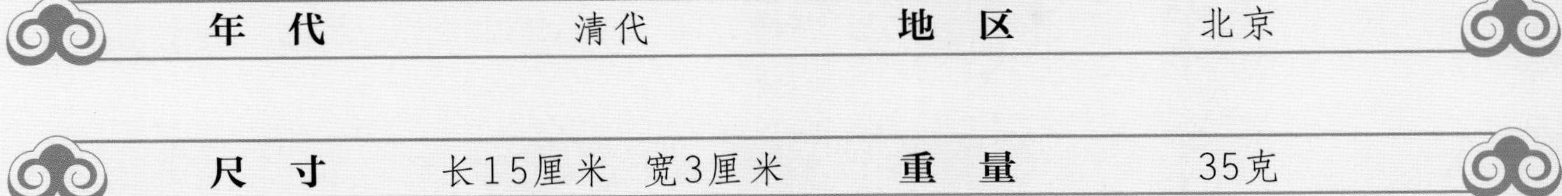

银珐琅彩花卉纹扁方

年代	清代	地区	北京
尺寸	长15厘米 宽3厘米	重量	35克

这件扁方为錾花珐琅彩工艺成型，底纹部分铺珍珠纹，边饰部分有回纹；饰品线条流畅、工整、雅致。

这件饰品还有一个真实的故事。细看照片，这件扁方中间有条断缝，是合二为一的拼图照。将这件藏品卖给笔者的商贩说，他去这家收购时，开始只见到了上半截。主人说，饰品在老人分家时一刀断开，下半截归了二女儿。商贩执意让扁方破镜重圆，得到上半截后，又历经曲折找到二女儿购买了下半截。一件东西掏了两次钱，跑了两次路，总算如愿以偿。他打算让银匠把它们焊接起来，恢复原貌。笔者说，别焊了，焊起来也不过如此。不如实事求是，同时保留一段中国民间在亲人分家、情人分别时的类似情节，给有兴趣的文人墨客写书论著提供一个实物素材。如此，就称其为“姐妹扁方”吧。

类似的故事，在我国民间极有普遍性。民间现藏的每一件首饰藏品，无一不是传世下来的，多是老人压箱底有寄托意义的宝贝。她们自己一世也舍不得兑现，实在缺钱的时候才动心思，可又在收购商甜言蜜语的蛊惑下，用仨瓜俩枣的开价便宜了收购商。要不，就继续下传，给儿女当婚品或嫁妆。更多的是找个银匠，照着最走俏的样式，打造一两件时令首饰，如戒指、耳环、银锁等。大材小用，当然可惜，但也无奈。在文物知识没有普及的时候，这样的事例比比皆是。现在，类似的事情几乎不再发生了，谁都知道，文物的价值远比材料的价值高。当初，这只一分为二的扁方，肯定是奔着打造新首饰盘算的。中国经历了那么多的兵荒马乱，富有价值、代表过去历史的旧时文物，能够留到现在的还能有多少呢？只因为这件扁方所具有的特殊经历，笔者才将它珍藏到今天。这件银饰虽不贵重，不值几个钱，也许我们很容易忘掉扁方分割的故事。但是，现在的我们也终将成为历史，也在继续着这样的故事。传承下去，我们留给后人的或许不只是一个小小的故事了。

银珐琅彩如意纹扁方

年 代	清代	地 区	内蒙古
尺 寸	15厘米	重 量	28克

如意的发展史源远流长，早在魏晋南北朝时期，玉如意就已经成为帝王将相手中的喜爱之物了。古人将“君子无故，玉不去身”当作美德。《清朝野史大观》载文：“如意，物名也，唐宋以前已有之。”从唐、宋、元、明一直到清，对玉如意均极为重视，其制作技艺精益求精，常被作为馈赠礼品。康熙年间，如意在皇宫格外受宠，成为皇帝、嫔妃们的日常玩物，宝座旁、寝殿中多见摆件，以示吉祥、顺心。其中的一只名贵白玉如意，顶部还有铭文“御制”，下部也有铭文：“敬愿屡丰年，天下咸如意。臣吴敬恭进。”清廷对如意的喜欢，从所流传下来的画像中也可明见《乾隆皇帝琴韵图》中，画有晚年时的乾隆皇帝双手抚琴，身旁一童，怀抱一柄檀香木镶嵌玉如意。在礼节烦琐的宫廷，作为奉献或奖励，各种昂贵材质的如意成了重要的担当物，乾隆皇帝就常用如意赏赐大臣。

爱屋及乌，将如意纹作为器物饰图，同样多受重视。其图案往往简洁多变，是博大精深、源远流长的中华传统文化的智慧结晶，是人类装饰艺术中物与念的结合，现实与文化的碰撞，智与心交融的艺术成果。有关如意的成语自然也不少：吉祥如意、和合如意、新招如意、百事如意、平安如意等。

一只扁方，唤起千般思考。通过对传统如意纹造型及其理念的探讨，不断解析纹饰造型艺术中蕴藏的文化，感悟中国传统吉祥寓意的起始、造型、意识和审美观念，可以加深对传统首饰家族的理性认识与理解。

银珐琅彩莲花纹扁方

年 代	清代	地 区	内蒙古
尺 寸	14厘米	重 量	25克

这件以莲花纹为饰物的扁方，图案简洁抽象，有些令人费解，但神韵扎实、寓意张扬，不愧是精致可爱的头饰。

莲花“出淤泥而不染，濯清涟而不妖”，素有花中君子之称。历代诗人赞美莲花中通外直，将莲花喻为君子，给予其圣洁的形象。莲花亦称“荷花”。它那一茎双花的并蒂莲，是人寿年丰的预兆和纯真爱情的象征。在百花中它是唯一能花、果（藕）、种子（莲子）并存的。莲花主要象征着美、爱、长寿、圣洁。夏日赏莲，自古以来是文人墨客的雅兴。南朝文学家江淹曾赋诗云：

蕊金光而绝色，藕冰拆而玉清。

载红莲以吐秀，披绛华以舒英。

莲花之所以在中国文化中占有很高的地位，主要是因佛教的影响。据说佛教创始人释迦牟尼的故乡盛植莲花，并且有黄、红、白、粉等多种颜色。释迦牟尼及其弟子多借莲花譬理释佛。莲花净土是指佛国，佛的最高境界就是要达到“莲花藏界”，佛所坐的是“莲花座”，莲花成了佛教圣物。

莲花在春秋战国时期开始被用作装饰纹样，自佛教传入我国，莲花又成为佛教的标志，代表净土，象征纯洁，寓意吉祥。无论在宫廷、贵族还是民间，作为一种纹样装饰，莲花纹饰的簪钗格外受人喜爱。尤其是金银饰品，更是备受青睐，深入人心。

三式银珐琅彩花卉纹扁方

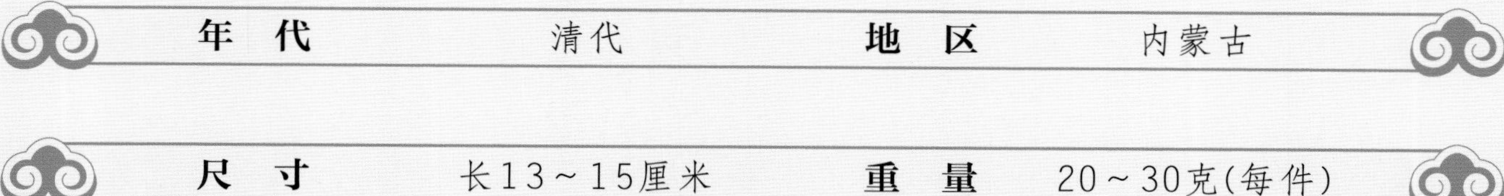

年代	清代	地区	内蒙古
尺寸	长13～15厘米	重量	20～30克(每件)

这三件扁方梃各异，扁方首都是或二或三层、或方或圆形的重叠牡丹，花蕊一致，同为大红珍贵石料，此样式的扁方中很少见。

牡丹一贯以富贵荣华称道花族，在生活饰品和艺术作品中受到格外崇尚。说到牡丹的高贵，还有一则故事为证：唐开元年间，天下太平，长安牡丹盛开。据说，有一次唐玄宗在内殿观赏牡丹时，问及咏颂牡丹之词何者为首，陈修已奏曰，当推李正封，其诗有句：“国色朝酣酒，天香夜染衣。”之后，便有牡丹“国色天香”之说。牡丹花开，花艳盖世，色绝天下。欧阳修赞“天下真花独牡丹”。所以，牡丹花开在中国吉祥图案中成为富贵和荣誉的象征。牡丹还常与荷花、菊花、梅花画在一起，象征四季之花，牡丹代表春花。正因牡丹有着如此美称，所以在中国的吉祥图案中，运用在刺绣、瓷器、木器、建筑上，特别在银饰的装饰品中，所占的比重相当大，已成为中国吉祥图案中不可或缺的图案之一。

六式银珐琅如意纹扁方

年　代　民国　**地　区**　内蒙古

尺　寸　长14～16厘米(每件)　**重　量**　20～22克(每件)

这组扁方的造型为如意形状。扁方是北方满族妇女的专用头饰，专门用于妇女梳旗头插饰的，如意是中国人非常喜爱的吉祥观赏器物，二者结合是银匠的智慧之举。

在中国的金银首饰中，这种带如意纹的饰品很多，其寓意十分厚重。古时候，人们将一长形物的前端做成手指状，专门用于手指抓不到地方的瘙痒，以及心达意地解决人的这一无奈，故而得名“如意”，具有现在人称“不求人”“痒痒挠”的作用。可见，“尽如人意”实为“如意”的简称。随着历史的演变，如意的瘙痒功能逐步消失，转而注重它的示美效果，渐渐成为精致、俏美的观赏件、把玩物。如意不光有金、银材质的，还有木质、玉质、翠质、竹质、骨质等，等级上也有民间、官宦、宫廷等区别。如意形如一只长柄钩器，钩头呈灵芝形或云朵形，柄微曲，造型极其优美、流畅，其意为吉祥如意、吉利和顺、幸福来临。

如意其长柄宛曲，形态华润，一柄在握，赏心悦目。自古以来，如意一直受到贵族青睐，加上佛教僧侣的推动，大大提升了如意的地位。魏晋、隋唐时期，就连代表智慧与正义的文殊菩萨，手中所执的都是一柄如意。这样，如意便成为吉祥美好及思辨睿智的符号。唐代以后，如意逐渐由实用转为欣赏和收藏，官民都可拥有，只不过材料有别，价有高低。如意还是佛家用具之一，和尚宣讲佛经时常持如意，记经文于其上，以防遗忘。

如意有大有小，小的四五厘米、大的一二尺。柄端多为灵芝形、云形。用材灵活广博，主要有金、银、铜、铁、竹、木、牙、玉、石、玛瑙、翡翠等。这种型器，普遍受到人们的珍爱，除了自己把玩，还广泛用于祝寿、贺婚等各种馈赠。旧时，也常常将如意送给老人，祝贺万事如意，健康长寿。

婚礼上，新郎家送给新娘家一柄如意，表示对婚姻美好如意的祝愿。童子或仕女手持如意骑在象背上的图案，表示“吉祥如意”；如意插在饰瓶上，表示平安如意；和合二仙手持如意，表示和合如意……如意有这么多的美好寓意，将如意拓展成装饰、贺品，也可以算是中国古人的一大发明。

戏曲故事《白蛇传》银扁方

年　代	清代	地　区	辽宁
尺　寸	长14厘米	重　量	38克

在中国的银首饰中，有很多装饰图案，如花卉、动物、亭台楼阁、小桥流水、花鸟鱼虫等，它们是构成银饰文化的重要元素。不可忽视的是，首饰图案中展现了大量戏曲故事，反映了浓郁的首饰情结、图案情怀。这件银扁方中的人物故事为《白蛇传》中的游湖借伞。从画面上看，许仙、白娘子和小青之间顾盼有情，主次有序；人物衣纹錾刻得十分细致、形象，人物的手势生动、优雅。能将戏曲故事情节描绘得这般细腻、生动，在传统银饰品中是难得一见的。

与饰有吉祥物的饰品不同，以戏曲故事为题材的饰品强调装饰表现，重在体现一种趣味、时尚、心情，我们在观赏戏曲人物、造型以及神态刻画时，一定要用历史的眼光。

无论是《白蛇传》《西厢记》，还是其他戏曲故事，无不承载着丰富的内涵和情感。民俗戏曲文化给我们留下了宝贵的史料和先人扬善抑恶的观念，并影响了一代又一代中国民众。具体来说，人们的思想意识、价值取向以及对历史的认识、对人生的追求，在很大程度上都可以通过这些刻画在银饰上的戏曲人物及故事来体现，同时将优秀的文化和传统传承下去。作为用在首饰上的图案，这些戏曲人物不仅仅是一种装饰纹样，还有着深刻的社会内容和生存理念。从这个意义上看，每件精美的银饰都是一本生动有益的教材。

三式银扁方

年代	清代	地区	北京
尺寸	长12～14厘米	重量	12～15克(每件)

这是旧时汉族妇女梳理头发经常使用的一种头簪，也叫“小扁方”，也有人称为“双尖”。上面的装饰纹样，多以压模工艺为主，有的施以珐琅彩类的点蓝，有的则不施彩，为素色，但都很讲究。讲究的主要还是上面显现的图案，这是消费者选购这类饰物的主要依据，也是其能够一代代传承至今的主要原因。

这三式银扁方分别为龙凤纹、博古纹、狮子绣球纹，均属于中国最基础的传统吉祥图案。类似小扁簪，在清晚期至民国年间，是妇女们最常用、最普及的梳头用具和饰品，故目前的存世量也比较多。

五式银扁方

年代	明代	地区	山西
尺寸	长12～15厘米	重量	25～28克(每件)

八式银扁方

年　代	清代	地　区	吉林
尺　寸	长24～34厘米	重　量	57～73克(每件)

这八式银扁方为民间用品。该八式银扁方图案分别是：花草纹、蝠寿纹、暗八仙纹、琴棋书画纹。其造型均为一字扁平形。

图中的八式扁方纹饰虽然各有不同，但扁方的长、宽形状和银材质的特点，都恰如其分地得到了最好的利用。图案各具千秋，设计制作线条流畅、均匀有序、凸凹适度、节奏工整，整体效果丰满有度，具有强烈的民间色彩、民族韵味。它的朴素、简洁，适应了老百姓的感情生活和民间的消费能力，能让更多的人买得起、用得踏实；不像宫廷贵族的用品，只求完美富丽，不顾及成本投入。

中国的劳苦大众历来以朴素为本、以实用为源。也就是说，贵族有贵族的活法，穷人有穷人的活法。这组银饰，能够带领我们穿过厚重岁月、跨过迷茫历史，走进那些时代，嗅到那时气息，亲近地感触平民生活中的喜、怒、哀、乐。

第一篇 头饰

蒙古族头饰

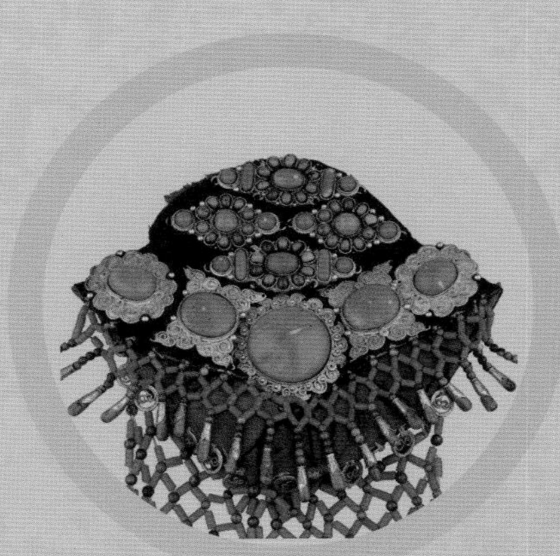

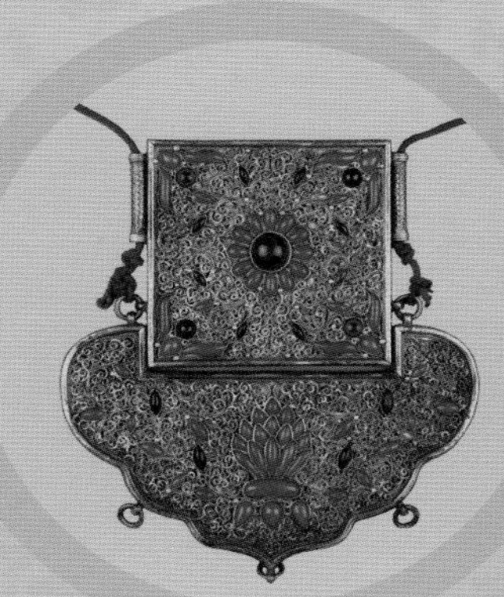

银镶珊瑚头饰

年 代	清代	地 区	内蒙古乌兰察布
重 量	1800克		

蒙古族人民非常注重服饰艺术，尤其是对头部的装饰，最直观的就是内蒙古妇女头饰——豪华得惊世，沉重得累人，彰显着这个游牧民族的劳作特点、生活情感和审美观念。这些都是在一定历史条件下和自然环境中逐步形成的。

从有关遗存文物中发现的耳环、耳坠、头饰等青铜装饰品可以看出，早在青铜器时代，蒙古高原就有了头饰制作工艺。这时蒙古族人民的想象力、审美观和手工制造工艺已经达到了一定高度。从匈奴、鲜卑游牧民族出土的实物可以看出，那时的头饰就有金、银、蚌、玉石、水晶、玛瑙、金属和赭石等制品，已经类似于近现代鄂尔多斯等地区妇女的头饰。到了元朝，手工技艺得到进一步发展，妇女头饰便以多、大、重为美，大圈耳环、大宝石项链，都显得豪华、大胆、夸张。清朝时期，朝廷对蒙古族实行的盟旗制，促进了满族服饰文化的快速形成。这一时期头饰的造型较前代更加纤细、复杂、精致和体积大、分量重。现在，民间收藏的蒙古族头饰多是清代流传下来的。这些饰品，或精致秀美，或雍容华贵，或古朴凝重，或简约大方。五颜六色的材料，以珊瑚、蜜蜡、琥珀、松石和金银为主。头饰用料之多、分量之重、体积之大，常常令人咋舌。一副盛装的蒙古族头饰，轻者有三四斤，重者达十几斤，笔者收藏的一副全套蒙古族头饰，甚至二十余斤。这样的头饰，反映出这个马背上的民族的彪悍、勇猛和粗犷，同时又不失精巧、细腻、深邃、唯美。这些饰品作为蒙古族人性格的聚合，不仅诠释了蒙古族民俗文化的内涵，也是中华民族多姿多彩传统服饰文化的见证。

蒙古族首饰以及服饰的纹样、构图及配色，都非常别致、张扬、奔放、充满生机。它们的服装很有特色，长袍至脚，双侧开衩，袖口处做成马蹄形，袍外还喜爱套坎肩，再加上珊瑚镶嵌的头饰。蒙古族的服与饰全部能在一个人的身上体现出来，真的是珠光宝气，琳琅满目。特殊的生活环境造就了特殊的民族，形成了独一无二的草原文化。

蒙古族除了在牧区聚居外，在国内多省区也有分布，因此其头饰的种类亦丰富多样，各具特色。不同地区、不同身份、不同年龄，头饰的组合不尽相同，就是同一部落，也因地域不同、时代不同而有差异。有的部落还分为姑娘头饰、新娘头饰和已婚妇女头饰，有的地区在戴法上也有讲究。与头饰组合的饰件更是多达几十种，有簪、钗、发卡、扁方、步摇、耳坠、珠链及各类坠环，银链、装饰性大耳环、金银项圈等饰件，装扮起来珠帘垂面，琳琅璀璨。

银鎏金珊瑚头饰

年　代　清代末期　**地　区**　内蒙古鄂尔多斯 

重　量　10000克 

这套蒙古族鄂尔多斯头饰，是当地彼时最为盛行的饰品，重达10千克，为贵重饰材组合而成。

也许是蒙古族的电影、电视、小说看多了，赞歌听久了，笔者对这个英勇善战、驰骋奔放的“马背民族”格外敬佩。蓝蓝的天上白云朵朵、茫茫的草地牛马成群、座座蒙古包、阵阵蒙古歌……展示着这个彪悍、淳朴北方民族的独特风貌。更令人深感兴趣的是他们伟大、厚重的历史，波澜壮阔的过去，成吉思汗和忽必烈时代建立横跨亚欧大陆的强大帝国时期，营造了丰富的蒙古族头饰文化。

内蒙古自治区疆域辽阔，由东北向西南斜伸，呈狭长形，地大物博。现在，蒙古族人口主要集中于蒙古高原地区，而零散的人口则遍布全国各地及世界各国。内蒙古自治区东起广阔苍茫的呼伦贝尔草原，北接浩瀚广阔的大漠，西至沃野万里的河套平原，南至雄伟的万里长城。在这样宽广富饶的土地上，勤劳豪勇的蒙古族人民长期以狩猎和畜牧为主，他们“逐水草而迁徙”，加上频繁的征战经历，造就了特有的民族性格和独具风貌的草原文化。他们服饰的式样、功能、制作工艺和审美方式等，都具有鲜明的个性和地域特征。最典型的就是她们的头饰，其头饰从13世纪至今，一直缤纷多姿、豪气考究。早在元代，郑重地佩戴首饰就已经成为日常习惯。当时，已婚妇女多佩戴一种类似“顾姑冠”的头饰。其材料主要是用针线缝制成型的桦树树皮。这种树的树皮可薄层剥离，其品质光滑韧挺，能连体弯折，是制作多种生活用品的上好材料。那时缝制帽子的高度约一尺，呈长筒状，内空心，表面用彩绸装裹，并插上美丽的翎枝或野鸡毛，装点琥珀、珠片等饰物。到了明清时代，由于珊瑚、琥珀、玛瑙、翡翠、珍珠、白银材料的涌现，蒙古族妇女的头饰也不失时机地与时俱进，不断改善，紧跟时尚，这些珍贵的材料便大量地运用在她们的服饰上。

蒙古族妇女头饰艺术得到较大推进的时间大约在6世纪，大量的蒙古族人走出长期狩猎的森林，转向草原游牧，其民族也因此得到较大的发展和壮大。虽然这一期间的蒙古族头饰少有清晰明了的图文记载，但是，他们继承草原先民传统头饰、服饰，适应游牧生活所带来的皮毛、骨器装饰变化的情况是毫无疑义的。到了12世纪左右，蒙古族发展成为一个强大的民族，其服装、头饰等也随之逐渐豪华。13世纪初，成吉思汗统一了毡帐诸部，结束了长期纷争对抗局面，建立了大蒙古国。毡帐部落作为民族整体，元世祖忽必烈统一全国建立元王朝，蒙古族从此登上了世界历史舞台，成为世界瞩目的伟大民族。军事的胜利、版图的扩展、国力的强劲，有利于与亚欧地区经济贸易的开展，致使金银财宝、绫罗绸缎大量集中在蒙古族统治地区，为蒙古族服饰的发展提供了十分有利的条件。随着政治、经济、文化的昌盛，其头饰文化也进入了空前发展时期，成为精神文明和物质文明状态的一个重要标志。这个时期，各类贵重珠宝等材料在头饰上的使用，达到了相当尊崇的程度，各种款式的头饰更加具有个性风格和时代特点。我们从这里可以看出，蒙古族喜用贵金属、贵矿料来装点头饰，并且相当执着投入，历史悠久。因此，蒙古族传统头饰的精湛和贵重程度可见一斑。元朝蒙古族妇女佩戴的“顾姑冠”，就是最具时代特色的头饰之一。

1368年，统治中国近百年的元王朝灭亡，但蒙古族权贵在大漠南北广阔草原上的统治仍然存在。这一时期，北元朝和明王朝时战时和，加上蒙古族贵族内部争权夺位的动乱局面，致使蒙古族地区的经济受到严重破坏，蒙古族头饰制造、佩戴也受到影响。直到1506年，被称为蒙古“中兴之主”的达延汗征服鄂尔多斯、土默特等部，统一蒙古本部，建立贡市，与维吾尔族、藏族、女真族等密切交往，极大地促进了各民族间的经济文化交流，恢复并推动蒙古族妇女头饰文化的进一步发展。这时，蒙古族头饰除了继续沿用元代的优等饰材外，还吸纳了其他民族服饰的精美用料和装饰工艺，使金银、珊瑚、松石在头饰上的展现更加丰富多彩。到了明清时期，蒙古族头饰又与时俱进地使用了应时工艺及材料，推出了更多新颖的款式。

银鎏金镶宝石头冠

年代	清代	地区	内蒙古
重量	1800克		

清代遗留下来的蒙古族头饰，大都极为讲究，那些五颜六色的颜色是由金、银、珊瑚、玛瑙、松石、翡翠、琥珀、玉石、珍珠等材料精心制作而成的。每一件都具唯一性，各不相同，外形差异大，制作工艺也有所不同。大部分头饰都是以红色为基调，以绿色为配色，因为蒙古族对红珊瑚和绿松石尤为偏爱，这与民族信仰和佛教教义有关。红珊瑚色泽纯正，与珍珠、琥珀并列为三大有机宝石，是祭佛的吉祥物，代表高贵和权势，被蒙古族人民视为祥瑞幸福之物，又被称为“瑞宝”，能驱凶避邪，寓意吉祥富贵，是幸福与永恒的象征。松石不仅色泽艳丽，传说还是神的赐予，因此，民间服饰、佩饰上多用它来作装饰物。白银象征着圣洁，也深受蒙古族人民的追崇。

和一些十分重视首饰的少数民族一样，一件美丽的蒙古族头饰也许就是一个家庭的全部财富。所以，所

用材质的不同，工艺和材料质量、数量的不同，其实就是财富和身份的象征，社会地位的显现。

这套头冠为银鎏金，镶嵌着宝石、珍珠、翡翠、碧玺等。工艺上以三丝编结为主题纹，又用双丝掐出卷草纹。其中头冠的一对流苏由珊瑚、松石、银珠子串缀而成。用三丝编成的图案与纹饰精巧搭配，给人一种赏心悦目的感觉。金光闪闪的线条构成了黄灿灿的由多种花纹组成的镂空工艺平面，既有丰富的层次感，又有空透的灵动性，很具装饰性。其精湛的工艺、美艳的效果令人震撼，视之生爱，思之生敬。加上那些用翡翠、宝石、珊瑚、松石做成的零散配饰，从颜色到点缀上锦上添花般地形成点睛之笔。

赏玩这套头饰，我们就如同站在辽阔大草原上的远行之人，尽情地聆听让人心动的蒙古族情歌，陶醉、痴迷。

银镶珊瑚头饰

年代	清代	地区	内蒙古
重量	3500克		

该头饰由23件大小配饰组成。

在我国，服饰是分辨不同民族的重要标志。蒙古族游牧文化所带来的生活习俗和服饰风格，在我国少数民族中别具一格，最为典型，无论是古时还是现在都是如此，尤其是头部装束，更具观赏性和研究价值。

中国的每个民族都有自己的族源和文化体系。蒙古族对妇女头部装饰非常注重，集全家资财于头部的说法毫不夸张。蒙古族头冠最为明显的特点是五彩缤纷、琳琅满目，珊瑚、松石、玛瑙、孔雀石、碧玺、白银等，尽其所能把最贵重的材料一股脑地用来装饰头部。可赞的是，他们这种努力确实收效明显，珠光宝气的头冠和妇女的发辫交相辉映，华丽而庄重。额前缀饰至眉的珍珠、银珠串流苏，垂帘两鬓的珊瑚，以及其他各种配饰，几乎布满了上半身。最震撼的是，所用的都是最珍贵的材料，且体积大、分量重，珊瑚颗粒饱满，红颜晶润……其构件虽多、虽杂，但多而不臃、杂而不乱，图案层次分明，结构灵透。蒙古族头饰的独特技艺和形态在这里得到充分体现。

银镶宝石头饰

年代	清代	地区	内蒙古通辽
重量	3000克		

毫无疑问，这是一件极为华丽的贵妇人头饰。这件头饰的产地为内蒙古喀尔喀。喀尔喀是中国清代漠北蒙古族诸部的名称，初见于明代，以分布于喀尔喀河得名。喀尔喀妇女佩戴的头饰，多是把牛皮用绿皮线做镶边，再用珊瑚、珍珠镶嵌在铜饰筒状物上，把头发放入用红丝棉线装饰的鹅绒链坠中。最常见的有风雪帽、尖顶立檐帽、圆顶帽、尤登帽和四耳帽等。

这套蒙古族贵族妇女使用过的头饰采用花丝工艺成型，盘丝曲绕，层次丰富，用头发丝编成的牛角造型，赋予了这套头饰特定的地域特色。

很多蒙古族头饰都以镶满红色的珊瑚为主要色调，红色象征火热、红火、热烈，是敬佛许愿的一种主打色标。这类饰品多属结婚时的嫁妆和最隆重的庆典装束。这套头饰应是已婚贵妇出席重大活动时的佩装。这套头饰没有那些常见的火红大粒珊瑚，没有蓝灿灿的松石，而是以碧玉、碧玺、珊瑚小珠、珍珠、翡翠等珍贵材料分嵌在细密繁复的底纹上，置于掐丝的卷草纹中，形成多形的几何饰纹、饰图，显得沉稳而活泼。整件头饰层次丰富、排列匀称、穿插争让、稳重多变。总之，这是一件制作精巧、纹样生动，极富地域和部族感的蒙古族头饰。

包括流苏上的珍珠，这件头饰共用各种石料9000颗左右，重3000克。内蒙古地处内陆，这些产自遥远海洋的珍珠、珊瑚等饰品如此大量地翻山越岭出现在草原民族的饰品上，其背后会有多少曲折的经历和生动的故事，实难得知。但是，笔者对这件饰品的珍视程度倒是由此而增加了许多。

清代喀尔喀是成吉思汗后裔建立的蒙古族部落之一，喀尔喀右翼旗是哈布图哈萨尔后裔。清初，喀尔喀右翼部和茂明安部先后来到今达尔罕茂明安草原，一直驻牧至今。喀尔喀的姑娘七八岁时穿耳孔戴耳环，小时留圆顶独辫，系腰带，穿短坎肩，十五六岁时戴额穗子，中指和无名指上戴戒指，双手腕上戴银手镯，大襟上角戴针线包。已婚妇女的头饰有坠子、顶饰、垂饰和“固”、额箍、额穗子等，一般不系腰带，外套长坎肩，两侧挎“孛勒”，大襟上角戴牙签，头戴尖顶礼冠。其头饰呈牛角状，多以银镶珊瑚为主，像这样镶嵌工艺的头饰实属少见。

银鎏金镶珊瑚松石头饰

年代	清代	地区	内蒙古呼伦贝尔
重量	3500克		

蒙古族头饰不但造型独特，工艺也独到，其将金银花丝进行编结、重叠和缠绕，构成掐丝图案，还要极具立体感地将镶嵌珊瑚、松石的纹饰有序排列，使主题纹样在整个工艺中突出显现，营造出明朗、生动的视觉效果。给佩戴者平添美感，给观赏者以震撼，这便是内蒙古巴尔虎头饰独特的艺术效果。

这套巴尔虎头饰，一看就让人为之震撼，仅珊瑚、松石就有300多颗，重量达3500克左右。头饰中心为银鎏金錾花和掐丝工艺成型，围箍配饰，前镶珊瑚，后坠三个鎏金小铃，两侧有18个银质长方形图块呈放射状排列，上镶珊瑚、松石，图块间以铁铆钩相连。佩戴时，把发辫装在银阁内，整理成羊角造型，分列头部两侧，十分威严庄重、肃美沉绵。据说，这样的头饰在巴尔虎部落主要为已婚妇女所使用。

巴尔虎部落深处草原东部腹地，由于民族文化和地域的原因，妇女头饰相对保留了古代本部落的传统特征。尤其是羊角造型，忠实地延续了巴尔虎服饰的特征。在古代蒙古族人民的生活中，绵羊被认为是最可靠的动物，代表着繁殖、财富、希望。所以，模仿绵羊制作的妇女头饰，最能表达他们对先祖的敬仰、对传统文化的传承、对现有生活的满足。

据《蒙古秘史》记录，巴尔虎部落活跃于10世纪左右，为栖身在现今贝加尔湖的蒙古族部落之一。标准的巴尔虎妇女服饰一般是左衽交领、宽下摆、隆肩、齐膝、长袖、腰间打细褶、略拖地的肥大下端开衩的长袍。衣料初以毛、革，后以棉布、丝绸等制作。他们爱好红、紫、绿等颜色的饰物。巴尔虎妇女的头饰，一般的围箍为宽约7厘米的银质錾花圈，前部镶嵌数粒半圆珊瑚，圈后坠三个镂雕小银铃，似扇骨的枝条正面镶珊瑚、松石珠，反面錾刻卷草纹、梅花纹，下端渐收呈柄状，重4000克左右。

能够完好保存至今的巴尔虎头饰少之又少，完整无缺的更甚。

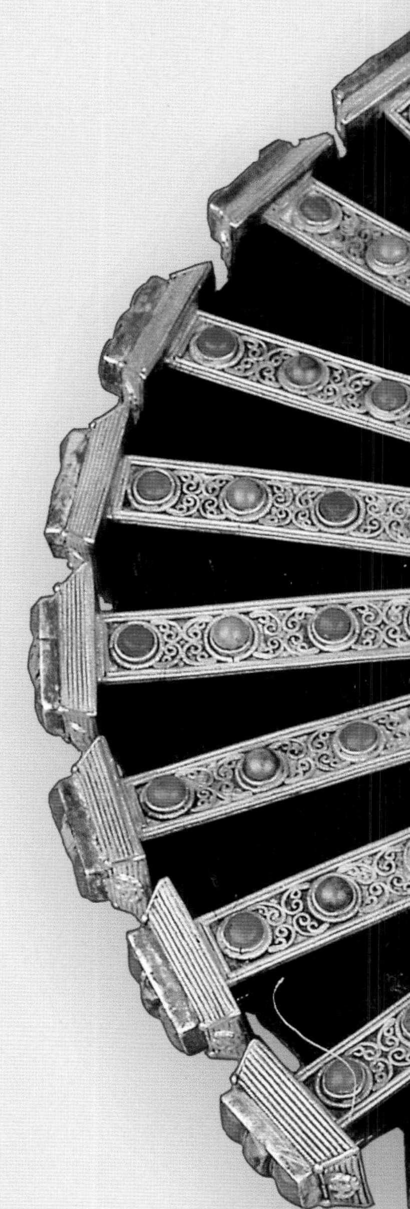

银鎏金镶珊瑚头饰

年　代　清代　**地　区**　内蒙古察哈尔

重　量　1100克

这是一套蒙古族察哈尔头饰，为传世之物。有资料介绍：察哈尔部落起源于达延汗时期，分布在北元大汗的大本营克鲁伦河下游一带。16世纪40年代，察哈尔部族南下至西拉木伦河流域及其以北地区。1627年，林丹汗率察哈尔部西迁至明朝宣府、大同边外的凋山以北地区。1632年，后金和科尔沁等大举进攻察哈尔，林丹汗率部西退青海，病故于大草滩。北元消亡，察哈尔遗众归降后金。察哈尔部蒙古族服装肥大、厚重，重视保暖，察哈尔蒙古族妇女头饰由头围箍、流穗、后帘构成。头围箍上缀嵌珊瑚、松石鎏金花座，两侧以精巧的镂空蝴蝶饰或镂花饰衔接流穗。脑后为一弯月形錾花饰片，下接由珊瑚、松石珠串编成网状后帘，帘长及肩。

这套头饰，以珊瑚串和松石珠相交成大块网帘形成饰品主体；以硕大和碎小红珊瑚布局，营造以粉红为基调的主色；以网、线、圆、点几何图形呼应，配成对称式饰品。在银材上又做了鎏金处理，使简洁、清秀中露出富贵之感。由此可见，察哈尔蒙古族妇女头饰选料珍贵、工艺精湛、布局考究，佩戴起来可谓珠帘垂面、琳琅璀璨。

察哈尔头饰在蒙古族传统头饰中算是轻简的，重量自然也就少了许多。

银镶珊瑚头饰

年代	清代	地区	内蒙古乌兰察布
重量	1100克		

谈到内蒙古，人们就会想起辽阔的大草原、洁白的羊群、飞驰的骏马和嘹亮的歌声。的确，这是一块神奇而美丽的土地，她的形状像一匹腾飞的骏马、一只展翅的雄鹰。机缘巧合，骏马和雄鹰，正是蒙古族人民的宠爱和敬仰。蒙古族人民用勤劳和智慧，创造了丰富多彩的古朴文明和灿烂文化。特别是13世纪成吉思汗统一蒙古各部之后，蒙古族在人类史册上越加亮丽耀眼，为中华民族灿烂辉煌的历史添加了浓重光彩的一笔。

元朝的建立，结束了中国历史上从五代十国以来长达三百余年的几个政权并存的割据状态，使中国重新出现规模空前的大一统局面。蒙古族人民在大漠寒冷干燥的艰苦环境下，长期过着逐水草而居的生活，养成了胸襟开阔和坚毅不屈的性格。他们为中华文化带来了蓬勃向上、生机盎然的血液和动力。

千年珊瑚万年红。我们从蒙古族头饰和服装就可以看出蒙古族特有的风格，仍然延续着古老传统，尤其是头饰材料，离不开珍贵的上等红珊瑚。珊瑚在明清时期就是宫廷贡品，如今珊瑚越来越稀少，好的红珊瑚比黄金贵好几倍。可想而知，每个少则几斤，多则十几斤的蒙古族头饰的价格该是多少。加上白银底托，绿松石相配，其贵重程度更是令人惊讶。这种举全家之财于一两件服饰上的做法，在我国的其他少数民族中并不鲜见，但以珊瑚和松石为主材的只有蒙古族。蒙古族头饰的形态，尽管不同地区、不同部落间风格、式样有别，但基本形制还是相同、相近的。

蒙古族人民大多生活在高寒地区，自古就以游牧生活为主。独特的自然环境、生产生活方式，造就了他们对精神生活和物质生活的特殊追求和独特的审美方式。华美的头饰，显示着民族个性和自尊，牧民们把自己的主要财富，转换为金银珠宝佩戴在身上，以便保存、迁徙。到了近现代，这种追求理念和审美方式仍有影响力和延续性。佩饰在汉族服装文化中是作为服饰的点缀而存在的，而在蒙古族文化中则是财富和精神、成就和追求的彰显。他们喜欢珠光宝气地装饰女性，他们把头饰看作骄傲和美丽的集结物，当作民族自豪、家庭形象和财富炫耀的资本。蒙古族头饰，除了观赏功能外，更体现了一种民族文化。作为一个马背上的民族，能将粗犷的性格、简单的生产生活方式反映在如此繁荣、如此精巧、如此细致的手工佳作上，的确值得敬佩。

银鎏金掐丝镶嵌顾姑冠

年代	清代	地区	内蒙古
重量	2500克		

顾姑冠也称“姑姑”“故故”“固姑”“罟罟”“古库勒”等。它有着悠久的历史，蒙古族古代文献有关顾姑冠早有记载，其为金、元贵族妇女所戴的帽子，早在12世纪前就在蒙古族妇女当中流行了。我国大学问家王国维先生说：“固姑之制，乃蒙古旧俗。”今敦煌莫高窟、安西榆林窟等元代壁画及传世南熏殿《历代帝后像》图中均有具体描绘。

“顾姑”为蒙古族语，译成汉语有多种说法：一作“罟罟”，见朱有燉《元宫词》：“待从皮帽总姑麻，罟罟高冠胜六珈。”又作“固姑”，元聂碧窗《咏北妇》诗：“双柳垂鬟别样梳，醉来马上倩人扶。江南有眼何曾见，争卷珠帘看固姑。”冠体狭长是顾姑冠的一大特点，体长而圆筒式头尖，宛如角形。顾姑冠有用桦树皮做的；也有用铁丝围圆，再用彩丝缝合，外裹精美的丝绸，上面缀珍珠饰物。用银又镶嵌红珊瑚的民间顾姑冠很少，一来费工，二来材料昂贵。但王妃贵族妇女使用银冠饰是不讲成本，只求完美的。据说，做成这种三丝加镶嵌的一顶冠饰，需要一两年时间。

明叶子奇的《草木子·杂制》道：“元朝后妃及大臣正室，皆带‘姑姑’、衣大袍，其次即带皮帽。‘姑姑’高圆二尺许，用红色罗盖。”当时西方的旅行探险者威廉·路布鲁克在他的《东方国家纪行》中称顾姑冠为“宝卡”，并说如果是基督徒，还在顾姑冠的侧面坠以铁制或木质的十字架，表示戴顾姑冠者的信仰。他还描绘了头戴“宝卡”的蒙古族贵妇的形象：许多妇女一同骑马行走，从远处看，就像戴着头盔举着长矛的士兵。

有的顾姑冠以翎枝、野鸡毛为配饰。由于顾姑冠已经很高，插上翎枝之后高度又有增加，以至于妇女们戴着它们出入营帐时只能将头低下，乘坐马车时要将翎枝拔下。笔者接触过几顶顾姑冠，高度都在一尺五寸左右。

从笔者多年的收藏与整理经历来说，银冠中，以蒙古族的最精、最重、最真、最实，都是白银或银鎏金制品。因此，蒙古族银饰冠最有价值、最具象征性，能给人以崇拜之感。说它精，是它来源于内蒙古地区，受到图腾、宗教等的影响，图案、色彩有理道，工艺繁杂细致，是金银器中的高端手工艺产品，掐丝、编丝、垒丝等几大丝式制造工艺在此得到充分体现；说它重，是其重的可达十多斤，均为真金白银制作，轻的也有二三斤；说它真，是其冠饰上用的材料都是真真切切的红珊瑚、绿松石、宝石和碧玺；说它实，是其都是出自手艺人手中的实实在在的手工艺品。顾姑冠作为蒙古族民族文化的标志和象征，不仅承载着驱邪的愿望，体现着装饰功能，还具有文化传承、民粹展示的作用。笔者深信，已经为人类所赏识的东西，就不会因为时间的推移而淘汰，也不会因为现代文明的冲击而失色。

银鎏金镶珊瑚头饰

年代	清代	地区	内蒙古
重量	2900克		

这套银鎏金镶珊瑚头饰非常难得，是笔者几经曲折才如愿以偿得到的。

从镶满珊瑚、松石的蒙古族饰品可以看出，蒙古族精湛的金属工艺在头饰上得到充分的体现。这件圆顶银鎏金花丝头饰造型颇有特色，其工艺多有特殊之处，其中的垒丝工艺为中国传统金属工艺技法之一，在金、银器中是高端技艺，而在蒙古族的头饰上普遍采用了这种技艺。在蒙古族饰物中，主题纹样一般都用三丝掐成图案，其形态饱满方正、规整厚重，极富立体感，加上材料贵重、工艺细腻，更显出蒙古族首饰的高贵品质。此件饰品上下左右的组合配图起到了锦上添花的作用，花丝卷草或大或小，适形而定，主次搭配呈现出绵延不断、四围连通的效果。

蒙古族花丝冠在工艺上还有一个非常独特的技巧，即将花丝压成双股绳纹扁丝，然后掐成卷草，定位摆放后撒焊粉焊牢。这样处理的边纹，极致地呈现出灵透通爽的效果。

本件头饰镶嵌大小宝石300多颗，两串流苏由2700颗小银珠串联而成，下坠珊瑚珠、翠瓜子30粒。总重量达2900克，光帽子一件就有1100克。上缀宝石排列有序、亮光灿灿、耀眼醒目，让人观后感叹不已。

银镶珊瑚松石头饰

年 代	清代	地 区	内蒙古
重 量	1200克		

这件头饰采用花丝工艺成型，满铺卷草纹。线条流畅舒展，将花丝掐成适形纹样，制作工艺非常细致，线条的疏密变化和空间取舍，安排得非常合适。镶嵌的珊瑚、松石颗粒尽管不大，但搭配效果和材料布局讲究，效果突出。银冠前面有左右坠饰细长银链，银链下坠挂细长银铃，为这件饰品增添了无限动感。该冠概括简洁，同样显现了蒙古族的文化韵味。

这件饰品的与众不同之处主要是在冠顶盘结出一个“法轮”。“法轮”中间镶嵌着一颗绿松石，周边点缀24颗小银珠，合为一体，美感陡升，情柔、意深、怪异，不多见但又不失艳雅。这只头冠与其他蒙古族头饰装饰上有差异，也可能是因区域、部落、信仰或实力不同而产生的。但可以肯定的是，它的寓意是祥瑞的，是避邪驱祟的。

平常，草原牧区妇女的头饰并不十分讲究，一般用红、绿等色的长绸将头发裹缠起来即可。但逢节日集会、喜庆宴会、探亲访友，都要取出最贵重、最漂亮的头饰和服装，把头发和身体精心装扮起来，以示欢悦、重视、尊重和祝福。蒙古族妇女的头饰，因地域不同而有较大的差异。东乌珠穆沁旗蒙古族妇女的头饰精巧华美；西部的阿拉善盟蒙古族妇女的头饰端庄秀丽；鄂尔多斯地区蒙古族妇女的头饰繁华锦绣；达茂旗、四子王旗一带的蒙古族妇女的头饰祥和惬意。

银镂空镶珊瑚头饰

年 代	清代	地 区	内蒙古
重 量	1080克		

图中这件头冠制作工艺与众不同之处是运用了缠枝纹，这在头冠中是相当少见的。缠枝纹也是一种吉祥纹饰，和宝相纹一样，同样是以花草为基础综合而成的写意纹样。和常春藤、紫藤、金银花等藤萝类纹形一样，不是藤蔓绵长、缠枝不绝，就是枝干绵软、细叶卷曲。宝相花纹就是由这类植物的形状提炼、概括、变化后成型的。缠枝纹图案委婉多姿，富有流动感和连续性，具有生生不息、千古不绝、万代绵长之意。这种图案小可寄托长寿，大可表现香火不绝。缠枝纹大约起源于汉代，盛行于南北朝及以后的各个朝代。它的用途很广泛，在家具、建筑、织绣、玉雕、木雕等器物之上都可见到，其在金、银首饰及各种摆件中更是常见。

图中的这件头冠与同类不同的还有两个护耳的局部，既有白银，又有鎏金，视觉美感强烈，再加上珊瑚、松石的颗粒饱满，红、白、黄、绿颜色交互，更突显出该物品的高贵与壮丽、精细与巧妙。同时，粗犷大气的镂空工艺、稀而不散的构思，又极大地展示了灵通透彻的艺术效果。

艺术是流动的音律，美感是共性的心智。与汉族人民的爱好一样，蒙古族的纹饰艺术和吉祥载体同样存有以下几种：自然纹类的花草纹主要有丹、梅、杏花、牡丹、海棠、芍药等；动物纹主要有蝴蝶、蝙蝠、鹿、马、羊、牛、骆驼、狮子、老虎、大象、龙凤等；还有日、月、山、水、火、云、风、雾等地理气象类；吉祥纹类有福、禄、寿、喜、盘长、八结、方胜、法螺、佛手、宝莲、宝相花等。不少纹样与其他民族纹样，特别是与汉族和藏族纹样关系密切，互有借鉴。但在运用时，则根据饰品种类显现出蒙古族特色。

蒙古族喜欢组合运用纹样，如盘长纹延伸再加卷草的云头纹，缠绕不断，变化丰富。技法多以几何形卷草纹为主，利用曲直线的变化表现不同的感情，将直曲矛盾的不同形式相结合，达到和谐统一。这件头冠的纹饰脱平离俗，虽然大面积地运用单一缠枝纹，但在其他饰件的配搭下，却没有枯燥、形单的感觉，这样的创意的确独到。

银鎏金珊瑚头饰

年　代	清代	地　区	内蒙古呼伦贝尔
重　量	4000克		

这是一套由23个部件组成的头饰，重4000克，整个头饰镶嵌了上千颗大大小小形状不一的上等珊瑚和孔雀石。

蒙古族服饰尤其是头饰别具风格，巴尔虎地区蒙古族妇女的头饰更是独具风貌。巴尔虎妇女的头饰造型古朴，极具个性，把对羊的崇拜融入头饰设计中，形成盘羊角式。其多选用珊瑚、玛瑙、翡翠、珍珠、琥珀、金银玉器等原料精心制作而成。佩戴者装扮起来可谓珠帘垂面、琳琅璀璨。整体造型呈扇形，像盘羊的犄角，寓意生育能力旺盛，也是对新婚夫妇最美好的祝福。头饰材料多为纯银，上面刻有精美的卷草纹图案，镶嵌红珊瑚、绿松石。头饰的装饰流苏一直垂到胸前，制作工艺精细，用材大气，重量可达三四斤。这套头饰淋漓尽致地展示出了巴尔虎地区头饰的特点。

蒙古族的服饰与我国古代北方游牧民族服饰一脉相承，《汉书·匈奴传》记载，“食畜肉”“皮毡裘”的匈奴妇女的头饰与察哈尔妇女的头饰非常相似，而匈奴的服饰文化，又传给了鲜卑、柔然、突厥等北方游牧民族，当然也传给了蒙古族。这些民族服饰的一个共同特点，就是适应高原气候而产生的。蒙古族服饰具有自己的审美特征，偏爱鲜艳、光亮颜色，使人感到色调明朗、身心欢娱。蒙古族服饰是蒙古族传统文化不可分割的组成部分。随着历史的发展，历代蒙古族人民在长期的生活和生产实践中，极大地发挥了自己的聪明才智，并不断汲取兄弟民族服饰精华，逐步完善、丰富自己的服饰种类、款式风格、面料色彩、缝制工艺，创造了许多精美绝伦的服饰，为中华民族的服饰文化增添了灿烂硕果。

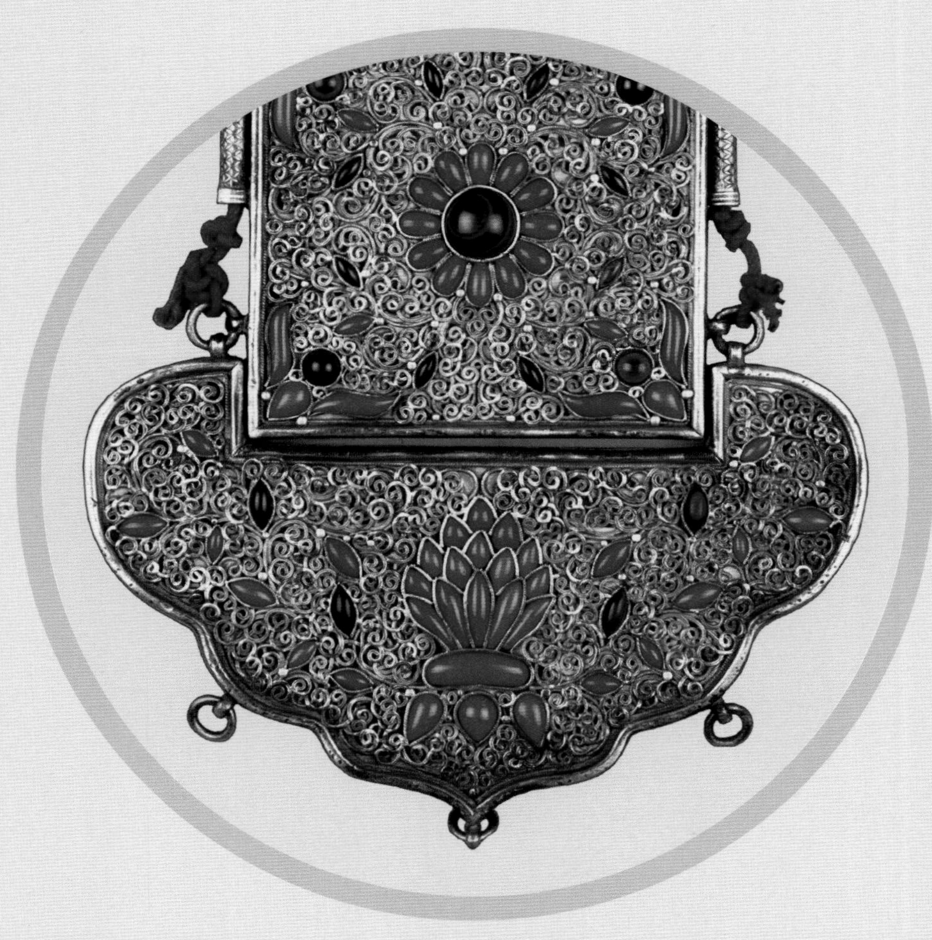

第一篇 头饰

其他头饰

银点翠多式簪钗

银点翠双喜花卉头饰

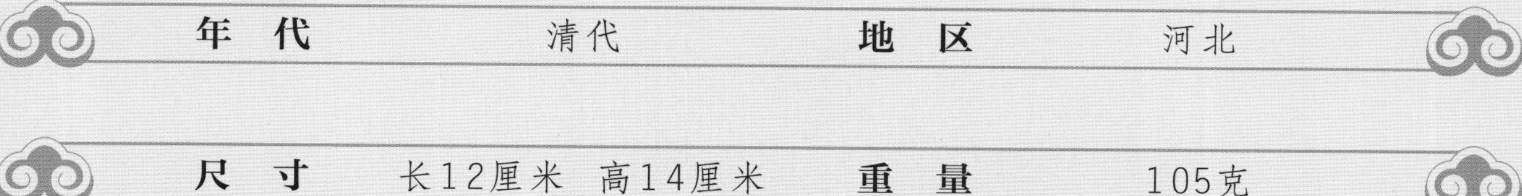

年代	清代	地区	河北
尺寸	长12厘米 高14厘米	重量	105克

银点翠头饰

年代	清代	地区	山西
尺寸	长16厘米	重量	48克

银点翠头饰

年代	清代	地区	山西
尺寸	长10厘米 高15厘米	重量	78克

银点翠头饰

年代	清代	地区	山西
尺寸	长14厘米　高10厘米	重量	96克

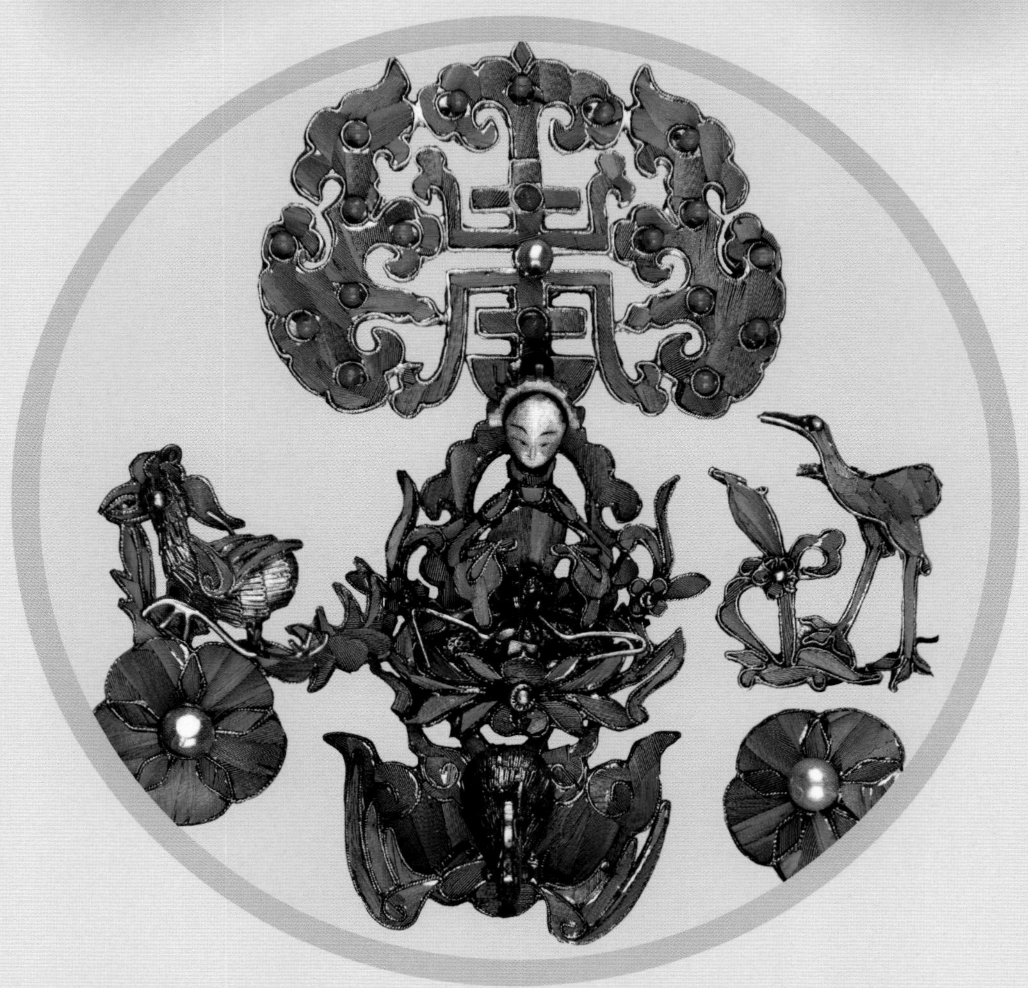

银点翠镶白玉碧玺头饰

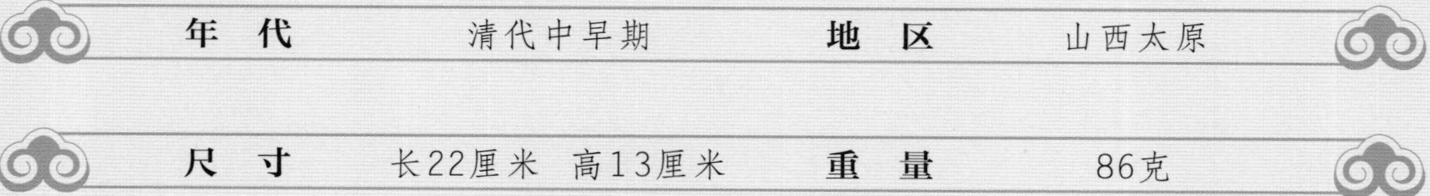

年代	清代中早期	地区	山西太原
尺寸	长22厘米 高13厘米	重量	86克

这件点翠头饰使用了大量的碧玺、珊瑚、白玉，其年代较同类其他饰品要早一些。乾隆、嘉庆年间的点翠饰品用材十分讲究，一般都是真材实料。到了清代晚期和民国初期，由于国力衰弱，饰物上的镶嵌物也渐有改变，开始用劣质材料、低档石料及假珊瑚、假宝石来代替。但贵族的点翠饰品仍然十分讲究，在用材和工艺上都毫不含糊。这是鉴别首饰藏品真伪优劣的一项基本原则。笔者在这方面多有感悟，对民间饰品的甄别一定要格外细心。

这件饰品由多种纹样构成，主要包括鱼纹、寿字纹、花卉纹、蝴蝶纹、蝙蝠纹及钱套纹。尽管上面的点翠羽毛都已脱落，但饰品依然华丽富贵、鲜艳夺目。

银点翠镶白玉头饰

年代	清代中早期	地区	山西太原
尺寸	长24厘米 宽14厘米	重量	92克

清代的点翠首饰比明代的华丽许多，该点翠头饰像一朵怒放的花朵，虽然上面的点翠已经明显脱落，外观多有变形，且鎏金部位不再光亮耀眼，但是依然精致、奢华，具有一种凌厉的气势，令人赞叹不已。我们无法知晓它前世的主人是怎样的一位女子，但其留给后人的是一份永远的仰慕。现在，这些承载着华夏辉煌过去的实体，从使用的角度来看，已经淡出了社会的视角，可是其史料、文物的价值却越显宝贵。它们带着遥远的记忆、古朴的景象，深深地融入中华民族文化宝库，得到收藏界的认可，成为珍贵的古董。

银点翠镶白玉头饰

年 代	清代中早期	地 区	山西太原
尺 寸	长26厘米 高14厘米	重 量	105克

这件饰品的图案十分丰富，人、虫、兽、鸟、花卉等密布其间，以松紧适度、左右穿插、高低错落的形式展现出一幅壮美的人间万物和睦共存的景致。

尽管饰品身形严重损伤，翠羽已经完全脱落，一看就是历经百年风雨的清代中早期作品，但其魅力仍不为岁月所折，光彩夺目的鲜亮气质依稀可见。中国传统首饰具有独特的艺术构思，一些惊艳古今的艺术作品给我们留下了珍贵的资料。那些古老而又生命长久的艺术构思和创意，就应该一代代地传承下去。有着五千年文明史的中华民族，手工艺技术灿烂辉煌，作为其中重要组成部分的首饰门类，应该得到后人的珍重。

三式镶宝石金头饰

金掐丝福字长寿纹头饰

金掐丝福寿双全纹头饰

金掐丝祥云如意纹头饰

年代	清代中期	地区	北京
尺寸	长5～8厘米	重量	16克～22克(每件)

银珐琅五凤头饰

年代	民国	地区	北京
尺寸	长30厘米 高18厘米	重量	148克

掐丝珐琅，是在金、银、铜胎上以金丝或铜丝掐出图案，填上各种颜色的珐琅后经焙烧、研磨、镀金等多道工序而成的一种工艺，也叫“景泰蓝”。珐琅工艺是古代由阿拉伯传入的，先是借着中西贸易传入我国，后又通过蒙古族人的西进，进一步得到扩展。掐丝珐琅彩色斑斓、华美亮丽，其在明代景泰年间获得了史无前例的发展。在颜色上有红、浅绿、深绿、白、葡萄紫、翠蓝等色，制作步骤大致可以分为制胎、掐丝、烧焊、点蓝、烧蓝、磨光、镀金七个步骤。

元代蒙古族统治者重视工匠，在长期的征战过程中广设工场，发展手工业。元代统一全国后，随着对外交流的增多，许多身怀绝技的工匠纷纷来到中国，阿拉伯工匠带来了烧造掐丝珐琅的技术和主要原料。当时的掐丝珐琅器主要是为皇家享用，但是由于烧造技术不成熟，故生产规模并不大，产品并不多。

明代初期，掐丝珐琅工艺逐渐被朝廷重视，到了15世纪以后，这项工艺取得了极大发展，不仅造型、品种、釉色都显著增多，而且工艺技巧也明显进步。

清代掐丝珐琅工艺进一步成熟，清代初期宫内设立珐琅作坊，专门研发珐琅器具。康熙时期掐丝珐琅在风格上沿袭明代，掐丝细密但釉色不及明代。到了乾隆时期，掐丝珐琅工艺才全面兴盛，达到巅峰，并形成了内府造办处，设有广州、扬州、苏州等几个工艺中心。主要烧制各种动植物造型的实用兼陈设的器皿，如花瓶、花盆、香薰、脸盆、浑天仪、暖手炉、渣斗、镜子、挂屏、灯座、帽架、鱼缸、如意、斋戒牌、鼻烟壶、钟表等。此外，也制作装饰用品，如翎管、扳指、指甲套、发簪头饰等。装饰纹样多采用传统的螭龙、兽面、吉祥纹饰、莲塘、山水、番莲、莲瓣、菊瓣和各种花朵，凤凰纹样也是主要纹饰之一。这时的技术更为娴熟，粗细均匀而流畅，色釉种类多样，釉色艳丽、洁净，但大多数缺乏透明温润的质感。同时，结合錾胎和画珐琅之制作技巧于一体，使掐丝珐琅工艺的发展臻于极境。

这件产于民国之初的银珐琅五凤头饰，不但工艺精湛，而且造型巧妙，五只凤凰等距排列。最令人赞许的是下垂凤凰的头颈，不但平添了饰品的美感、动姿，还为悬挂流苏准备了挂点。

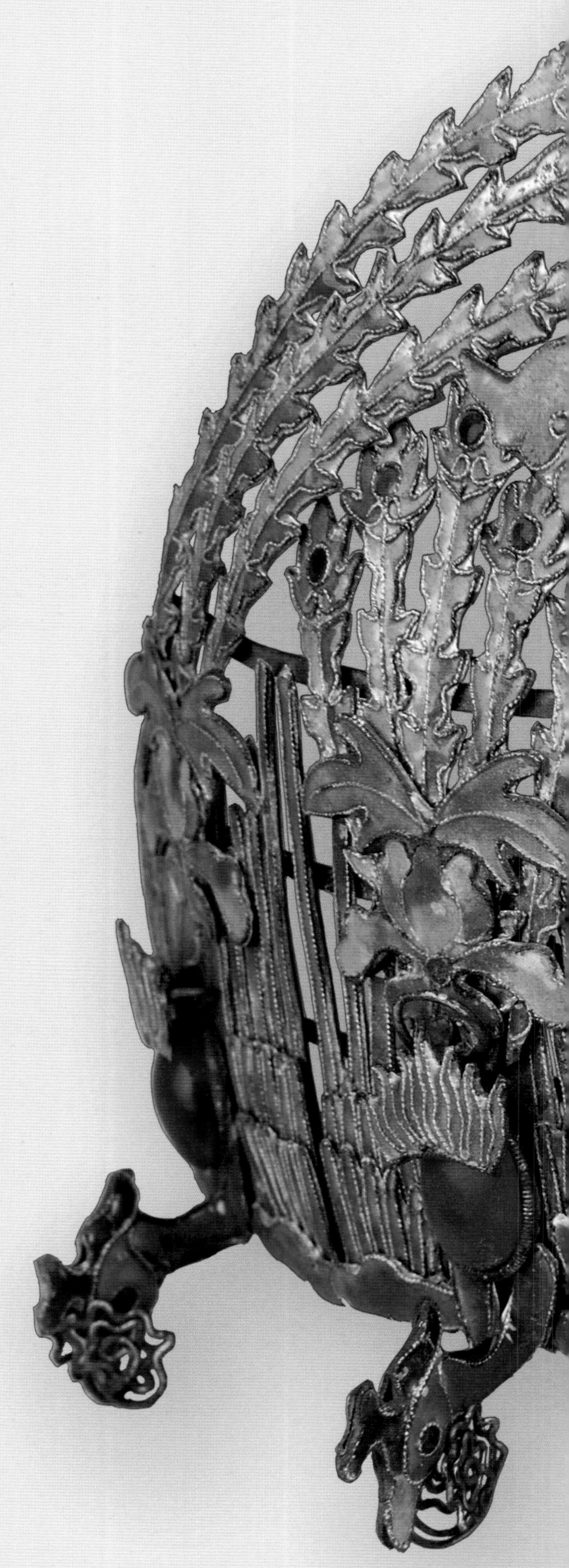

点翠龙纹眉勒子

年代	清代早中期	地区	山西太原
尺寸	长22厘米 高13厘米	重量	88克

眉勒子，也称“勒子”“遮眉勒”“包头”“脑包”等，是一条中间宽两头窄的长条带子，戴在额眉之间，原为老年妇女冬季围头的御寒用品，后增添了装饰美化的作用。眉勒子在明清时期较为盛行，贵妇用以装饰，贫女用以避寒。明嘉靖年间，眉勒子尚宽，其后逐渐变窄，但制作更加精细、讲究，绣有各种吉祥花色图案，有的中间还镶嵌珍珠、宝石等贵重饰物。清《雍正十二妃》图轴中，就有两位美人头戴眉勒子，画面显示，眉勒子有纱绸的，有貂皮的，也有绸缎的，反映了不同季节戴不同式样与质地的眉勒子，如北方冬季寒风凛冽，贵重的眉勒子大多用貂皮制作，称为“貂覆额”。明末清初，眉勒子非常受宠，达到顶峰，无论宫廷贵妇还是民间女子都掀起遮眉勒热。由于贫富之别，眉勒子的质地以及其上点缀的饰物也有差别。眉勒子具有较强的实用性和装饰性，不仅在北方比较多用，在南方也常常能见到，流行地域广、流行时间长，经久不衰。这里展现的眉勒子，从用材和做工上均显示出其为贵妇佩戴之物。

中国人根据自己的审美观点和对生活的理解，创造出千姿百态的龙的艺术形象。明清时期，民间工艺美术以美化和实用为宗旨。民间艺术的龙纹和宫廷艺术的龙纹相比，神采风韵显然不同。民间艺术中的龙，形象朴素，稚拙可亲，表现的是普通百姓的审美思想和感情；而宫廷艺术中的龙，形象威猛刚烈，严厉可畏，表现的是王权的尊严。这件点翠龙纹眉勒子不仅装饰了龙纹，还增添了具有典型西方特色的钟表，是中国吉祥物与当时的奢华用品巧妙结合的典型作品，充分体现出我国先人古今结合、与时俱进、不断创新的理念和行为。

银点翠眉勒子

年代	清代	地区	福建
尺寸	长30厘米 高6厘米	重量	105克

这是一件保存比较完整的眉勒子头饰，以鲤鱼跳龙门、二龙戏珠为主题，雅致、大方，富有时代气息，具有出色的装饰美感。这件饰品色彩艳丽、布局讲究、造型华贵、做工繁杂精细，彰显出当时的审美意识、工艺水准和市场价值取向。这件饰品具有浓厚的生活气息和独特的艺术风格，把翠鸟的羽毛装饰在走俏一时的首饰中，不仅是智慧的结晶，还反映了一种典型民俗文化。因此，与其说是我们珍爱这件饰品，不如说是我们仰慕祖先的智慧，热爱中华民族的辉煌历史。

银点翠二龙戏珠眉勒子

年代	清代	地区	河北
尺寸	长20厘米 高10厘米	重量	140克

在我国，由于地域的不同，崇尚物有别，凤冠式样也是各有差异。该点翠眉勒子，镶有玛瑙，工艺粗中有细，饰品疏密搭配，布局舒适合理，正顶端镶有一颗象征太阳的大玛瑙石，整体上显得富丽堂皇。

在我国吉祥物的图案中，二龙戏珠的图案较为常见，式样较多。如果珠作卵解释，就是父母双方共同呵护、爱抚他们的子女；如果珠作太阳解释，就是雌雄二龙共迎东升旭日，让灿烂的阳光普照大地。本图中，二龙对称，龙体弯曲，珠形滚圆，在构图上具有动静和谐之美。太阳周围放射着道道光芒，使之更加形象多彩。在龙和珠的下面，用点翠装饰成缕缕波涛，象征太阳跃出滔滔东海。二龙戏珠中，浮出海的太阳代表什么呢？古代传说，世间有四方神：东方青龙、西方白虎、南方朱雀、北方玄武，太阳是从东方升起的，而龙代表东方的神物，这样，二龙戏珠就又有对太阳崇拜的含义了，从而将对太阳的崇拜和对龙的崇拜合而为一。

银点翠鎏金小眉勒

年代	清代	地区	北京
尺寸	约15厘米	重量	约54克

这个小眉勒点翠镶玛瑙、缀珍珠组合，三只凤各衔一流苏，用珍珠串联，层次分明，疏密有致，立体层次达到了最佳境界。选取的翠羽是上乘之品，工艺完美，造型十分精湛，体现艺人的技术之高超。中国的很多艺术品就是这样传承有序，一代一代流传下来，点翠工艺也是这样发展的。

图中这个眉勒也称“勒条”，是旧时妇女系在额头上的饰物。起初眉勒没有这样繁缛奢华，是为保暖祛寒，均用丝绸或棉布来制作，上面缝制一些花卉或银饰物；后来不断加装一些内容，如镶金、饰珠玉、有掐丝镂空的立体饰片，装饰贵重宝石，通体点翠等，做工越来越精细，形制也越来越新颖别致。

点翠凤纹眉勒子

年　代	民国初期	地　区	吉林
尺　寸	长12厘米	重　量	38克

古书《禽经》记载："鸟之属三百六十，凤为之长。"故以凤凰等高贵之鸟作为吉祥图案，寓意诸事吉利、幸运长久。此眉勒子上以双凤相拱为主题，又配以牡丹花纹，整体图案对称，寓意富贵多福。这样的构图，不仅在眉勒子上使用，在建筑、刺绣、家庭日常器物上也均有展现。

点翠蝙蝠三多纹眉勒子

年代	清代	地区	北京
尺寸	长18厘米　高10厘米	重量	88克

镶嵌白玉的眉勒子头饰一般都为清中期作品。这件眉勒子上面装饰有成对的蝙蝠，下面有寿桃、石榴、佛手组成的三多吉祥图，寓意多福、多寿、多子，加上顶端的一对蝙蝠，表示福运更多、喜事绵绵。眉勒子中间有一位老寿星，其头部上端有一个“寿”字，寓意幸福长寿。中华民族传统装饰艺术博大精深，作为其中具有代表性的点翠饰品，因其独特的材质与创意，其视觉效果精美绝伦，为中国首饰文化添上了一抹重彩。

银点翠双喜纹抹额

年　代	清代	地　区	北京
尺　寸	长28厘米　高14厘米	重　量	75克

这件点翠头饰是小凤冠的一种，由龙纹、花卉纹、囍字纹组成，应该是旧时女子的陪嫁物品。

这种体积不太大的头饰也可以叫作“抹额”。为花丝点翠成型，既有丰富的层次，又空透灵动之感，美而协调。加之位于黑色的布料上，故呈现出色泽夺目的强烈视觉效果。为什么叫“抹额”呢？因为这种饰品将棉、丝、锦等织物裁成条状，经过装点美化后做成饰物，围于额头部位。这种用品由于地区不同，叫法也有别，有“抹额”“眉勒子”等。抹额和凤冠的一个主要区别是，凤冠不似抹额那样置于布锦之上。

抹额在我国的传统饰品文化中有着漫长、丰富的历史。早在商代，这类饰品就已经出现。唐代也有使用抹额的习俗，陕西礼泉新城的长乐公主墓中就有系着抹额的妇女图像。当时，这种饰品在中国南北方都比较流行。唐宋时期，抹额还曾经是将军武士们的一种重要装备，将带有专用符号的抹额戴在头部，除了增加军士们的威武雄姿外，还对头部有一定的保护作用，同时也是区分军职、军种和归属的重要标记。陕西咸阳汉景帝墓出土的西汉陶俑，就有这类装束。随着时代变迁，抹额渐渐成了妇女们的专用头饰，做工也更加讲究，通常是将无色锦缎裁制成各种特定的几何形状，并施以彩绣。有的还缀上珍珠、宝石，强调装饰作用。抹额与簪、钗等一样，是首饰家族中的一员，甚至是民间娶妻纳妾的聘礼用品。除了防寒、装饰外，抹额还可以防止头发松散，避免发饰插戴过多而脱落。

抹额在清代是一种女性普遍使用的饰品，不分尊卑、不论主仆、不计老幼，都爱佩戴。无论在宫中，还是在民间，这种饰品都十分流行，从而成为这个时期女性最喜爱、最有代表性的雅俗饰品。

从笔者几十年的收藏和研究来看，至今还能够在大户人家后裔或一些乡村小镇等处寻到这类饰物。此外，点翠饰品，如点翠簪、点翠钗、点翠抹额、点翠头花、点翠胸花等，比一些藏品留存得更多。如此看来，点翠饰品在中国的一些历史时期确实深受广大妇女喜爱，是美妙绚丽的传统饰物。深感缺憾的是，当时大自然中的翠鸟到底多到什么程度，有关翠鸟的猎捕，翠羽的加工、使用、粘贴工艺又是如何的，史书和文学作品中都不曾提及。

银点翠抹额

年　代	清代	地　区	河北
尺　寸	长28厘米　高14厘米	重　量	78克

这件银点翠的抹额，以黑绒为衬底，花丝点翠成型，点翠工艺精巧细致，纹样左右对称。这类饰物一般由菊花纹、葫芦纹、日月纹、盘长纹、人物纹、佛手纹、祥云纹等具有吉祥喜庆含义的纹样组成。这些纹样都具有很强的装饰性和示美性。饰品中间部分塑造有人物纹样，其头戴花冠、身着长裙、舒开广袖、翩翩起舞；下部有一凤凰，正展开翅膀、优雅起舞，整体纹样层次极为丰富。翠鸟羽毛具有天然纹理，极富装饰效果，且色泽天然、饱满、亮丽，虽历经数百年岁月，颜色依然如故，实属难能可贵。这件饰品显现了独特的制作工艺、选材及纹样，是研究我国传统首饰工艺十分可贵的实物资料。

抹额，也称额带、头箍、发箍、眉勒、脑包等，是束在额前的织物类装饰物，根据时代、地域、风俗、偏好饰以不同的刺绣或珠翠等。抹额最早为北方少数民族日常所用的避寒用品。《续汉书·舆服志》中标注："北方寒冷，以貂皮暖额，附施于冠，因遂变成首饰。"清代曾盛行这种服饰，贵族妇女和百姓人家都喜爱佩戴，我们在戏曲和影视剧中也常能看到，如在电视剧《红楼梦》中，宁荣二府的老夫人和少奶奶们戴着各种不同材质的抹额，甚至连贾宝玉也头戴束发嵌宝紫金冠，齐眉勒着二龙戏珠金抹额。在2011年年底热播的电视剧《甄嬛传》中，本书所涉及的头饰种类多在那些俏丽的嫔妃们的头部装饰中得到印证，自然，抹额也频繁出现。

20世纪的七八十年代，在我国的北方农村，还能见到年长妇女头戴抹额的情景。

银点翠二龙戏珠抹额

年 代	清代	地 区	河北
尺 寸	长26厘米 宽7厘米	重 量	56克

点翠饰品不单单是一件饰品，更是对美好生活的充实；不仅是一种装饰艺术，也是传统文化的体现。它不仅记录了民间传统艺人的高超工艺，更重要的是有这些饰品的存在为我们留住了手艺、留住了文化、留住了历史。

该饰品上的“二龙戏珠”题材，在中国吉祥图案中非常常见。这件点翠饰品属于抹额的一种，不过后面没有布锦，原来应该是有的。传说龙能吐珠，其珠被称为“龙珠”，龙与龙珠均为吉祥之物，能避水火、消灾难。两条龙须环绕宝珠飞舞，才能叫“二龙戏珠”。而以多条龙与宝珠组合的图案，则叫“多龙戏珠”。在多数神话传说中，龙都是性情温和、心地仁慈的神物，如同麒麟一样，具有良好的德行，如龙眼识宝、龙腾有雨、龙行熟路等。正因如此，龙才能够在人们心目中占据重要位置。

明代是抹额的盛行时期，当时的妇女不分尊卑、不论主仆都系有这种饰物。这个时期的抹额形制也出现了很大的变革，除了用布条围勒于额部外，有用彩锦缝制成菱形后紧扎于额部；有用纱罗裁制成条状后虚掩在眉间；有用黑色丝帛贯以珠宝后悬挂在额头；还有以丝绳编织成网状，上缀珠翠花饰，使用时绕额一周系结于脑后（这种抹额也被称为“渔婆巾”“渔婆勒巾”，笔者虽知之，但一直没有收藏到）。

银点翠大拉翅

年 代 清代 **地 区** 北京

这是一件较为难得的大拉翅，曾为清代晚期富贵人家妇女佩戴，并得到后人珍藏。

满族入关前，其妇女的发式为辫发盘髻，盘髻分为双髻和单髻，未婚女性梳双髻，已婚女性梳单髻。双髻，就是在头顶将头发分成左右两份并梳成长辫，然后再盘转为髻。汉族称这种发式为“丫头”，古装影视剧中的丫鬟常梳这种发式。单髻，就是将头发集束一处，编成一条长辫后，再盘转为髻。这种发式省事、简单、利索，便于梳理、骑射、远行，野外宿营时还可枕辫睡眠。当时，无论妇女的身份高低、贫富贵贱，发式皆如此，只不过贵族女子髻上的装饰颇贵重，平民女子髻上的装饰颇低廉。

满族入关后，满汉文化逐渐融合，女子的发式及饰品也互为影响、淘劣扬善，逐渐形成你中有我、我中有你的多种风格，如汉族的“如意缕”与满族的“如意头”。满族妇女的头饰艺术得到了极大丰富，主要的发式有“软翅头”“两把头”“一字头”“架子头”“燕尾头”“高粱头”等，大拉翅便是其中的一种。此间，或名称有些不同，或形式稍有差异，但形式基本相同，如大拉翅也有写为“达拉翅”的，还有将其叫作“大京样”“大翻车”“旗头”“旗头板”等的。这种发饰在清朝中晚期的清宫中十分流行。形式为板状冠型，如牌楼般直耸挺立，一般加戴在真发梳成的两把头之上，与之共同构成夸张的大两把头形状。两把头就是先将全头头发束于头顶，然后以一支长扁的发簪为基座，将头发分成两绺并向左右缠梳，梳成横向发髻后，再用另一簪子横向插入固定。脑后的余发梳成燕尾形扁髻，紧贴颈部后方。这种发式虽然限制了头部活动和躺卧，但同时也使女子的身姿更显文雅庄重。两把头在清代初期只是盘在脑后，且全都使用本人真发梳成，因此整个造型较小且扁矮。后来，随着时间的推移，盘梳的位置逐步向头顶发展，出现了将两把头盘得更高更大的倾向，为此还在缠梳的过程中加入假发，以加强发型。到了清代晚期，两把头才逐渐衰弱，被大拉翅所取代。

常见的大拉翅是扇面状的中空硬壳，高度一般在一尺左右，下方是头围大小的圆箍。制作时，先以铁丝做成骨架，然后用糨糊粘合起来的多层布（叫作“布袼褙”）围裹制胎，最后在外面用青绒或青素缎等布料整体包裹。大拉翅的表面可以多插绢花及簪、钗等珠宝首饰，有时候侧面还悬挂流苏。《清宫词》写道：“凤髻盘出两道齐，珠光钗影护蝤蛴。城中何止高于尺，叉子平分燕尾底。”大拉翅最大的优势，就是可使多件头饰集中佩戴。因此，能够满足满族嫔妃、贵妇们外出行走和礼节应酬时佩戴豪华配饰的需要。需用时可迅速戴上，头上立刻琳琅满目；不用时快速摘下，沉繁之束即解。这既能快速美饰头部以应酬局面，又可迅速摘戴，方便轻巧，可谓两全其美。

据说，大拉翅的问世、受宠和强劲推广，还是慈禧太后的功劳，这与她的地位和嗜好有关。慈禧以秀女选入清宫，由贵人、嫔、妃晋封为皇贵妃。在咸丰帝病逝承德后，慈禧唯一的儿子载淳继承皇位，并尊她为圣母皇太后，从此，慈禧垂帘听政，操纵清代政治大权达半个世纪。她奢侈无度、生活靡费，又喜欢标新立异、推陈出新，衣、食、住、行都要符合她追求的“美”的标准，据说还创制了大拉翅式的发套，这些正是她权欲、地位、性格的真实显现。大拉翅的应用极大地满足了慈禧的嗜好，她不但喜欢珠宝头花，还喜欢头戴大朵绒花，这是因为汉语中的“绒花”与满语中的“荣华”近音，戴绒花即有荣华富贵的意思。因此，清宫的嫔妃、皇后一年四季都要头戴绒花，以求吉祥。绒花的佩戴十分讲究：立春日戴绒春幡，清明日戴绒柳芽花，端阳日戴绒艾草，中秋日戴绒菊花，重阳日戴绒茱萸，冬至节戴葫芦绒花……1904年，美国女画家凯瑟琳·卡尔（Katherine Carl）为慈禧画的油画肖像就是其真实直观的写照，其中一幅画中，慈禧身穿黄地绣紫藤萝团寿字氅衣，头梳大拉翅，并装饰了许多珠翠首饰，如翠簪、凤钗、金扁方、宝石头花、珍珠头箍及下垂的一串串流苏，确为慈禧增添了雍容富贵之感。

在清朝的收藏品中，民间收藏大拉翅的不多，大拉翅（不包括上缀配件）因其用材相对低廉、技术含量少、色彩单一，所以不像金银珠宝、玉石瓷器、樟檀家具等显得贵重、品相好。加上使用及年代久远，故多有磨损、污渍，因此往往受不到应有的重视，不被后代的使用者和收藏者看好。但笔者却对其情有独钟、真心至诚，究其原因，一是笔者对中国传统服饰、头饰等文化一直非常喜爱；二是对收藏明清服饰、头饰等心存责任；三是对稀有或人们疏藏的藏品一贯重视。为此，笔者收藏了若干件大拉翅，这是其中的一件。这件头饰虽然不是宫廷、王府用品，但也是富豪商贾的贵妇珍品，加上历经百年依然品相完好，饰件犹存，更显其珍贵难得。此饰件中，三件龙凤呈祥的点翠配饰，造型精巧适度、构图灵巧优雅、摆位匀整适当、相互呼应，既显示了当时女性的头饰流行和审美情趣，又反映了精湛的配饰手工技艺。

清代满族妇女的装束，尤其是头饰，十分讲究色彩搭配，一般五颜六色、艳丽异常，形态上也常常是地域有别、求异求新，这在本书中的多类饰品中都有体现。只有大拉翅没有入流，其颜色不分年代、地域、用者，一律为单一的黑（青）色。如此，到底缘出何故？从没见过相关的法律、规章或规定，也无关相关的典故、传说，因此很难作出确切的解释。这大概是官民大众出于实用性而约定俗成的吧。然而，在地大人广、悠悠数载的中国，在嗜好、爱好历来就千差万别的尘世中，竟能固守色泽的单一不变，实在是一件不可思议的奇事。笔者注意到了这一现象，且认为，黑色庄重，易于显现置于其上的珠宝、彩花的色泽，这是原因之一。当然，这种全民都默契遵循的纯黑颜色会如此受欢迎，也许还有其他的理由。

细细琢磨起来，我们不禁为先人这种非同一般的共性审美意识和绵长的自觉精神所惊叹和折服。如同一些民俗那样，存在一定的规范、理念。这些一时难以破解的疑惑，恰恰昭示着中华传统文化的厚重、可叹、可敬。

二式银点翠大拉翅

年代	清代光绪年间	地区	吉林
尺寸	长约35厘米 高约20厘米	重量	约550克(每件)

这两款大拉翅是当年的实物，并且插有原装原物的银扁方，品相一流，没有任何损伤。这是满族人家的传世之物，整体用点翠作装饰，并镶嵌各色宝石，因为有原盒，绢花保存完好，没有失色。像这样完整的大拉翅传世至今，实属难得。

大拉翅是清代满族妇女特有的一种板状帽冠。样式像牛、羊、鹿的角，更像一座排楼房子，表面用黑色绸缎包覆，使用时套在已梳好的发髻上即可。

大拉翅的高度一般为17～18厘米，不超过20厘米；从左到右的长度一般为45～46厘米，不超过50厘米，

最早时只用绢花、穗子作为装饰。清早期、中期是不戴这种帽冠的，从咸丰年间到光绪年间，大拉翅一直很流行，直到民国时期才逐渐被淘汰。

据说，古人以冠为饰首，是从禽兽冠角上受到的启发。人们在日常生活中发现鸡、牛、鹿等禽兽的冠角非常美观，便使用玉、石、木、骨等材料加工成角状戴在头上，久而久之就演变成为各种各样类似牛、羊、鹿等动物角的首饰。

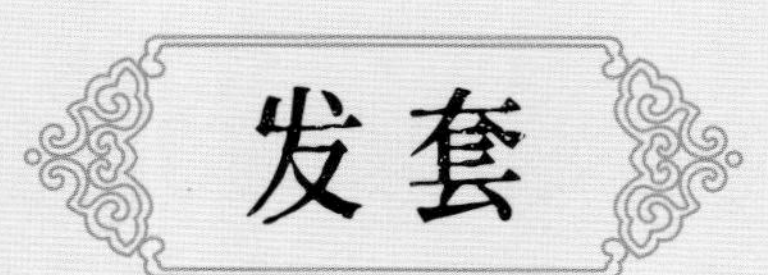

发套

年　代	清代	**地　区**	河北
尺　寸	长13厘米　宽10厘米		

发套是古时妇女所拥有的、可以束拢头发的一种装饰用品，专门用于发髻的造型，尤其是头发梳挽高低、大小髻时，更是缺其不可。发套有大有小，可根据需要制作。发套在中国古代妇女的装束、妆饰之中应用普遍，历经唐、宋、元、明、清，直到今天仍然有人使用。清代的发套很是讲究，在发套上装饰各种各样的吉祥图案，使得装饰功能大大强于实用功能。使用时，先将发套套在整理好的头发上，再用头簪、头钗或步摇、扁方固定住，以使发髻不乱、不散，保持设定形状。本图中发套上插的是银珐琅彩耳挖钗。

三式镶宝石金帽花

年代	清代	地区	北京
尺寸	直径约6厘米	重量	约12克(每件)

这种金帽花主要用于风冠或眉勒，多为贵族、富商或豪门之家的夫人家眷使用。帽花虽小，但做工精细，独具匠心，有华贵之感，雅致而灵动，很有审美效果，充分表现了金银匠的巧妙构思和制作工艺的娴熟。

金福寿纹帽花

年 代	清代	地 区	北京
尺 寸	高9厘米	重 量	26克

蝙蝠上面顶着一个团寿，镶大小宝石六块，应该是帽饰上的物件。通过这件首饰，我们看到了富贵家族的祈盼，高官厚禄的生活，官宦人家的追求。将这样的金饰戴在头上，既是美丽的装饰，也是励志的警示，真是意味深长。解读这件首饰时，不得不为先人们的智慧所折服。中华民族的首饰文化多姿多彩，丰富含蓄，既要满足人们装饰的需要，还要满足人们导向的需求。

银点翠镶宝石钿子

年 代 清代 **地 区** 北京 

钿子，在民间也称“帽子”，可分为凤钿、满钿、半钿、花钿、羽钿等。

此钿子属于花钿，为清代满族妇女佩戴的一种头饰。钿子以铁丝缠绕做成骨架，并编结成各种纹样，然后再将翠羽上下左右对称排列，正面构成纹饰，正面、顶部表现花形，使饰物产生均齐、对称的效果。这些花形装饰即钿花。

古代女子十分重视装束美，钿花便是她们美化头部的时髦饰品。钿花是用金、银、玉、贝等做成的花朵头饰，明宋应星《天工开物》说：“凡玉器琢余碎，取入钿花用。”钟广言注：“钿花，用贵重物品做成花朵状的装饰品，如金钿、螺钿、宝钿、翠钿、玉钿等。”用时直接插入绾好的发髻就能起到很好的美化装饰作用。

钿子前如凤冠，后加覆箕，上穹下广，使用时将头发分成两绺缠绕其上，再插上扁方、簪子、花朵等饰物。钿子的等级相差很大，宫廷、贵族、富户家用的钿子上镶各种各样的翡翠、红宝石、碧玺、珍珠等价格昂贵的材料，以显示身份和地位。一般平民百姓则用各色料石作为装点，或者少量地镶嵌一些珠宝。钿子主要用于吉庆场合，如元宵节、端午节等传统节日，平日并不多戴。吉服戴凤钿，常服戴花钿。

这种用鸟羽粘贴的钿子也称“羽钿”，唐李珣《西溪子》词：“金缕翠钿浮动，妆罢小窗圆梦”，说的就是这种点翠饰物。由于选择的鸟羽多为翠绿之色，故称为“翠钿”。清代社会奢靡之风蔓延，尤其在贵族妇女中，出现了争奇斗富的现象。在金钿上镶以宝石，或直接用宝石制成花钿，称为“宝钿”。点翠钿子因点翠颜色美丽且永不褪色，同样受到热捧，在清代最为盛行。民国以后，这种习俗出现很大的变化，插戴点翠者逐渐减少。

银点翠钿子

年代	清代	地区	内蒙古赤峰
尺寸	高220厘米	重量	260克

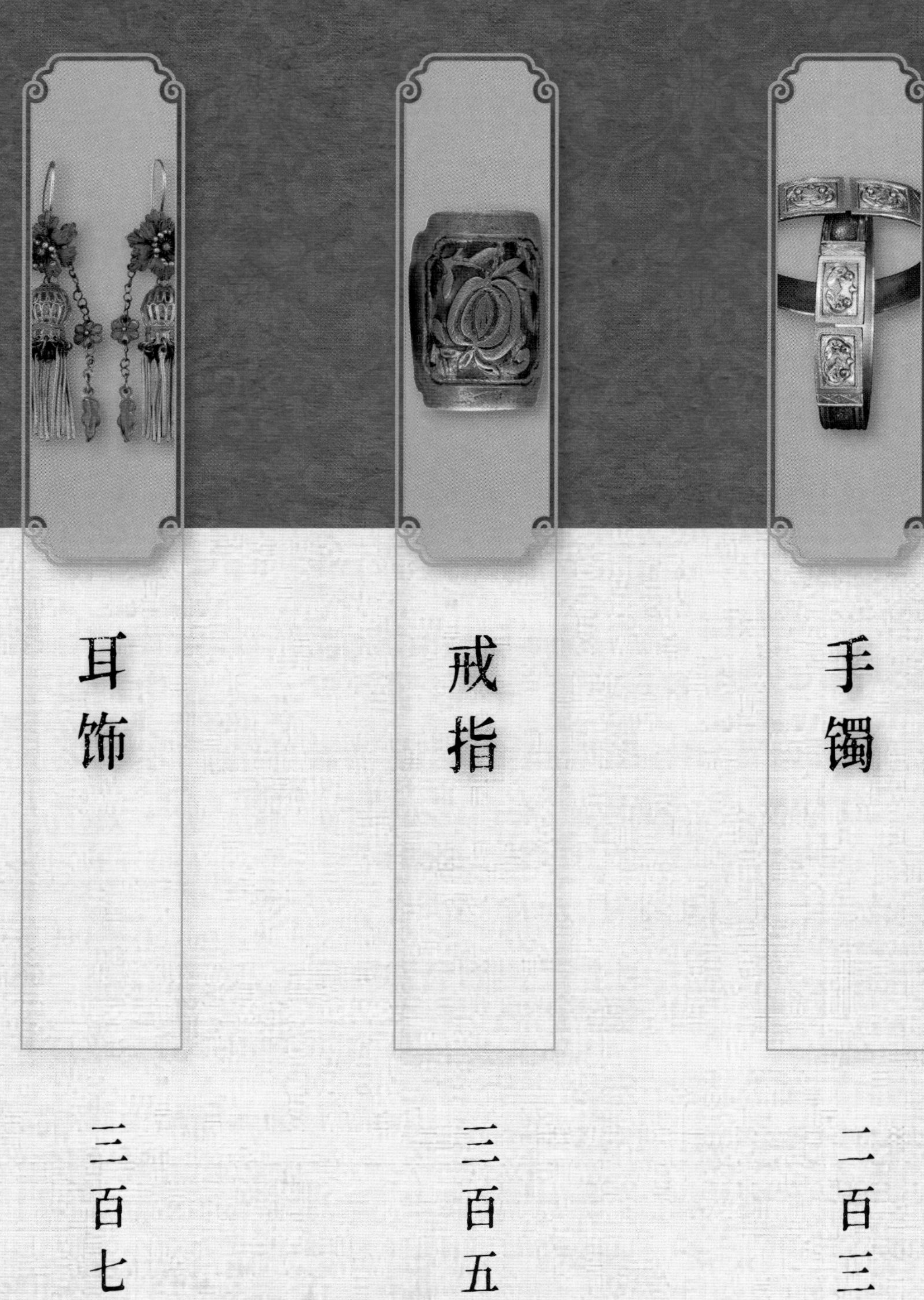

第二篇　手饰与耳饰

第二篇 手饰与耳饰

手镯

人物纹镯

中国有五千年的社会文明史，朝朝代代都有英雄人物，朝朝代代都有才子佳人，都有典故趣事。他们的故事、他们的传说，在民间广为流传，具有旺盛的生命力和生动的表现形式、表现载体，手镯只是其中一隅。首饰文化作为一门学问，已经受到重视，人类在社会历史的行进中绵延不断地研制首饰、佩戴首饰。首饰与人类相伴，也是最为悠久的文化形态之一。

这只手镯比一般的手镯宽些，表面为镀金工艺，图案錾刻成型，产地为中国福建。以《西厢记》故事人物为纹饰，风格粗犷，人物形象刻画细致、走线流畅、做派生动，具有强烈的民俗艺术特色。《西厢记》的故事在民间广为流传，在银手镯上有很多这一题材的图案供我们欣赏把玩。中国人对装饰的要求是不仅要满足器形、材质的特性，还要注重图饰内容，若是人物情节就要有典故、有动感。而故事的内容总是和吉祥寓意有着千丝万缕的联系，尤其是戏曲人物故事更要有它的历史积淀，要不偏不俗广为知晓。

镀金或鎏金饰品虽好，一旦磨损，其美丽的装饰就会大打折扣，有的饰图画面变形，甚至会给人以不舒服的视感，但其历史价值仍会让人肃然起敬。

银镀金人物纹宽手镯

年　代	清末民初	地　区	福建
尺　寸	直径6厘米	重　量	47克

银错金人物纹手镯（一对）

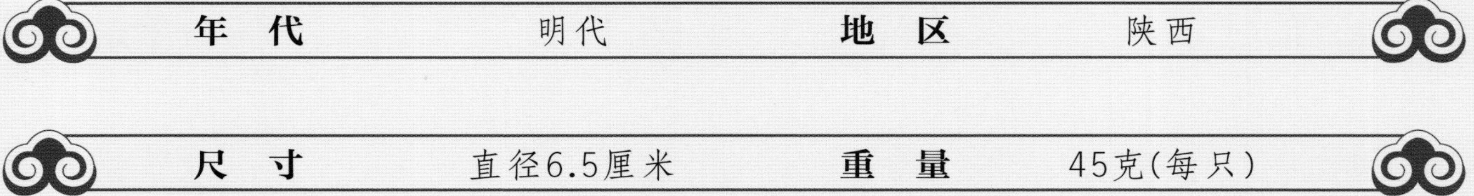

年 代	明代	地 区	陕西
尺 寸	直径6.5厘米	重 量	45克(每只)

这是一对明代错金手镯，这个时期的手镯在开合处的饰图，多以下棋对弈为主，而镯身为简洁的山水、人物描绘，刻线协调流畅，形制新颖、别致。

错金即嵌金，先在基础材料上根据设计图纹凿出凹槽，然后再在槽内熔填或嵌砸黄金并磨平，以显现所需要的金质纹饰。银嵌金叫“金银错”，铜嵌金叫“金铜错”。这种技术出现得较早，且得到广泛运用。春秋时秦国虎符、越王勾践剑上就有错金字，两千多年后出土，其上的金字仍然金光灿灿，毫无脱落。这时的错金都是将金一点点熔进凹纹，然后磨平。采用熔化法错金，金会永不脱落。当然，也有在铁器、玉器上错金的，不过旧时极少，现代虽多些，但也少见。因为其工艺复杂、价格昂贵，而且没有好的工艺技巧也无法很好地体现。

银镀金人物纹手镯（一对）

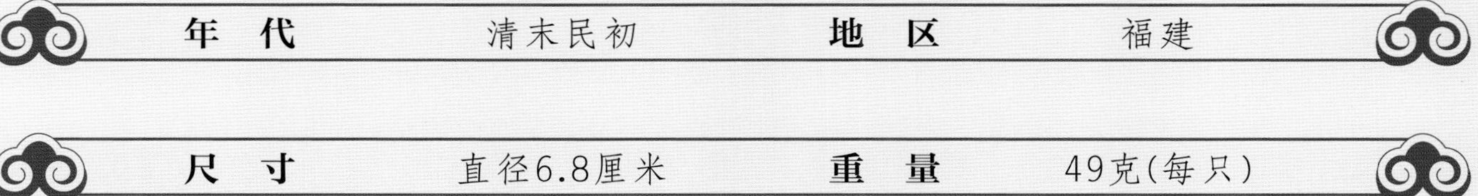

年　代	清末民初	地　区	福建
尺　寸	直径6.8厘米	重　量	49克(每只)

人物密集排列纹饰的银手镯虽然常见，但不同的是，除了紧凑的人物排列外，这对银手镯的镯身正中还有一只是虎纹，另一只是船纹。而虎和船都是民间布艺的画稿，这种风格的镯子还真是少见，颇有趣味。中国的银手镯到底有多少样式，多少品种？可能还没人统计，也统计不完。中国的民间银镯太丰富、太浩博了，数百年的历史、数十个民族、数千万个同期作坊，到底能制作出多少银镯，是永远理不清、写不完的。但是，一叶知秋，我们从这些首饰中，就可以清清楚楚地了解到我国悠久的历史和民情风俗。

金人物故事手镯

年代	明代	地区	江苏南京
尺寸	直径6.5厘米	重量	115克

笔者有幸收藏了几对明代的金手镯，由于稀少，实为珍贵。总的来看，这些首饰的纹饰基本都很清晰活泼、流畅富丽。其形制之巧、装饰之精、工艺之绝堪称时代佳品。中国古代金银器的造型艺术大概经历了商周至两汉、魏晋至宋元、明清三个较大的变化时期。

商周至两汉：中国处于青铜器所表现出的威严的时代氛围中，金银工艺成为青铜的附庸。此时期的金银主要用于制作珍贵的装饰品。如春秋战国时期，中原地区流行在铜器上镶金银，金器主要是带钩，也有碗、盏、杯等生活器具。汉代以后，银器数量有所增加。汉代金银器物主要为金银饰件，具代表性的有腰牌、带钩、动物形饰品以及玺印等。

魏晋至宋元：金银器物占据主流的时期。这一时期的金银器种类应有尽有，又以小件饰物和生活用具为主，其中首饰多为金器，生活用具多为银器，金银器已普及至民间。尤其在手镯上常刻有款识，多为打制器物的匠户商号。少数为年款或主人的姓氏。但不是所有手镯都有款识和商号的。

明清时期：这一时期的金银器工艺较之前代有了进一步的发展，细金银丝垒成的金银器显得玲珑剔透，镶嵌珍珠宝石的金银器显得珠光宝气，锤揲而成的金银器显得精细华丽，展示出富丽堂皇、雍容华贵的特点。

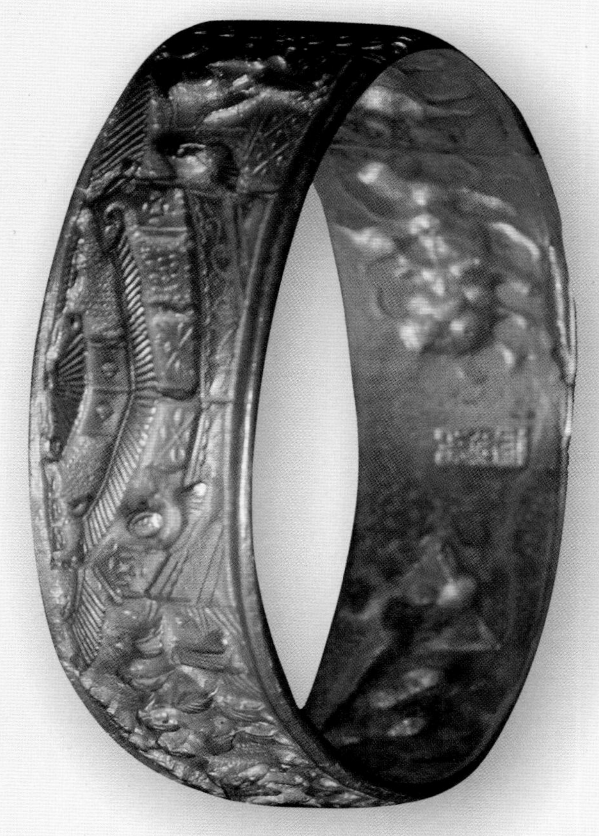

银镀金人物故事手镯

年　代	清代	地　区	北京
尺　寸	直径7.5厘米	重　量	95克

我国古代流传下来的人物故事数量之多、题材之广，常常令人赞叹不已。

吉祥图案中，以人物故事为主题饰图的作品，在传统银饰中应用相当广泛，由于制作的难度，我们现在所见到的，一般都是成名银匠的经典之作，也是银店当年的看家商品。因为银的延展性好，价格适当，所以在首饰家族中，我们见到的人物故事纹银手镯相对还算不少。笔者认为，这主要是藏家对人物纹的喜爱有加之故。虽然狭窄的银体和錾凿锤压工艺所表现的人物只能求形似，不能求神精，更无法与书画、刺绣，甚至是石雕或大型金属雕刻人物面部、手部的细腻表现相比较，但是这恰恰是银镯人物的魅力之处。这些图案告诉人们的是寓意、是祈求、是祥和、是动力，而不是具体的神态语言。因为吉祥纹饰中的一些图像、图纹早就深入人心了，所以，人们祈望的只是一种形式，是标志，是心绪。比如，广为人知的“五子夺魁”（又名“五子登科”）人物故事，说的是五代（907～960年）晚期，渔阳窦禹钧在朝中为官，家境虽优越，但他从不娇惯孩子。家里藏书万卷，又请来严师管教，使得五个孩子个个知书达理，温文尔雅。长子窦仪，中进士后又入翰林，官至礼部尚书；次子窦俨，中进士后，屡任史官，官至礼部侍郎；三子窦侃，应试及第，官拜起居郎；四子窦偁，中进士后任参政知事，受宋太宗赏识，任为宰相；五子窦僖，应试考中，官至左补阙。这五子登科的人物故事，被人称为“窦氏五龙”。后来，民间艺人以这五兄弟为题材画成年画，逢年过节赠友送亲，祝愿家家的弟子都能成才。由于意味深厚，这则人物故事纹饰得到了广泛应用。除了银饰品长命锁、手镯等，在瓷器、玉器、竹木牙角、刺绣、织锦上也常见“五子夺魁”图案。

这只银镀金镯子，地小天广，紧紧凑凑地共有四十个人物登榜现身，此中又分属好几组人物故事，有“状元祭塔”“三娘教子”“麒麟送子”“状元回家”等。镯子开合处的守门图则是“龙虎斗”。

银人物故事龙纹手镯

年　代	清代	地　区	山西
尺　寸	直径7.5厘米	重　量	90克

这也是一只非常有时代代表性的龙纹手镯。这只银镯上的人物造型纹饰是流传千百年的人物故事——郭子仪拜寿图。其人物刻画得生动准确，神态、开脸、衣纹、举止都达到了最佳境界，非工艺高手银匠所不能为。

郭子仪拜寿的故事在戏剧舞台上的名称为《打金枝》。郭子仪，也有称为郭子义的，为唐朝杰出将领，在安史之乱、退吐蕃侵扰征战中屡建战功。他精于谋略、用兵持重、治军宽严得当，一生心系国家安危，领兵征战二十余载，为巩固大唐江山立下了汗马功劳，深得民众爱戴。

“郭子仪拜寿”说的是：郭子仪七十大寿，他个个为官的七子八婿前来庆寿。唯六子郭暧之妻自恃乃当今公主，不来拜寿。郭子仪六子郭暧被代宗招为驸马，娶升平公主为妻。升平公主恃强霸道，处处管束制约丈夫，郭暧虽有不满，但也无可奈何，兄嫂戏嘲他惧内。这次，郭暧回宫后斥妻，还怒打公主一巴掌，公主大恼，告之唐皇。唐皇贤明，为教训女儿，与皇后默契假意要斩驸马。这令公主惊恐万分，后悔莫及。郭子仪闻报惶恐之极，绑子上殿请罪。唐皇为抚慰良臣，非但不降罪郭暧，反因其孝顺有德，为其加冠三级，此事把郭子仪感动得涕泪双垂。而郭暧小夫妻也重归于好，并携手同往汾阳府拜寿赔礼，郭家合府欢腾。根据这段故事改编的多剧种舞台剧《打金枝》，社会影响大、故事情节有趣，在中国民间大受欢迎，曾经在民间广为流传。

银戏曲人物故事纹手镯之一

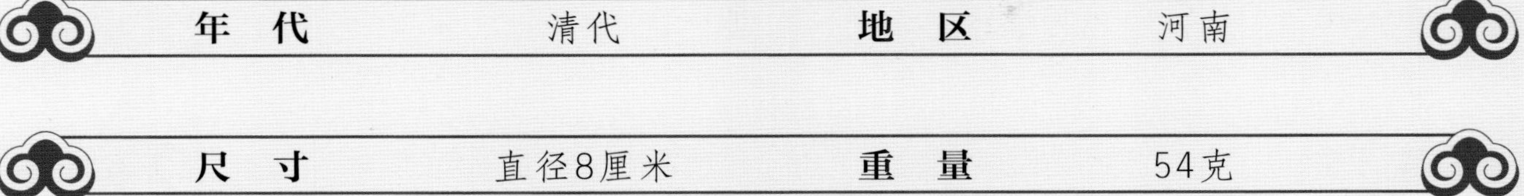

年代	清代	地区	河南
尺寸	直径8厘米	重量	54克

毫无疑问，仅从这只银镯的用料之足、做工之细、纹饰之繁上看就可得知，这是一只银镯中的顶级精品。

这对银手镯的画面表现十分富有情趣，人物的动态、开脸、衣纹、神情都很明确、生动。其上有《西厢记》《教子图》《孟宗哭竹》等戏曲故事。镯子开口两端装饰的人物，实际上表现的是福、禄、寿、喜。这对手镯的图案，展现了中国吉祥文化所营造的吉兆美，使图案的吉祥寓意得到了很好的拓展。

这只银镯通身为戏曲故事人物，开合处为龙纹打边。整个画面密密麻麻、拥拥挤挤地共有三十三个神形各异、姿态生动的各色人物。精细的人物造型再加上穿插在周围的楼台亭阁、花鸟风景，活脱脱地呈现出一幅热闹府邸场景。笔者陶醉入迷时，常常隐隐约约地甚至能够听到嘈杂的人语鸟啼之声。真可谓狭小毫厘之地，竟能容下如此宏大场景。这只手镯的饰图真乃神奇之作，各种情节安排得井井有条、密而不乱、多而不糙，就连每个人物的细小动作乃至身着的衣款、衣纹都各有不同，贴切有章。

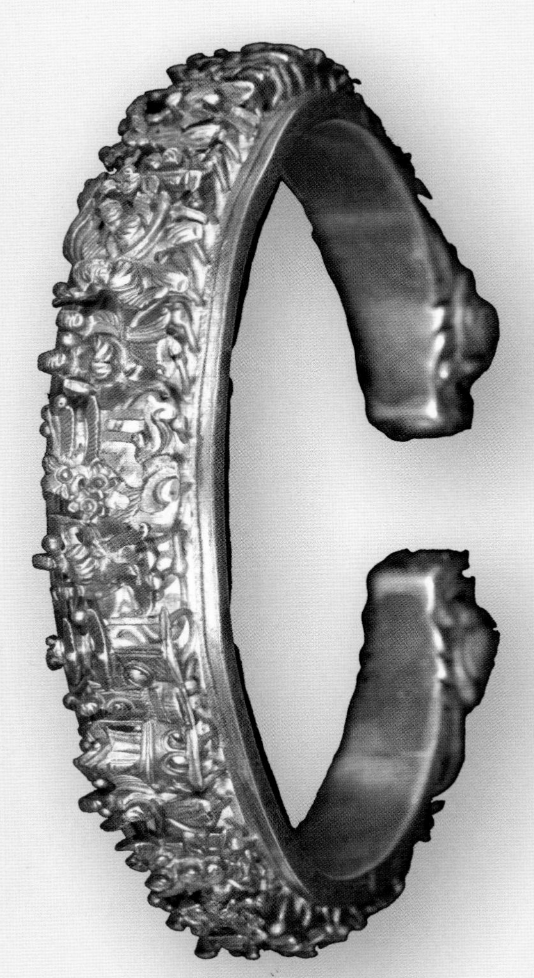

银镯通体不过是一条狭窄空间，却能在上面布置如此之多活灵活现的人物，再配以富饶景致，且是数达三层的立体造型，如此鬼斧神工之作，在没有机器、没有电脑的小作坊里，完全靠银匠的眼观手动、刀雕锤凿，实属不易。可想，当年银匠巧设布局，编排图案，需以多种体态、服装和服装纹饰交错组合在楼阁、花鸟之间，会是何等的心力和手艺？更会是何等的心情和标准？也或许，只是力作一件极品，多赚些银两，以养家糊口。不管如何，我们终归是把拿不准银匠当时的境况和心思。这就是古玩带给我们的憾处，同时也是给我们的遐想空间。但是，不管怎样，笔者还是坚定地认为，如果不是在那“万般皆下品，唯有读书高”的时代，这位银匠的名气和他的作品绝不会亚于同期的诗人、画家、作家。

每每入神地欣赏、把玩、琢磨这只手镯时，笔者都会心绪澎湃、感叹似潮。赞美我们先人的才艺，赞美中华传统银饰文化的伟大。在笔者的眼里，这件饰品分明就是一幅古代佳画、一首传世美诗，是一道闪耀着华夏传统银饰无比之美的耀眼光芒。

笔者总是在想、在猜。无论是当年，还是现在，如果这只银镯戴在哪位情愫丰富的知识女子腕上，那会为之带来何等的意趣和愉悦呢？

银戏曲人物故事纹手镯之二（一对）

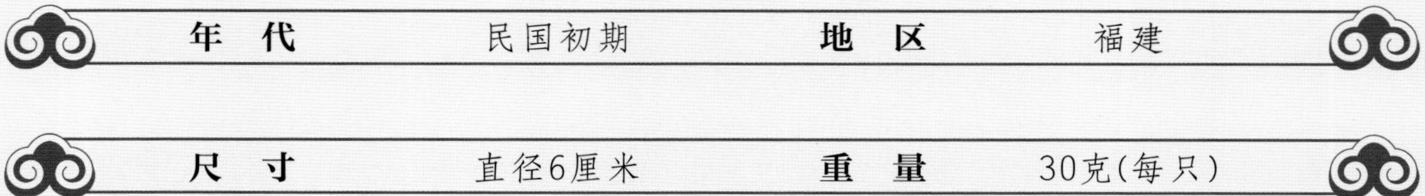

年　代	民国初期	地　区	福建
尺　寸	直径6厘米	重　量	30克（每只）

在庞大的银手镯家族中，人物故事的手镯并不多见，尤其是一对手镯中有好几个故事的，内容好、工艺又精的手镯更是稀少。

从这些遗留下来的老银饰反映出的古代生活和人物心态，我们还是会以善心相识、以吉祥相解的。在中国的这块古老土地上，人口多、地域广，银镯的内容繁杂多样，尽管具有强烈的地方色彩，然而总的看来，实用性、欣赏性、把玩性和增值性都是兼而有之的。从笔者收藏的手镯及其他藏品来看，各个地区都有各自独特的风格，这是分辨产地和年代的重要依据。

这对手镯为开口式，属于中国福建地区的风格，錾花工艺成型，造型饱满，装饰华贵。镯身分三个单元，为使装饰变化多样，在一定的范围内留出一个独特空间，将要表现的内容放进去，形成一个特殊的画面，行话叫作“开光”。在清代，文学作品、戏曲人物、历史故事广泛进入装饰领域，年画、剪纸、玉雕、织绣、印染等均受到影响，金银饰品也不例外。在大量的文化遗存中我们看到，当时的社会特别重视物象教化。这对人物手镯上的人物形象十分生动，其构图饱满而有致，故事分明，底子满铺鱼子纹，这正是金银工艺的重要特征。这对银镯的饰图为古典故事，有《西厢记》《状元回家》《借伞》和《三娘教子》。能将一个圆圆的手镯装饰得充实饱满，真有“回环贯彻，一切通明”之感。方寸之间的银镯体上承载了这么多的历史故事和出色的工艺表现及装饰意识，实属精巧之作。

银人物纹如意形宽手镯（一对）

年代	清代	地区	江西南昌
尺寸	直径7.5厘米	重量	150克(每只)

银宽形人物纹手镯

年代	民国	地区	广东(回流)
尺寸	直径6.5厘米	重量	75克

这只镯子的镯身较宽，上面的图案是花卉、树木、人物、楼台亭阁。特点是各种纹图布置得异常饱满，且多有南国风情、景貌，这种风格的手镯在中国传统图案中并不多见。据供货人介绍，这只手镯是从一个生活在越南的华侨手中购到的，这个华侨的前辈在清代就是银匠，迁居越南后依然从事金银器的打造生意。这样，我们对这只手镯纹饰的解释就有所依据了。

银珐琅彩人物纹手镯（一对）

年代	清末民初	地区	福建
尺寸	直径6.5厘米　高4.2厘米	重量	73克（每只）

这是一对福建地区典型的人物纹手镯，手镯上的人物不做眉眼刻画，但具有表情张力。福建的同业朋友说，这是一种特有的錾刻表现手法，不做细致的面部表现也是一种工艺。笔者收藏的源自福建的人物纹图饰也确实这样。究其原因，有很多说法，尚待研究。福建地区的很多饰品都以人物为主题，长命锁、步摇、簪钗、腰挂、饰牌等，又多以《三国演义》《封神榜》中的一些情节为原型，福建地区的刺绣题材也多以这两大题材为主。

这对人物手镯只是其中的一种，还有更繁杂、更精美，刻有眉眼的人物手镯。这里展示的仅是大海中的一滴水、冰山的一小角。中国的银饰文化经过几千年的演变，太丰富、太浩渺，若想更多地展现，只有经过众人的努力和奉献，靠集体的力量，官方的扶持。这也是同业者的共识，是我们的期盼。

动物纹镯

金动物纹手镯（一对）

年 代	唐代	地 区	不详
尺 寸	直径7.5厘米	重 量	109克(每只)

这是一对年代为唐代早期的、难得一见的金手镯。

唐朝是中国历史上贡献最大、国力最强、历史最久的王朝之一。若说春秋战国是群雄并起、百家争鸣，那么盛唐则是五湖朝华、海纳百川。盛唐不同于其他王朝，思想更加开放。在整个唐朝，不论民族，唯才是举，不但重文，也重武，开疆拓土、御守边关的很多都是胡人将领。虽说因中央集权过于分散，酿成了后来的安史之乱，使唐朝元气大伤。但唐朝建立之初，政治开明，十分重视社会安定。唐太宗李世民时期，出现了五谷丰登、百姓乐观的“贞观之治”；玄宗李隆基时期达到国力强盛的“开元盛世”，经济发达、社会繁荣，使唐朝进入全盛时期。在政治上，唐朝打破了魏晋以来的九品中正制度，进一步完善了科举制，建立了良好有序的政府管理机制。在经济上，推行均田制，实行租庸调制，奖励垦荒、劝课农桑，使农业和手工业都得到了前所未有的发展，很多科技成就都处于世界领先地位。在这种境况下，银饰制品工艺自然也有长足的进步。

唐代的金银器在制作上有重大发展，从很多出土的金银器上都可以看出，如金杯、金项链、金手镯、金戒指、银杯、银筷子、银簪、银钗等。在金银工艺的发展史上，唐朝的金银饰品占有重要地位，并对以后的金银器制作产生了深远的影响。据不完全统计，迄今为止唐代出土的金银器，比唐代以前各个朝代出土的金银器的总数还要高出几倍，而且数量之多、品种之全、形制之别致，都是十分显赫的。其纹饰主要分为动物纹、人物纹和人物故事纹三类。动物纹包括龙、凤、鸾鸟、狮、豹、龟以及天鹿、天马等幻想的动物和瑞兽。

这对手镯可谓稀世之物，当年能戴这种手镯的绝对不是一般人物，起码是皇亲国戚、重臣巨贾。在中国，古代虎豹雄狮以勇猛著称，是力量的象征，就连历代金银器的印章上都常以瑞兽做纽。这对手镯就是豹纹手镯。豹和虎一样，同为山林中的猛兽。豹是百兽中的佼佼者，像虎一样体势矫健、威猛英武，豹纹绚丽多彩，美丽无比。在古代，绘绣豹纹的图案是爵禄、荣誉的象征。汉唐之时，有虎豹雄狮的旗幡挂于仪杖或悬于车上，称为“豹尾车”，为皇帝所乘之车，可见豹纹之高贵，并非一般人所能使用。到了明清两代，文武百官所穿的官服前后均缀有补子，补子上绣鸟兽图案为徽志，标志品级，明三四品武官、清三品武官绣豹，皆因豹的威猛和豹纹色彩的高贵。民间也有穿豹纹衣服的，尤其会显现在儿童衣帽上，这是为了驱除邪气。古瓷中有画有豹子图案的“豹枕”，传说枕其永远不会做噩梦，邪魔不敢近身。可见，当年能戴这对金钱豹镯子的人身份绝非一般，而且那个时代的黄金均归官府所管，宋代才开始走向民间。

银喜鹊登梅手镯（一对）

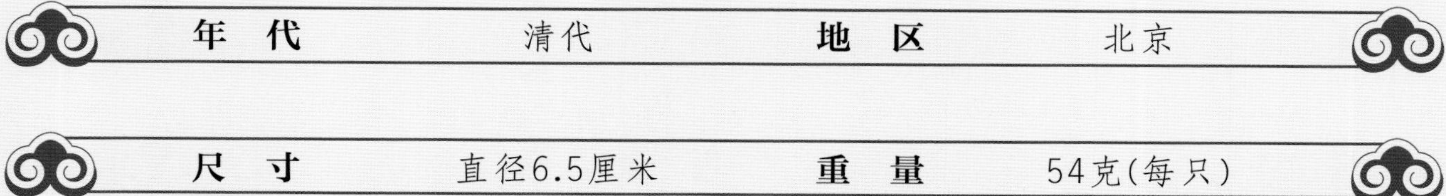

年代	清代	地区	北京
尺寸	直径6.5厘米	重量	54克(每只)

此手镯的镯身有喜鹊登梅与携琴访友等图。猜想，此物应为书香门第的女子所戴。从佩戴的饰物中，可以看出一个人的趣味，一个人的品质，一个人的文化素养，也能体味到她的思想境况。图中一老者手执龙头拐杖，信步走在前面，后随一挑担书童、一抱琴琴童。老者是政治上的退避，还是生活上的退隐，是一心就想过民间平淡无奇的生活，抑或是对乡土自然的追求，因而踏雪寻找严寒中怒放的梅花。一个踏雪寻梅、一个携琴访友，两者联系起来，有着相同的意境，与一些世俗化银手镯相比是截然不同的。笔者很喜欢这对手镯和类似图案内容的首饰，它们不但雅致而且风骨高清。中国的银饰文化博大精深，很值得仔细品味、深入研究。

银镀金玳瑁鱼纹手镯（一对）

年　代	清代	地　区	北京
尺　寸	直径7厘米	重　量	55克(每只)

这对手镯的外边是银镀金水族图案，内胎是玳瑁。这样的手镯不多见，因为没有纯银的好保存，掉落于地时玳瑁容易损坏。玳瑁是海里的一种形似海龟的海兽，其壳体加工后可做成实用品和各类首饰，主要有玳瑁耳坠、耳环、扁方、头簪、头钗，小碟、小盘、小酒盅、汤勺及烟具盒等，应用相当广泛。因为玳瑁的盖壳亮丽、美艳，有硬度、耐磨，可切割刻画，因此，金银手镯的内胎也常使用这种材料。

银蛙纹手镯（一对）

年　代	清代	地　区	东北地区
尺　寸	直径7厘米	重　量	70克(每只)

银喜鹊登梅双道纹手镯（一对）

年代	清代	地区	中国东北地区
尺寸	直径7厘米	重量	100克(每只)

这对银手镯宽大厚重，有落款字号或曰铭文（兴和）。

有落款、有字号的手镯，是对饰物年代和品质确定的依据。但是，没有落款和字号的还是多数。这也有个历史过程，据考证，唐代以前金银器上很少有铭文，唐以后，特别是宋元以后，有铭文的渐渐增多，但比较起来还是没有铭文的居多。以有铭文的饰品为依据，可对同类其他饰品进行旁推侧考，比如形制、纹样、打造风格及其他特征，这也是收藏界广为使用的一种断定方法。每个时代的器物都带有那个时代的烙印。古代的百千年间，全国的银作坊有成千上万，每间不可能就做一件、一种，只要留心就会有所收获。有些银号和作坊很有名，但规模很小，却照样有手艺高超的银匠和各自的风格、工艺。能够集中力量，研究一番“铭文考”实际上也是很有趣味和必要的。

这对手镯主调对称，双环双平板并列成型，一式双图“喜鹊登梅”的吉祥图案。整体工艺流畅干净、用料节俭清亮、图案清秀生动，颇具名店、名家风范。

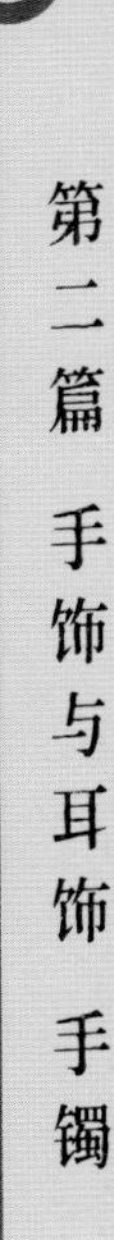

花卉纹镯

历来，黄金就对人们有着巨大的诱惑力。黄金是世界性财富标志，世界各大古老民族在文明之初，几乎都与金银有不解之缘，可以说，金和银在各个古老民族的文化发展中都起到过相当重要的作用，也给后人留下了许多佳话和故事。

金对人类艺术、文化和经济的发展，自远古时代至今，一直占有着举足轻重的地位。金的化学性能极其稳定，考古发掘出来的4000年前的金饰、工艺品及工业用金器，至今仍然拥有独特的耀眼光辉。在中国，金银也有悠久的历史，早在夏禹时代，中国人已经懂得利用金银制作饰物和交易品，司马迁的《史记》中就有“虞夏之币，金为三品，或黄、或白、或赤”的记载。“黄”指黄金，“白”指银，“赤”指铜。

中国金银器的产生和发展经历了漫长的历史阶段，每一时期的金银器均有其特定的历史文化内涵。

商周时期的金银器小巧简约。中国迄今在考古发掘中发现最早的黄金制品是商代的，距今已有3000余年的历史。这个时期的金器形制比较简单，器形小巧，纹饰不多，大多为装饰品。商王朝统治时期的黄金制品多为金箔、金叶和金片，主要用于器物装饰。商王朝北部和西北部地区的金饰品，主要是人身上佩戴的黄金首饰。

春秋战国时期的金银器清新活泼。金银普遍被王公贵族制作成饰物，是财富的象征。也有用于政事上的，如史料记载的燕昭王于易水旁建筑“黄金台”以招贤纳士。“黄金台”上铺满黄金，吸引各国的名士到来，使原来受到齐国侵略而国势衰落的燕国得到复兴。这一时期，社会变革带来了生产、生活领域中的重大变化。大量金银器的出现，成为这个时期工艺水平高度发展的一个标志。这一时期，金银器分布区域明显扩大，南、北方都有发现，形制种类也在增多。金银器的艺术特色和制作工艺，南、北方差异较大，风格迥异。北方匈奴墓出土的大量金银器及其金细工艺的高度发展，尤令人瞠目。

秦汉时期，金银器制作获得繁荣发展。汉帝勤政爱民，除了减轻货税外，还整顿货币，令社会日益繁荣。汉武帝用银及锡铸造大、中、小三种货币，在全国统一流通，使黄金转而变成首饰及工艺器皿的原料。秦朝的

金镂空花卉纹手镯（两对）

年代	清代	地区	北京
尺寸	直径6.5厘米	重量	52～58克(每只)

金银器制作已综合使用了铸造、焊接、掐丝、嵌铸、锉磨、抛光、多种机械连接及胶粘等工艺技术，且达到很高的水平。汉王朝国力十分强盛，在汉代墓葬中出土的金银器，无论是数量，还是品种，抑或是制作工艺，都远远超过了先秦时代。金银器中最为常见的是饰品，这个时期鎏金工艺盛行，一般器形较简洁，多为素面。金银制品除继续采用包、镶、镀、错等方法装饰铜器和铁器外，还将金银制成金箔或泥屑，用于漆器和丝织物上。汉代金钿工艺比较成熟，金银制品的形制、纹饰及色彩更加精巧玲珑、富丽多姿。从全国多地出土的汉代金银器看，牌饰、金花、首饰、带扣等，都具有较浓厚的民族色彩。

魏晋南北朝时期的金银器独具异域风采。这个时期，一方面社会动乱，朝代更替频繁，社会经济也遭受破坏；另一方面，各民族在长期共存的生活中，逐渐相互融合，对外交流扩大，加之佛教及其艺术的传播，使这个时期的文化艺术得到空前发展。这对金银器的形制、纹样发展有着巨大的影响，金银器的数量较多，社会功能进一步扩大，制作技术更加娴熟，器形、图案也不断创新，金银器饰品市场活跃。

唐代的金银器，绚丽多彩。隋唐时期社会经济好转，采金业兴旺。杨贵妃乘坐的马车和马具都是用黄金制成的。除了官宦人家外，金银在民间也相当流行。唐代金银器纹样丰富多彩，具有强烈的时代特色和风格。金银器具的工艺技术也极为复杂、精细，广泛使用了锤击、浇铸、焊接、切削、抛光、铆、镀、錾刻、镂空等。纹饰主要有忍冬纹、葡萄纹、联珠纹、宝相花纹、禽兽纹和狩猎纹。

宋元时期的金银器清丽典雅。宋代的采金术进一步发展，除了以淘沙方法取金外，还开始发掘地下矿藏。随着城市的繁荣和商品经济的发展，各地金银器制作行业十分兴盛。有铭款的金银器显著增多，对元、明、清时期的金银器制作产生重要影响。与唐代相比，宋代金银器的造型玲珑奇巧、新颖雅致、多姿多彩。金银器的纹饰总的说来，以清素典雅为特色。素面者，讲究造型，光泽悦目；饰纹者，以花鸟为大宗。纹饰的题材多源于社会生活，表现内容广阔，更为世俗化，具有很强的写实性和浓郁的生活气息。工艺上较多运用锤击、錾刻、镂雕、铸造、焊接等技法，具有厚重艺术效果的夹层技法，为宋代以前金银器制作中所未见的。最有特色的是，采用了立雕装饰和浮雕型凸花工艺。元代大多数金银器均刻有铭款，金银器仍讲究造型，素面者较多，纹饰者大多比较简单，或只于局部点缀装饰，但某些金银器已表现出一种纹饰华丽繁复的趋向。

明清时期的金银器华丽繁缛。明清两代文化发展的总势趋于保守，金银器制作越来越趋于华丽、浓艳，宫廷气息越来越浓厚。器形的雍容华贵，宝石镶嵌的色彩斑斓，特别是那满目皆是的龙凤图案，象征着不可企及的高贵与权势。大体上说，明代金银器仍未脱尽生动古朴的风格，清代金银器则极为工整华丽。工艺技巧上，清代金银器的细腻精工，是明代所不及的。在明代金银器的纹饰中，龙凤形象或图案占有极为重要的位置，到清代则更为极致。大多纹饰结构趋向繁密，花纹组织布满器物周身，除细线錾刻外，也有不少浮雕型装饰。清代金银器保留下来的极多，大部分为传世品。金银器工艺也获得了空前的发展，展现出前所未有的洋洋大观和多姿多彩。器形和纹饰变化大，已全无古朴之意，深刻地反映出宫廷金银艺术品所特有的追求富丽华贵的倾向。造型随着器物功能的多样化而更加绚丽多彩，纹饰以繁密瑰丽为特征，整个器物色彩缤纷、金碧辉煌。清代金银器丰富多彩，技艺精湛，加工特点突出在精、细二字上，造型、纹饰、色彩，均达到炉火纯青的程度。制作工艺包括了范铸、锤揲、炸珠、焊接、镌镂、掐丝、镶嵌、点翠等，并综合了起突、隐起、阴线、阳线、镂空等各种手法。应该说，清代金银工艺的繁荣，不仅继承了中国传统工艺技法而又有所发展，并且为今天金银工艺的发展创新奠定了雄厚的基础。

金镂空花卉纹手镯

年　代	清代	地　区	北京
尺　寸	直径6厘米	重　量	78克

这是一只镂空花卉纹金手镯。清代至民国年间，民间的银镯藏品很多，而金手镯则为数不多。

这只手镯传世至今，华丽纹样依旧，鲜花香味似存。手镯的背后，不知有着什么样的故事。笔者想，每一件老首饰都历经数代传承，肯定写满了这样那样的故事，只是我们不得而知，让人深感无奈。

收藏古董的人就爱听“老”、见“老”，老瓷器、老银饰、老木器、老字画、老刺绣、老首饰。那些有成就的收藏者，只要听说“老”，且在喜爱之列，都会费尽周折，饱尝辛苦，竭力寻求。一旦历尽艰辛之后看到是新货时，往往会像泄了气的皮球，顿时没了劲。人们说痴迷古董的人都有“病”，说的就是这种现象，笔者觉得自己也是如此。玩古文化的乐趣，甚至生命的意义就在于此。

清朝是中国封建社会的末期，文化发展趋于保守。其金银首饰之作一改唐宋以来或丰满富丽、生机勃勃，或清秀典雅、平静恬淡的风格，而越来越多地趋于华丽、浓艳，宫廷气息也越来越浓厚，并且更加雍容华贵，宝石镶嵌的色彩斑斓，特别是那满眼皆是的龙凤图案，更加高贵、华美。大体上说，明代金银器彰显出生动古朴风格，清代则极为工整华丽。在工艺技巧上，清代金银制品的细腻精工，也是明代所不及的。

从风格来看，清代的金银制品既有传统风格的继承，也有其他艺术、宗教及外来文化的影响。正是这种对古今中外多重文化营养的继承与吸收，使清代的金银工艺品获得空前发展。所以，当时的皇亲重臣、豪商巨贾、地方乡绅，无不以使用大量金银制品来显富争胜。而皇室专供用品使用金银量的庞大，更是令人叹为观止。

清代金银制品的器形和纹饰也有很大变化，已经全无古朴之意，一味追求富丽华贵。其造型随制品功能的多样化而更加绚丽多彩，纹饰则以繁密瑰丽为特征，或格调高雅，或富丽堂皇，再加上加工精致的各色宝石的点缀搭配，整个制品更是色彩缤纷、珠光宝气。清代金银制品的加工特点可以用“精”“细”二字概括。在制品的造型、纹饰、色彩调配上，均达到炉火纯青的程度。

这只通过锤打錾刻制造的镂空金镯，具有形制独特、造型大胆、富丽豪华的特点，里里外外尽显清代金饰的典型特征。

银鎏金萱草蝙蝠珍珠地手镯（一对）

年　代	清代	地　区	北京
尺　寸	直径7厘米	重　量	68克(每只)

这对手镯铺满珍珠地，图案由萱草和蝙蝠组成。萱草又名“忘忧草”，夏秋季开花，花盛之时，绿叶成丛，花姿艳丽，气味清香。据说，萱草有助于孕妇生男孩，妇女如果怀孕了，身带萱草，或家中插挂萱草，必定生男孩，所以也称“宜男草”。因此，古时萱草不仅为妇女所喜爱，一般的家庭也将悬望添丁的祈望寄托在宜男草上。蝙蝠的“蝠”和“福”同音，在中国，蝙蝠成了好运气与幸福的一种吉祥象征物。蝙蝠和任何花卉组成的图案都是吉祥的，所以蝙蝠和萱草组合的银手镯更受世人的喜爱。

萱草纹早在唐朝就受到重视。唐以后花卉题材应用越加广泛，成为各种装饰艺术的主要装饰纹样。传统花卉题材除了牡丹、月季、梅花、杜鹃、兰花、山茶、荷花、桂花之外，还有萱草、芍药、玉兰、栀子、水仙、桃花、大丽花等。此外，还有石榴、桃、佛手、葫芦、瓜瓞、柿子等瓜果；松、柏、枫叶等乔木和竹子、灵芝等植物。

到了明代，花卉装饰题材的应用渐近程式化，成为专门的纹样格式。现存明代经面锦图案中的花卉纹样就有灵芝萱草和折枝花果、花好月圆、延寿菊花、百花献寿、落花流水、瑞鹊衔花、鸳鸯莲鹭、蜂蝶争春等多种。它们结构饱满，造型严谨，花型生动，线条纤巧，色彩明净。在花卉纹样的组合中，人们巧妙地赋予了其象征意义和吉祥寓意。这种用法在明代极其盛行，到了清代、民国更是大大地推进了一步，饰面饱满、多种组合、主次搭衬的格调几乎成为常式。

银如意花果纹手镯

年代	清代早期	地区	陕西
尺寸	直径8厘米	重量	75克

如意纹源于如意。如意是一种中国传统的吉祥器物，柄端作手指形，用以搔痒，可如人意，因而得名。如意多用于陈设，端头纹饰多为心形、灵芝形、云纹形等。以骨、角、竹、木、玉、石、铜、铁等制成。有时和尚宣讲经文时也持如意，记经文于上，以备遗忘。近代的如意，其端多作灵芝形、云形，其意只因其名吉祥，以供玩赏而已。此镯为如意形状图样，借喻“称心如意”，通常和瓶、戟、牡丹等其他纹饰一起共寓平安如意、吉庆如意和如意富贵等。

这只银镯比照如意做出镯首，其寓意自然和如意一样。

银镀金掐丝立体花卉纹手镯

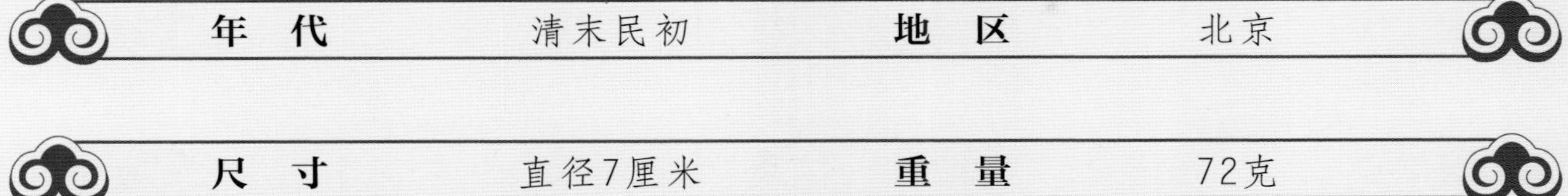

年代	清末民初	地区	北京
尺寸	直径7厘米	重量	72克

这只手镯上绽放着九朵大小不一的牡丹花，每朵花连花蕊上下四层。这是一只用掐丝、搓丝工艺成型的单只手镯，工艺极细，格外精巧，形制新颖别致。这是国外回流制品，遗憾的是另一只不知去向，假如能够破镜重圆凑成一对就更好了。

这只银镯的工艺十分复杂费工，要先将银条拉成细丝，再搓成花丝，然后根据所需花型将花丝掐成更细的花纹，并焊接在银板上，重叠的花瓣需将单瓣剪下，将其用银丝焊完的花托连接焊好，一瓣压一瓣，形成立体状，且将各部件缀连成型。银器时间长了会氧化变黑，镀上金后可以防止氧化，提升外观效果。这些独特的工艺、独特的材料及独特的纹样，反映出极为特殊的审美情趣和文化心理。不但装饰性强，审美趋向也得到充分体现。通过一只小小手镯的立体表现，使之达到了最佳境界。

这只手镯形体圆润饱满，特别是花丝的焊接十分精细，非工艺高手不能为。

各式银花卉纹手镯（五只）

年代	清末民初	地区	河北
尺寸	直径6～7厘米	重量	24～30克(每只)

银花卉纹钟表式手镯（一对）

年代	民国	地区	北京
尺寸	直径6.2厘米	重量	38克(每只)

在银手镯上出现主题性钟表纹样，实际上并不太遥远，大约在清朝被推翻、民国初建的交替年代。对外交往的加强，使大量洋货来到中国，一些洋钟、洋表进入中国市场，也进入中国人的眼帘。这些东西都很实用，老百姓感到稀奇、爱慕。打造金银器的银匠们最能揣摩人们的心思，很快就仿制打造出有这种图形的手镯，这就是世道引领观念的结果。新时代的崛起，旧时代的退去，带来了新观念、新文化的兴起，旧观念、旧文化的淡化。社会的各个角落，多多少少也会出现些相应变化。能购置一件带洋味的钟表式手镯，绝对是赶潮流的新鲜事，也是一种观念上的进步。作为一种装饰，手镯戴上了，手表也有了，这对银镯不就是很好的腕部装饰吗？

银镂空花卉纹手镯（一对）

年代	民国	地区	北京
尺寸	直径6.7厘米	重量	43克（每只）

银镂空工艺也是手镯中常见的一种技法。这种工艺是用脱錾将平刻花纹底子透空脱口的工艺。

这对手镯刻线镂空，连接处制作合页扣，开合处制作插片按扣锁，从装饰纹的组合形式，到手镯连接开合的工艺技巧，应该是民国年间较为时尚的银手镯，属传世之物。

中国的传统吉祥花卉纹源于自然界的实物花卉和人们的美好意愿，在这个领域可称得上是姹紫嫣红、富饶广阔，具有广泛、深刻、引导性的意义，因此，千百年来一直受到人们的推崇和喜爱。作为装饰文化与艺术的题材，由于它们饱含着中华文明的精髓，故早已成为中华民族的理想审美标准之一，也常常是人格风范、崇高夙愿、时代追捧的对象。敬仰俗成升格为文化精神，进而规范着人们的审美准则，反过来改造和陶冶人们的心灵。中国的花卉纹装饰艺术和需求市场正是在这样一种精神和文化的相互依存与完善提升的关系中，从远古的萌芽时代逐渐走向成熟。

从古至今，有关植物和花卉纹的佳话、轶事流传既多且广，如“屈大夫滋兰九畹”“陶渊明采菊东篱”“李白进章解语”“杜甫感时溅泪”“白居易咏莲吟柳”“林和靖梅妻鹤子”……关于中国人对花卉观赏和用于纹饰，可以远溯几千年以上。河南仰韶文化遗址出土的陶器中发现了梅核。这昭示我们的祖先在新石器时代，不仅已经食用梅子，而且已经观赏梅花了。在这一遗址发现的大批彩陶器上，更是描绘着许多题材不明显的花叶纹样。以农耕为主要生活来源的民族必然特别关注植物的特征，对带给他们温饱的东西进行敬奉、拜崇、宣教也是很自然的。从字源学上考察，汉族的祖先——华夏民族的命名也与“花”有关。“华”古时即“花”字，由一朵盛开花朵的原始象形字演变而来。《说文解字》道：“开花，谓之华。”“华”即植物花的代称。又曰：“五色为之夏”。根据以上释义，“华夏”即五色的花朵。在绘画领域，从唐代开始，花鸟画即已成为单独的绘画品种。花鸟绘画与花卉装饰纹样的艺术手法，互相影响渗透，取长补短，使花卉纹样形态、风格更趋多样化，还促进了一些欣赏性工艺品，如缂丝、刺绣等美术工艺的发展，而在金银首饰中的运用也是多有显现。处于不同的地位，对同一现象和物质的看法也有区别，在中国古代帝王的心目中，花卉植物的含义又有些不同。他们所喜爱的饰纹，主要象征权威、等级和财富，象征地位永久。例如，雍容华丽的牡丹被视为“国色天香”，象征高贵、繁荣；月季花由于四季常青而象征“世代长存”；玉兰、海棠、万年青、天竹等表示玉堂、万年、天仙的意思；他们也爱莲荷，但更喜爱缠枝连绵的番莲纹，希望皇室世代连绵。还有一些并不多见的植物如灵芝、葫芦、佛手、香橼等，由于其音与“福禄寿”同，而备受尊崇。源于民间的吉祥寓意观念一进入宫廷，就被皇室阶层注入了不同的意识而加以变化。例如“岁寒三友”的松、竹、梅，会变化为“福禄寿”与“中流砥柱”，表达了统治阶层的意愿。而花卉植物在平民百姓心目中，常是理想生活的寄托，具有强烈的现实功利内涵，寓意单纯而质朴。他们喜爱梅花、但常配以喜鹊，寓意“喜鹊登梅”“喜上眉梢”；喜爱荷花，常把荷花与胖娃娃、金鱼、鲤鱼相配合，表示农穰富足、生命繁衍。牡丹、凤凰、月季配牵牛花、荷花等，已无等级之分，寓意幸福美好；而牡丹与白头翁则寓意夫妻白头，等等。

历经各个朝代的进化革新，到了清代和民国，花卉纹样在继承传统基础上进一步多样化。早期多用各式繁复的几何纹，点缀小花小朵，古朴典雅。花型小巧玲珑，刻画精致，多采取散点式构图。我们从这对银镯的式样、用材、工艺，尤其是纹饰的繁缛、饱满、少空间、多点缀和工整的线条中，可以领略到千百年来中国花卉纹的发展成就和状态，遗憾的是其造型和神韵已经没有了早前的妙处，让人观后感到有些呆板和乏味。现代的工厂化银饰制品也是如此，爱之无诚，观之无奈。

银梅花纹臂钏

年代	民国	地区	福建
尺寸	直径6.8厘米 高5厘米	重量	48克

梅花，性耐寒，早春开花，味芳香，它观赏价值极高，也是中国文人雅士最高人格的理想象征之一。梅花，岁寒开花，寒梅报春，预示着吉祥喜庆，春联中就多取自这种吉祥意义：春夏秋冬春为首，梅李桃杏梅占先。关于梅的吉祥语很多，人们最常见到的有“喜鹊登梅”“喜在眉梢”“梅花送子”。一幅喜鹊在梅枝上高鸣的图案，表示喜报早春。因此，梅花成了中国人最喜欢、最常见的吉祥图之一，也成了金银饰品中最常见的吉祥纹样和装饰纹样。

银梅竹纹手镯（一对）

年代	民国	地区	河北
尺寸	直径6厘米	重量	35克(每只)

梅花与松、竹都耐寒岁，并结为挚友，这就是中国吉祥图案中常见的纹饰。有春联：“松竹梅岁寒三友，桃李杏春风一家。”梅花的五个花瓣，象征着吉祥，春联中有这样的对子：“梅花开五福，竹声报三多。”在“梅竹双喜”的吉祥图案中，画着梅竹和两只喜鹊。其中梅喻妻子，竹喻丈夫，这样的吉祥图案被用于祝贺新婚。另外，还有一种常见的图案，即画着竹子和梅花，还有儿童在嬉戏，这种图案表示“梅花送子”“春竹送孙”的吉祥意义。

像这种图案的手镯大多是订婚的信物。从古至今，文人雅士多有咏梅竹的诗句，可见，梅竹纹在中国的传统图案中占有多么重要的文化地位。

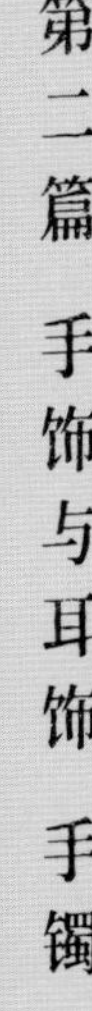

文字纹镯

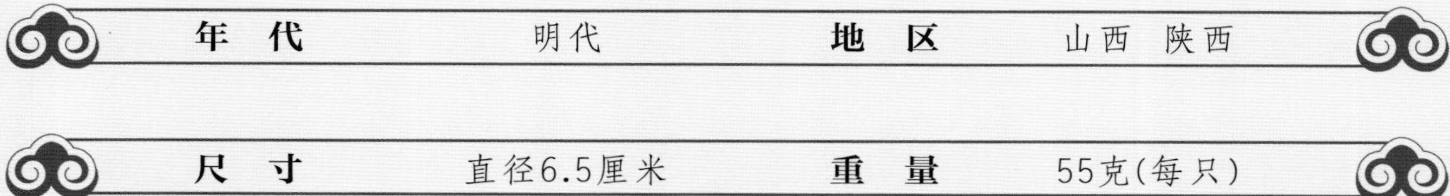

银鎏金天作之合手镯（一对）

年代	明代	地区	山西 陕西
尺寸	直径6.5厘米	重量	55克(每只)

金属手镯中有银镀金、银鎏金、银包金等，这对手镯为局部鎏金，呈银黄交映之色，具有明快、雍容之美。在银饰家族中，鎏金手镯相对来说还是少一些。这对手镯由绣球纹、水波纹、吉祥文字组成。绣球纹来源于狮子滚绣球，因为绣球是喜庆之物，寓意吉祥喜庆；水波纹为浪花散落的各种形状，寓意海水江河连绵不断；吉祥文字就是有吉祥意义的文字。这对手镯一看就是一对定情之物，“天作之合”是恭祝新禧的吉祥语。鎏金，是古代金工传统工艺之一，可以使鎏金的器物增加美感，金光亮丽。在银体上做局部鎏金处理，较不鎏金和全鎏金工艺偏难一些。

“天作之合”源自中国最古老的诗歌总集《诗经·大雅·大明》，其词为：“天监在下，有命既集，文王初载，天作之合。”“合”为配合之意，意为好像是上天安排的，很完美地配合到一起。

把玩这对手镯，我们或许能够感受到三百年前山西、陕西某地一户平常百姓家的隆重喜事，能够听到喧闹的婚庆鼓乐，看到幸福欢乐的热闹场景。而戴在新娘手腕上的这对银镯时隐时现，她那羞涩的面颊上充满了喜悦。“天作之合”百年相好，我们今天观赏这对虽轻简但意绵的婚品，便验证了这对曾经的新人相好百年的信念早已如愿以偿。

银鎏金福禄寿手镯（一对）

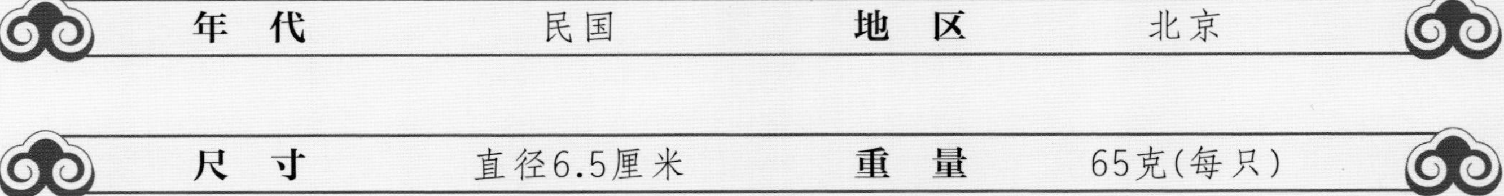

年代	民国	地区	北京
尺寸	直径6.5厘米	重量	65克(每只)

中国文字具有独特的艺术性和装饰性，各种变体或书法形式都有较强的表现张力。因此，吉祥文字在客体上的装饰运用十分广泛。这对手镯直接以文字表达吉祥意义“福、禄、寿”，不但更为直接，而且也是银饰中常用的一种方式。它们组成的吉祥图案是中国传统吉祥图案中的一个重要分支。“福”虽然是一个抽象的概念，却又真实地反映了人们对美好生活的理解；“禄”是从“福”中分化出来的主题，包含着加官晋爵、位高权重，仕途坦达的夙愿；“寿”就是长寿，在中国人心目中，是与“福”同义的吉祥符号，长寿为五福之首，这是从商周就盛行的观念。聪明的匠人将福、禄、寿的心愿巧妙地布排于传统银饰之中，其用意就是点明福、禄、寿主题，营造出一派喜气和吉兆的气氛。

银镀金四喜纹手镯（一对）

年 代	清代	地 区	吉林
尺 寸	直径7.5厘米	重 量	60克(每只)

这对镀金手镯是满族人所佩戴的饰品，尺寸比一般手镯大不少。镯子的开口处为四喜纹，镯身为皮球纹。

喜，就是喜庆。笔者认为，生活中凡顺心大悦的事都是喜事，如生子、乔迁、团聚、丰收、进财、祝贺等都是喜事。中国的喜瑞文化完全融入了人民生活的各类礼仪之中，虽然道喜未必真能事事如意，但是道喜作为关注人生命运的习俗，唤起人们的美好憧憬，可谓是一种精神上的安慰。这也是“喜瑞”能够成为中国民间吉祥符号的重要原因之一。今天的“喜”的内容可能和古代的多有不同，但是意义是相同的。古代流传一首《四喜诗》：“久旱逢甘露，他乡遇故知。洞房花烛夜，金榜题名时”，道出了古代人生活中最重要的四件事，看来当时的人们是把这四件事作为最值得庆祝的喜事。那么，这对镯子上的四个喜字是不是道出了这四喜呢？笔者认为很有可能。

银镯背部的皮球纹是一种圆形花纹，由于它的形状类似皮球而得名。实际上，它只是适应装饰要求而产生的一种圆形纹样，在刺绣服装上用得较多，起到装饰饰品、产生艺术的对比作用，也有清秀审美的意趣。

银镀金万寿纹手镯（一对）

年代	清末民初	地区	北京
尺寸	直径6.8厘米	重量	76克(每只)

这对手镯的饰纹为镀金万寿纹。

饰纹底部铺满鱼子纹，连接处为合页扣，开口处有插片按扣锁。从装饰纹的组合形式，到手镯连接开合的工艺技巧都非常成熟。万寿纹是中国传统装饰工艺中，应用最为广泛的纹饰。在建筑、家具、织绣、云锦、金银器中广为应用。万字四端向纵横展延，寓意连绵不断永恒长世，一切事情都非常顺利。民间常见的万字纹有万字锦、万字团寿、万字流水。万字纹最早出现在古代的印度、希腊、波斯等国家。后来，应用在一种护身符或宗教标志上，传入中国后，唐皇武则天确定此吉祥符号，发音为“万”，始挂名使用至今。这一吉祥图案受人尊崇，是因为其图形简洁有趣，适合作为装饰。中国人在长期的社会实践中，通过创造和借用利用，形成了自己的吉祥图案，并把它们运用到生活中，进而成为独具特色的民族传统装饰文化。

寿字纹是中国民间最常见的一种纹饰。就这个“寿”字而言，不仅字意丰富，而且字体变化形态众多，广为流传的有由100个不同的“寿”字组成的“百寿图”。“百寿图”早已成为中国人反映吉祥心愿的最重要图标之一。在中国人传统观念中，所谓“五福”，占据第一位的就是“寿”字。什么是五福呢？第一福是“长寿”，第二福是“富贵”，第三福是“康宁”，第四福是“好德”，第五福是“善终”。而吉祥图案中的“五福捧寿”，即是由五只蝙蝠围绕寿字的纹图，“寿”居中心。

银宽边寿字纹手镯（一对）

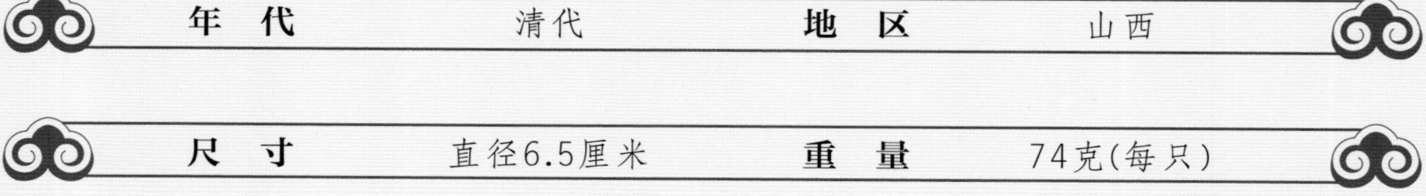

年代	清代	地区	山西
尺寸	直径6.5厘米	重量	74克(每只)

该手镯只有开合处是寿字纹样，镯身没有纹饰。“寿”是人人喜欢的吉祥纹样，是让人看了就高兴的颇有寓意的文字。在中国人心目中是与“福”同义的吉祥符号，寿与福有着密切的关系，但是，又有所区别：一方面，“寿”是一种福分；另一方面，“寿”又不等同于“福”的特定含义。从“福寿双全”“寿比南山”“五福捧寿”“寿居耄耋”等吉祥题材来看，“寿”是能与“福”相提并论的吉祥符号。民间流行“五福中唯寿为重”的观念，这种思想在许多传统节庆中得以充分体现。例如“寿比南山”“福如东海”“贵寿无极”“麻姑献寿”“群芳祝寿”等。从这些古老的吉祥图案中，可以感受到人们对长寿的期盼之情，也显示了中华民族以人为本，珍惜生命，重视现实。正是基于这样一种现实观，中国老百姓将追求“福”的祈盼部分转移到对长寿的追求上，并把祈寿的心愿表达于传统吉祥文化的各个方面，尤其在金银首饰上更为显著。

银篆体寿字纹手镯（一对）

年　代	清代早中期	地　区	东北地区
尺　寸	直径7厘米	重　量	130克(每只)

中国的文字极具艺术感，尤其是篆字。篆字是我国一种古老的书体，不像楷体字有很多不同的变化，其基本组字多见点、直、弧三形，笔画粗细一致，起止都要藏锋，向左撇出的地方并不用撇，向右用捺的地方也不出捺，一概是曲笔弧线结字，极具观赏性，有的单字就别含深刻寓意，所以人们常常用单字作为纹饰，为器具增色添美。“寿”字就是这样，吉美兼备、错落有致、犹如花纹，具有很强的装饰性。常见的单字纹除寿字纹外，还有万字纹、福字纹、双喜纹等。对银手镯的形体和纹饰来说，每个人欣赏的眼光不同，评价也不同，这很正常也很普遍。有人喜欢细腻的，有人喜欢粗犷的，有人喜欢小巧玲珑的，有人喜欢厚实大气的。再加上地域的不同，风俗习惯的不同，文化信仰的不同，所以每个地区都有自己的风尚、风格。这在本书中多有涉及。

这对寿字纹手镯做工简洁，单个“寿”字分两图置于镯口两侧，饱满持重、素雅清净、整齐稳妥，是为老年人祝寿、祈福的当选上品。

银镂空团寿纹手镯（一对）

年代	民国	地区	上海
尺寸	直径6.5厘米	重量	40克(每只)

这是一对民国时期的团寿纹手镯。团寿又称“圆寿”，寿字字形呈圆形，整体被团在一个圆形之中，以线条环绕不绝，寓意生命绵延不断。团寿中的“寿”字有各种各样的写法和造型，并非拘泥某一种。

在中国传统首饰中，寿字的变形图案是人们最常见的饰纹。各种字体的寿字，在吉祥装饰中有意识地变字成图，使之成为视觉和寓意更加丰富的造型图案。将文字直接作为饰图，是我国特有的装饰手法，而通过变形增加变数，“寿”字首当其冲。“寿”字到底有多少种写法？2010年中广网贵阳9月27日报道：“家住贵州省贵阳市乌当区的72岁白叟王凤成，用20多年时光查阅我国历史上的各种字典，收集收拾历代书法家对‘寿’字的写法，经由本人潜心研讨，成功地将20008个不同类型的‘寿’字写在长达208米、宽1.3米的纸上。上海大世界基尼斯总部确认王凤成的‘寿’字写法为世界之最。”作为吉祥图案，寿字变化的空间形状和位置都有特定的寓意，如将“寿”字写得瘦长，有“长寿”的寓意；将“寿”字写成圆形，有“团寿”的寓意。此外，在中国民间将篆体的“寿”字也称为“万字符”，它具有连绵不断、变化万千的吉祥寓意。

表示长寿标志的不单单是文字，还有很多图标，如寿星、松树、柏树、仙鹤、龟、太湖石、寿山石、猫、蝶等。

银寿字纹马蹄形手镯（五只）

年　代	民国	地　区	内蒙古　山西　河北　陕西
尺　寸	直径6～9厘米	重　量	100～300克(每只)

目前，民间存世的手镯多为清代中晚期和民国初期的制品。清代早期和明代、元代或更早的银手镯极少，即使有也多为出土品。出土的银镯因为久藏地下，已失去了原有的风韵，往往锈迹斑斑，腐蚀得比较厉害，不如传世的韧性好、有光泽。如果收藏把玩，出土的的确存有欠缺，因为已被土中的湿气腐蚀，失去了韧性，一旦掉落地上或上手摆弄很容易折断，一旦折断便无法修复。但有些明代银手镯，因为出土地点为干燥的沙坑，没有严重腐蚀、变形，经过打磨、擦洗之后，仍不失当年风采，但价值都很昂贵。选择银镯的人一般都很注意手镯的身世——传世还是出土？其次才是品相、图案、容貌。挑选银镯时，要注意八个字：干净、整齐、质地、漂亮。

本图中的五只手镯，均为“寿字纹”马蹄形传世手镯，开口处的吉祥文字为寿字纹。这种马蹄形的手镯产地很广，东西南北都产，采用的工艺有錾刻、镂空、编丝与扭丝等。何为马蹄形呢？就是形体为非标准正圆，而是近三分之一的长度为直线，另外的长度为圆弧的手镯。这样的镯子，其样似马蹄，故得名“马蹄形手镯”。手镯是佩戴人群较多的一种首饰，那时手镯的粗细、薄厚、重量都可根据佩戴者手腕选配或定制。这类手镯的重量相差很大，轻的在100克左右，重的有300～400克。通过这类手镯可以看出旧时民间手艺人高超的打造技术和当时人们所喜爱的首饰品样。

银团寿纹扁鼓形手镯

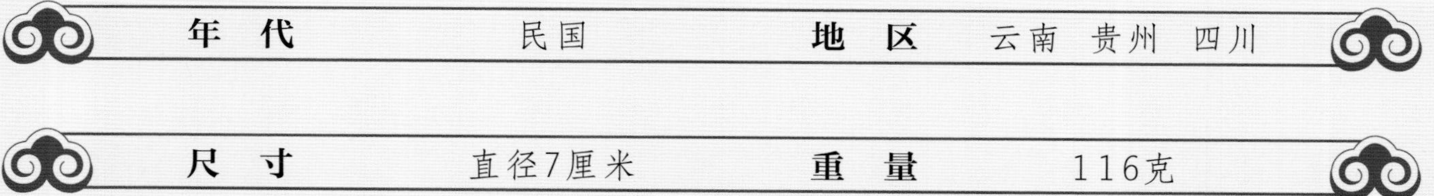

年　代	民国	地　区	云南　贵州　四川
尺　寸	直径7厘米	重　量	116克

这是一只云、贵、川一带的少数民族手镯。

这只手镯厚实圆润、呈扁鼓形，开合处为团寿字装饰，属于上了岁数的老人所戴之物。其珍珠纹打底，两边是回形纹，具有富贵饱满的节奏感，镯身有骏马，呈奔驰状。马在中国古代一直是生命旺盛的表示，是传统文化吉祥物中最奔放活跃的角色。赞誉之词足量，如天马行空、独来独往、神采俊逸、龙马精神等。神龙、骏马，任何时代都是人们喜爱和敬重之物。马忠于主人，喜欢急行狂奔，意为“马到成功”“骅骝开道”。马有灵性，是战士的伴侣，又有军威尚武的象征，所以历代的君王将相、士卒平民都很爱马。马在中国古代一直是国之宝、家之财，征战、交通、运输、耕作、交易等都离不开它们。然而，不知为什么，在银手镯包括其他随身饰品中，马的图案并不多见。

笔者认为，这只手镯的主人之所以喜欢骏马纹饰，一定有他的道理，他与马应该有着难割难舍的关系或是本人属性的纪念。

银一品夫人花卉纹手镯（一对）

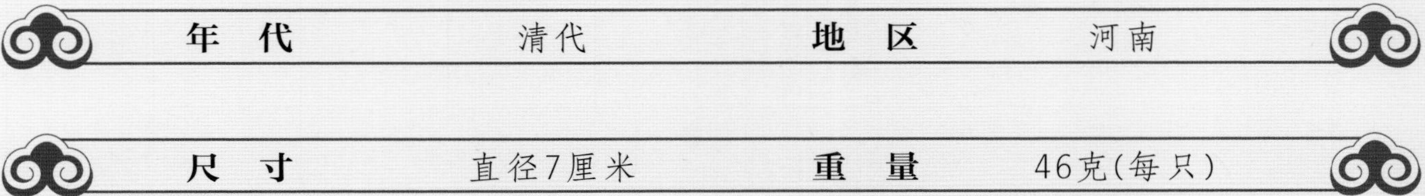

年代	清代	地区	河南
尺寸	直径7厘米	重量	46克(每只)

这对手镯是清代中期的饰品。手镯以錾花工艺成型，造型饱满，装饰华贵。镯身主纹为荷花纹和牡丹纹，纹样粗泛而不松散，细微而不拘谨，通体透出大气意趣。手镯开口处的“一品夫人”四个大字，为手镯确定了主题。

汉代以后王公大臣之妻称为“夫人”，唐、宋、明、清各朝还对高官的母亲或妻子加封，称为“诰命夫人”，其从高官的品级。一品诰命夫人是说她的丈夫是一品高官，她是皇上封的一品诰命夫人。完备的诰封制度是在明清时期形成的，当时，一至五品官员授以诰命，六至九品授以敕命，夫人从夫品级，故有“诰命夫人”之说。诰命夫人也有相应的俸禄，但没有行政权力。

明清之际，五品以上的官员，如果功绩超群，则都有机会得到皇上的封赠，也就是所说的“诰命”，而六品以下的官员所得到的则被称为“敕命”。《清会典》中记载，诰命针对官员本身的称为“诰授”；针对曾祖父母、祖父母、父母及妻室，存者称为“诰封”，殁者称为“诰赠”。清代诰命文书用五色丝织品精制，书满汉文，皇上钤以印鉴。

荷花也称“莲花”，莲与“廉”字同音，这对手镯装饰莲花，寓意“一品清廉”，意为朝廷官吏做官要清白、廉洁。这对手镯从装饰到工艺，都可见是件非常成熟的作品，在传世银饰中也是很少见的。

龙纹镯

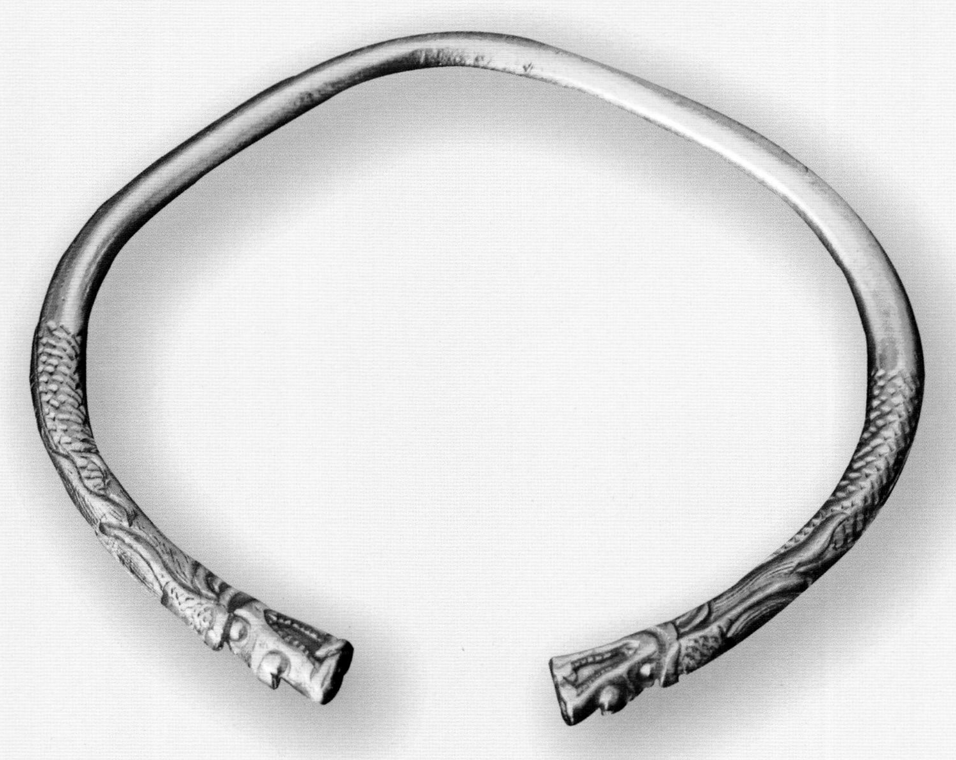

金龙纹手镯

年　代	明代	地　区	北京
尺　寸	直径7.5厘米	重　量	102克

明代的金手镯除了出土的之外，手手递交代代相传下来的传世藏品不多。金银首饰到了明代，也就到了它的发展高峰，无论工艺还是纹样，宋元时期金银饰品的精巧工艺明代依然沿用，主要是将镶嵌与垒丝技艺发展到了极致。龙纹图案象征着高贵与权势，原本是权贵之家专用，后来才渐渐平民化。龙的图形从上古发展至今，历经无数演变，先秦以前的龙质朴粗犷，无肢爪；秦汉时的龙多呈兽形，无鳞甲；明代以后的龙逐步完善，且在清代更加丰富多彩。

龙是中国最大的神物、吉祥物，古人认为，它长着牛头、鹿角、虾眼、鹰爪、蛇身和狮子的尾巴，通身还长满了鳞甲，是由多种动物复合而成的。在人们的认识中，龙不但能在陆地上行走，也能在水中游弋，在云中飞翔，有无穷的神力。几千年来，封建帝王把它当作权力和尊严的象征，普通百姓也认为它是美德和力量的化身，是吉祥之物。在中国，到处可以看到龙的形象，宫殿、寺庙的屋脊上，皇家的用具上，处处刻着龙、画着龙；老百姓在喜庆的日子里也要张贴龙的图案，还要舞龙灯、划龙舟，给孩子起名字也愿意用上“龙”字。龙作为“四灵”中最大的吉祥物，逐渐成了中华民族的象征。

上图这只手镯的龙纹就是典型的明代龙的纹样，由锻锤工艺制作而成，精细华贵、富丽堂皇。但和皇家的龙纹首饰相比，还是有着本质上的区别。

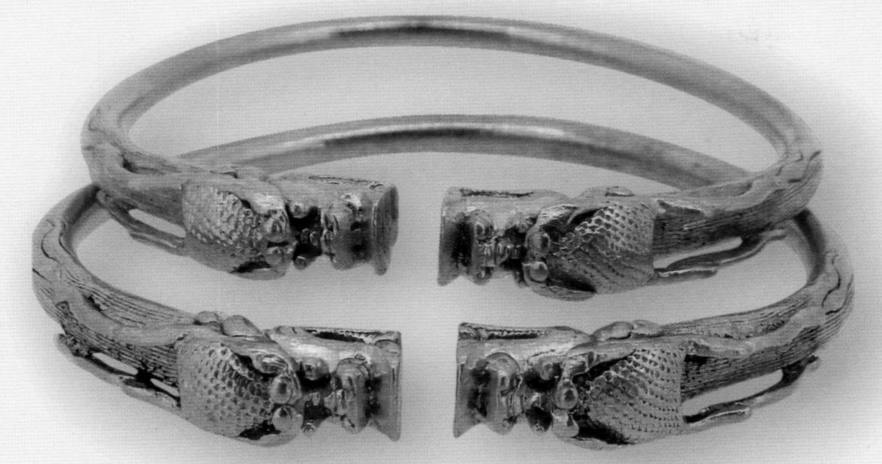

金龙纹实心手镯（一对）

年代	清代早期	地区	北京
尺寸	直径6.5厘米	重量	69克(每只)

这是一对龙纹实心金手镯。

金银首饰，经过唐、宋、元、明的历练，到了清代更加成熟发达，金手镯中最多见的纹饰之一是龙凤和龙。清代的龙纹已完全程式化，并赋予了吉祥意义。龙的装饰形式多种多样，有行龙、坐龙、升龙、团龙、蟠龙，有对龙、子孙龙、草龙、拐子龙，还有九龙。

宋元以后，很多高贵华美的金首饰不再是皇宫、王府和官府的垄断饰品，开始进入豪富巨贾之家，许多金银饰品在专营店已能买到。清代的金银首饰丰富多彩，技艺精湛，其制作工艺如铸、锤打、炸珠、镂空、焊接、掐丝、点翠等都已很成熟，继承了传统工艺技法而又有所发展，为今天的金工创新奠定了雄厚基础。

清代的龙纹有仿古风格，也有本时代风格，主要特点是：体态健壮，身躯粗短，龙头额部宽阔饱满，龙角距离宽，龙头比明代的短，长鬣不规则，好像从头的四周长出，长鬣多而蓬松散乱、到处乱飞。眼睛也是凸雕圆眼，做法与明代一样，但对眼珠周围的打磨较明代细致，眉毛出现锯齿眉，腮部也用锯齿纹来表示，鳞片更加写实形象，尾部装饰繁多，有枫叶形、火焰形和锯齿形，腿毛除山羊胡子状，又出现锯齿状。爪子为3～5爪，但显软，不像前几代有力。头部描绘细致繁缛，头盖骨隆起呈瘤状。方形脸，眼鼻口须刻画细腻，爪指伸开，不再作圆球形或球状。

这对金手镯就很有时代特征，整体线条流畅，两龙头相对，开合处龙首昂起，眼凸有神，龙口大开。虽然为素身，但龙首造型威猛，给人以强烈动感。此镯戴在腕上，有保佑平安蕴涵吉祥之意。

银鎏金龙纹手镯（一对）

年代	辽金	地区	甘肃 青海
尺寸	直径6.8厘米	重量	53克(每只)

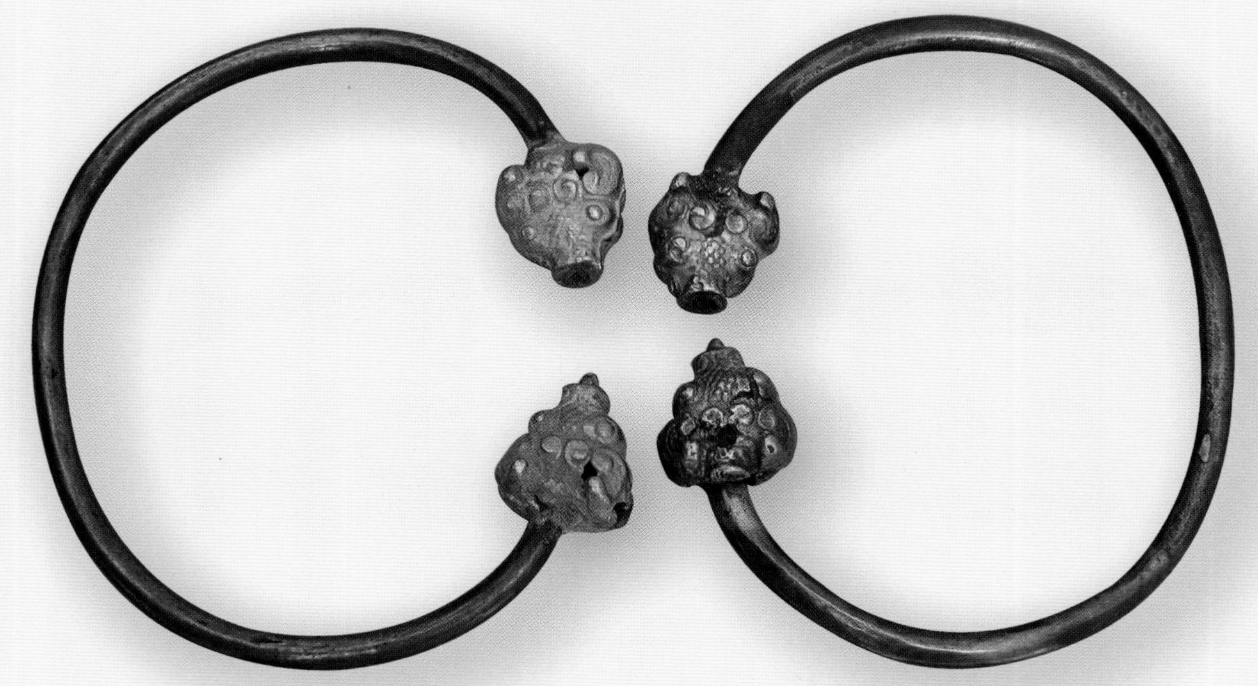

这对辽金时代的银龙纹手镯，器形简单，装饰唐突，光细的银条两端各顶着一只相对硕大的鎏金龙头。然而，它们是珍贵的，因为它们见证了历史。

两宋时期，辽、西夏、金等国的金银器也有较多发现，其做工和形制不同程度地受到唐宋金银器的影响，同时，又具有浓郁的地方民族特色，从而使这一时期的金银器展现出异彩纷呈的景象。其中，尤以辽代金银器最为丰富，最值得称道。

当年，辽以今内蒙古东南部的赤峰地区为政治、经济、文化中心。迄今所见，在中国内蒙古、辽宁西部、河北北部、吉林以及北京地区，都发现了大批辽代金银器，除了手镯、耳坠、戒指之外，还有生活用具、马具，也有装饰用品和佛教法器，如碗、盘、瓶、壶、盆、钵、盏托、筷子、带扣、鞍羁、舍利塔、菩提树、面具、冠饰等。其中，以葬具最富民族特色，也是金银器使用的重要领域。南北朝特别是唐朝以来，金银一直大量用于佛事活动，这种情况对契丹统治者产生了巨大影响。辽国金银法器如菩提树、舍利塔及净瓶等供养器，多集中于辽兴宗和道宗朝，皆属于密教。

契丹人的手镯、耳坠中金制品也很多，手镯多铸造成型，中间宽扁，两端开口，多塑成小兽头形。本对银镯就有此特点。

归根结底，两宋辽金时期的手镯大致可分为三种类型。

第一，金银为主要材料，用模铸法制作而成。环壁厚实，环体断开，镯身中部稍宽，由中部至两端渐渐收窄，镯面有起线或錾刻各式图案。有的还将两端加工成龙首或兽头形。

第二，银片冲压后弯制而成。镯壁较薄，镯面中部较宽，两端略窄，上饰槽纹或花纹。这种手镯在内蒙古赤峰和很多地方多有出土，也多为扁状。

第三，在两宋辽代手镯基础上改进而成。以金银条弯制成环状，环身断开，两端做龙首形。北京海淀区八里庄明代李伟夫妇墓出土的金手镯就做成上图这种形状。两端雕錾成龙首之形，龙首相对，手镯身素而无纹。江苏苏州元末张士诚之母曹氏墓出土的金手镯虽为元代之物，也是这种样式，只不过环身被做成联珠状，但均属两宋辽金风格。

银龙纹手镯

年代	清代	地区	江西
尺寸	直径6.7厘米	重量	56克

常见的二龙戏珠手镯，大部分都是清代风格。自明代开始到清代，二龙戏珠的纹饰较多，从建筑的龙纹样和石雕龙纹装饰中，我们都能够看到它们的不同之处。虽然每个朝代的龙纹都有变化，但都是集中了许多动物的特点，如鹿角、牛头、蟒身、鱼鳞、鹰爪，口角有须，颔下有珠，能聚能细，能幽能明，能兴风作雨，能降火除魔。几千年来，龙无一刻离开过中国人的生活，朝野士庶都尊它为动物之长、万灵之首。总之，龙被人们看作一种神秘的宝物，是天下太平的征兆。因此，无论宫廷贵族，还是平民百姓的首饰绝对离不开这个最大的吉祥物“龙”。

然而，当我们仔细观察这只手镯的图案时，很容易就能够发现，其实，这是一组非常复杂的构图，整体扫视像二龙戏珠，可龙的特点并不突出。而且，同时出现的还有凤凰、鲤鱼，甚至还有弯虾的整体或局部。这是怎么回事呢?

有资料认为：明清时期的龙纹多运用辅助图形加以表现，辅助图形的应用，使龙纹图案更具有装饰的意味和功能。这种设计，可以广泛应用到各种场合和艺术领域。由于最初的龙纹图案是以威慑功能为主，因此，辅助图形出现较少。在材质和工艺上，早期使用的材料和绘画受到经验的限制，在表现外形上大多呈几何形的抽象造型。明清时期，工艺和材料方面取得进步，使得艺术表现获得了更多的经验和技巧。此外，作为视觉符号，从传播信息功能的角度来看，明清龙纹造型复杂烦冗，并且建立了与之相应的复杂的象征意义体系。由于烦冗的造型结构和象征含义难于被简化和记忆，因此阻碍了龙纹造型的传播和应用，到了清代末期，许多龙纹因此而消失或衰落。

笔者认为，在这只小小的手镯之上显现的图纹，完全具备了清代中晚期龙纹表现的特点，造型复杂、繁多、凌乱，但其意味深长、浓厚，表现了极强的吉祥寓意。同时，繁缛的纹图也具有一种缤纷旺盛的饱满之美。故而，这只手镯在工艺表现、设计理念、收藏上都有较大的价值。

银二龙戏珠响铃手镯

年代	清末民初	地区	安徽
尺寸	直径8厘米	重量	73克

这只手镯的特色在于器形、工艺和装饰。镯子是空心的，中间装有沙粒，戴在手腕上一摇动就会发出响声，所以也叫“响镯”，这种手镯在民国初年较为时尚。响镯周围有十个流苏，下坠吉祥饰物：鱼、大象、石榴、南瓜、猪等。

鱼象征着年年有余；大象象征着太平有象、新新象荣（欣欣向荣）；石榴象征着多子多孙；南瓜的瓜蔓绵长，“蔓”和“万”谐音，寓意子孙繁衍、家族昌盛，就像连绵的瓜瓞生生不息；猪是十二生肖之末，是古代人们尊崇的图腾，在中国民间猪是丰收与财富的象征，“猪”谐音“诸”，又有“诸事如意”的寓意。

此手镯虽然做工不是很精细，但工艺复杂、寓意丰富，是银镯家族中的一个典型品种。这种装饰，尤其是分坠的吉祥物，非常具有地域和时代特征、时尚且有新意，反映出历史前进的点点痕迹。这只银镯，作为银饰文化的一个品种，也是不可多得的。

银龙纹空心手镯（一对）

年代	民国	地区	甘肃 青海
尺寸	直径9～10厘米	重量	90克(每只)

青海、甘肃一带的一些少数民族的银手镯，特点是粗大，多为空心，实心虽有但不多。因为镯子本身体形粗大，若是实心，重量起码有400～500克，过重的镯子戴在手腕上很不方便，是个累赘，錾刻深浅也须调整。

银龙纹空心手镯（一对）

年代	民国晚期	地区	西藏
尺寸	直径8厘米	重量	68克(每只)

这对手镯是龙纹空心手镯，镯体格外宽厚饱满，具有很强的藏族饰品特征。龙头两口相对，卷曲的龙鬣相互叠压成纹。藏族饰品艺术的龙形受汉族纹样的影响，基本结构、装饰纹样与汉族龙形有许多共同特征，象征寓意也是相通的。特点是差异中包含共性，共性中又有差异。西藏的银首饰厚重、饱满、粗犷、耐磨、耐用，这与藏族以放牧生活为主有直接关系。蒙古族的银饰同样如此，相互之间的影响达到了不谋而合潜移默化的境界。

珐琅彩镯

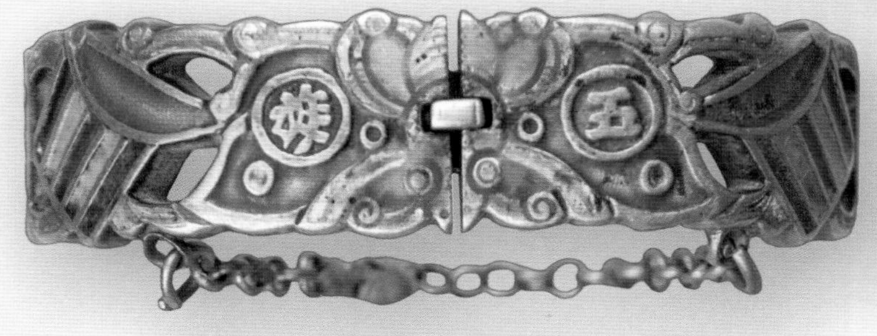

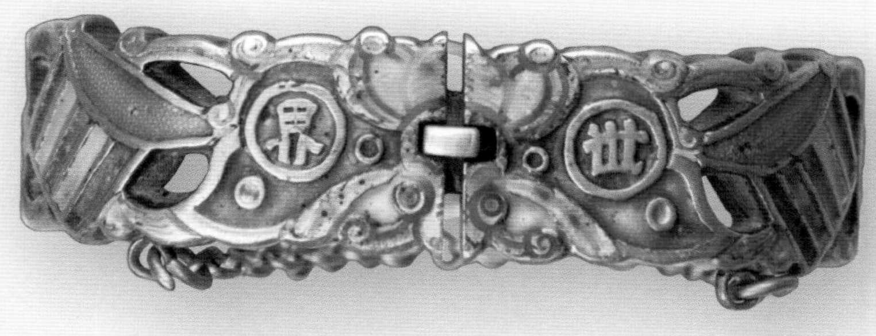

银珐琅彩镂空文字纹手镯（一对）

年代	民国初期	地区	山西
尺寸	直径6厘米	重量	90克（每只）

银珐琅彩花卉纹手镯（一对）

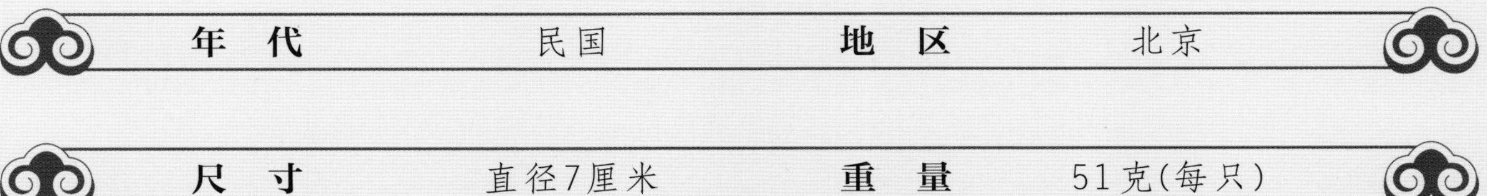

年代	民国	地区	北京
尺寸	直径7厘米	重量	51克(每只)

银珐琅彩手镯在晚清民国时期十分流行，深受广大女性的喜爱。如今依然光彩不减，深受藏家青睐。珐琅是在金、银、铜胎上以金丝或铜丝掐出图案，填涂上各种颜色的珐琅后经焙烧、研磨、镀金等多道工序而成的一种工艺。制作步骤大致可以分为制胎、掐丝、烧焊、点蓝、烧蓝、磨光、镀金七个步骤。珐琅工艺色彩斑斓、华美亮丽，曾在明代景泰年间得到史无前例的发展。在颜色上有红、浅绿、深绿、白、葡萄紫、翠蓝等。

这对珐琅彩手镯为花卉纹，由很多小花作为装饰纹样，排列有序，既艳美典雅又风貌时尚，蓝紫相间的色彩华丽而低调，具有很强的审美韵味和装饰效果，是传统手镯中难得的品种。

银珐琅彩花卉纹指南针手镯

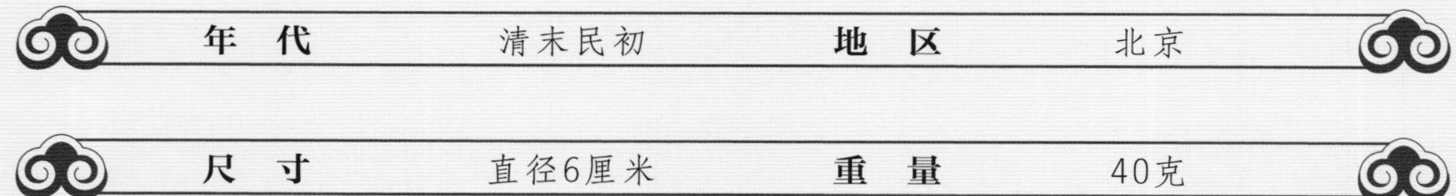

年代	清末民初	地区	北京
尺寸	直径6厘米	重量	40克

这是一只保存完好的珐琅彩手镯，带按扣，可以开合。镯面以各种吉祥花卉紧凑、密集地集合为纹饰。更有趣的是，手镯的正面有一指南针作为手镯的点题装饰，既有传统装饰性，又有时代展现性。在中国的传统银饰中一直展现着这样的题材，与时俱进，装饰题材随着时代的变革而变化。这也是传统物质文化的一个重要特征，用来满足佩戴它、把玩它的主人。所以，笔者坚定地认为，装饰行为总是伴随着思想观念的变革而提升，并以对观念的理解作为基础。

从得到这只手镯的途径得知，这只镯子百年前曾漂洋过海出口到英国，百年后又回流到中国。通过手镯的完好品相，我们可以得知，外国人对中国的文物有多喜欢。如今，中国强大了、富足了，物如故人落叶归根，别有情愫，有很多在国外待了多少年、多少代的传统艺术品都回归了祖国。真是滴点见大，今非昔比。我们珍惜它们，往往别有一番情怀。

银珐琅彩人物纹手镯

年代	清末民初	地区	江西南昌
尺寸	直径7厘米	重量	46克

这只人物纹银手镯表现的是《西厢记》中的故事。由于年代久远，保存不善，有的地方已磨损脱落，但清洗之后，仍不失当年的光彩。仔细观察上面的彩釉，其工艺表现得相当精湛，基本达到了既对比有别又协调工整的艺术境界。人物的举止、开脸、衣纹都非常自然，虽然做工不是超群绝伦，但故事的表现倒也淋漓尽致，充满了生活气息。由于带有这类饰图的手镯都比较贵，所以，佩戴这样手镯的人必定是喜欢传统戏剧《西厢记》的戏迷。

手镯的种类很多，一般来说，每个人都是根据自己的财力和对饰图的喜好选择所喜爱的首饰的。中国的银匠以自己的聪明才智和高超的技艺满足了人们的需求，他们在生产实践和社会感悟中创造出了辉煌灿烂的银饰文化。这些遗留下来的银饰，反映了丰富的民族传统首饰文化，张扬着中华民族独特的审美内蕴。总之，笔者认为，银饰收藏爱好者所收藏的其实不仅是银饰，也是中国的千年吉祥文化，是一隅民族文明的发展史。

银珐琅彩手镯（两对）

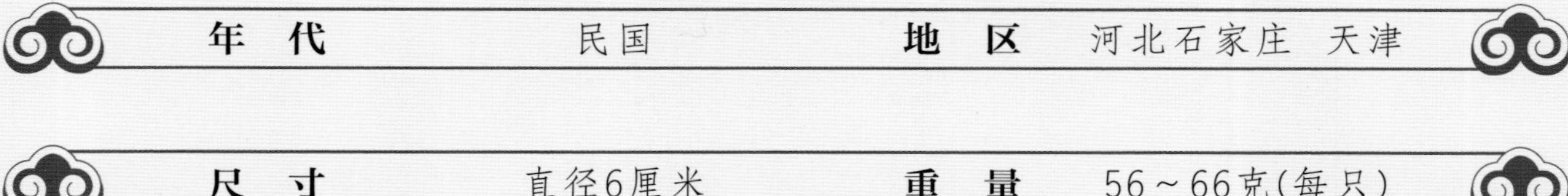

年　代	民国	地　区	河北石家庄　天津
尺　寸	直径6厘米	重　量	56～66克(每只)

这种银珐琅彩手镯在河北、河南较常见。其边带细银链，有按扣，按扣可以把开合处扣紧，细银链是防止镯子的开合处一旦松动使之脱落之用。

这种手镯多为一些未婚的年轻姑娘所戴。图案多是各种各样的花草纹，如牡丹、梅花、竹、菊、兰花等，都是寓意吉祥的花卉。这样的银镯，展现了女性手腕的细巧柔美，迎合了女子生来就爱花的心理。

这种手镯轻巧精致，花纹布置匀称雅致，点蓝色彩艳丽柔和，完全符合未婚少女的审美心理。细银链和按扣又方便手镯的戴摘和防止脱落。

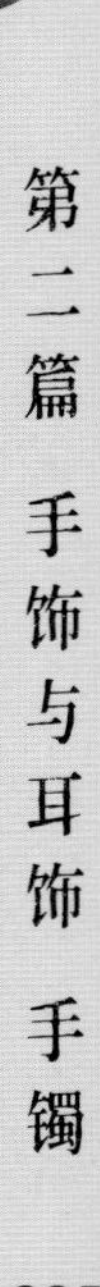

银珐琅彩空心手镯（一对）

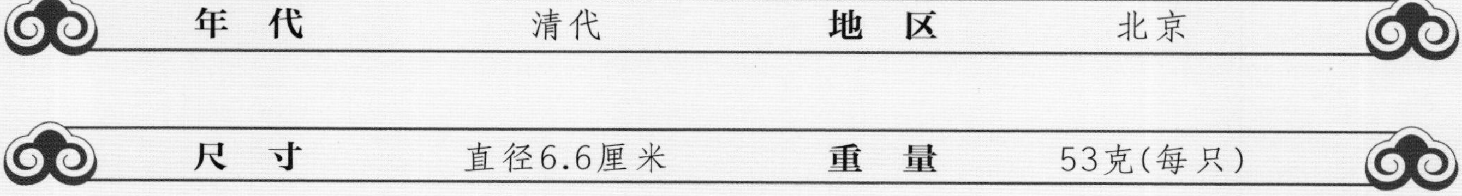

年 代	清代	地 区	北京
尺 寸	直径6.6厘米	重 量	53克(每只)

这是一对接口处为“四艺雅聚”、镯身正中是“喜鹊登梅”的珐琅彩手镯。

这类纹饰的银手镯在首饰中很多，胎体主要有银錾刻、银鎏金、银珐琅彩等。这对属珐琅彩空心手镯，錾刻成型。“四艺雅聚”的四艺为琴、棋、书、画，象征国泰民安，国运昌盛之意。“四艺雅聚”又称“琴棋书画”，意谓四项雅技相聚相集。也有汇集历史人物的做法，将春秋晋人善琴者俞伯牙，三国吴人善弈者赵颜与南北斗二星君，晋善书者王羲之及唐代画家王维共六人汇集一图，分别象征“四艺”，也名“四艺雅集”。

“喜鹊登梅”是中国传统吉祥图案之一，梅花是春天的使者，喜鹊是好运与福气的象征，民间传说每逢七夕，人间所有的喜鹊就会飞上天河，搭起一座鹊桥让牛郎和织女相见。因此，“喜鹊登梅”寓意吉祥、喜庆、好运到来。

银珐琅彩带链手镯

年代	清末民初	地区	山西
尺寸	直径6厘米	重量	40克

银珐琅彩錾花宽手镯（三只）

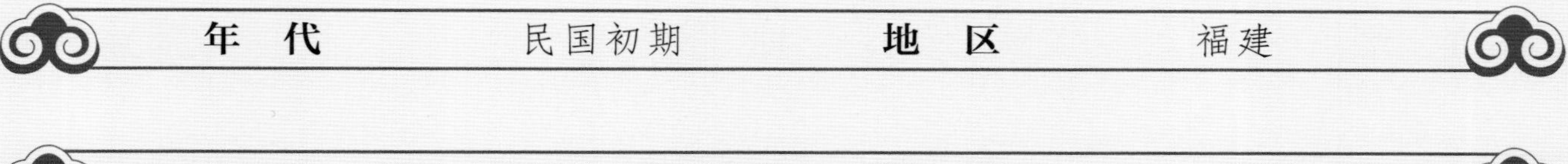

年　代	民国初期	地　区	福建
尺　寸	直径7厘米　宽3厘米	重　量	50～55克(每只)

图中为三只单只手镯，錾花工艺成型，加珐琅彩。其品相尚好，珐琅彩基本完整，没有什么严重损伤，属中国福建地区制品。中国在世界上被称为衣冠王国，中国的服装历代都被国际国内的收藏家看好，世界各大博物馆也均藏有中国服装，价格一般都比较昂贵。手镯作为服装的配饰，提及中国的服饰文化时就不能不了解这些多姿多彩的饰物。头饰部分有簪钗、步摇；耳饰部分有耳坠、耳环；颈饰部分有串珠、项链、长命锁、项圈等。最普遍的就是手饰，主要有戒指、钏、手镯，其中手镯最为重要，数量可能也最多。据有关文献记载，在古代，无论男女均佩戴手镯，女性除了示美，还作为已婚象征，男性则作为身份或地位的象征。主要的寓意还是认为戴手镯可以避邪有好运。通过这些留传下来的饰物，不难看出，配饰的演变过程基本从属于风俗时尚。可以说，各个历史时期的配饰都离不开民风民俗肥沃的土壤。

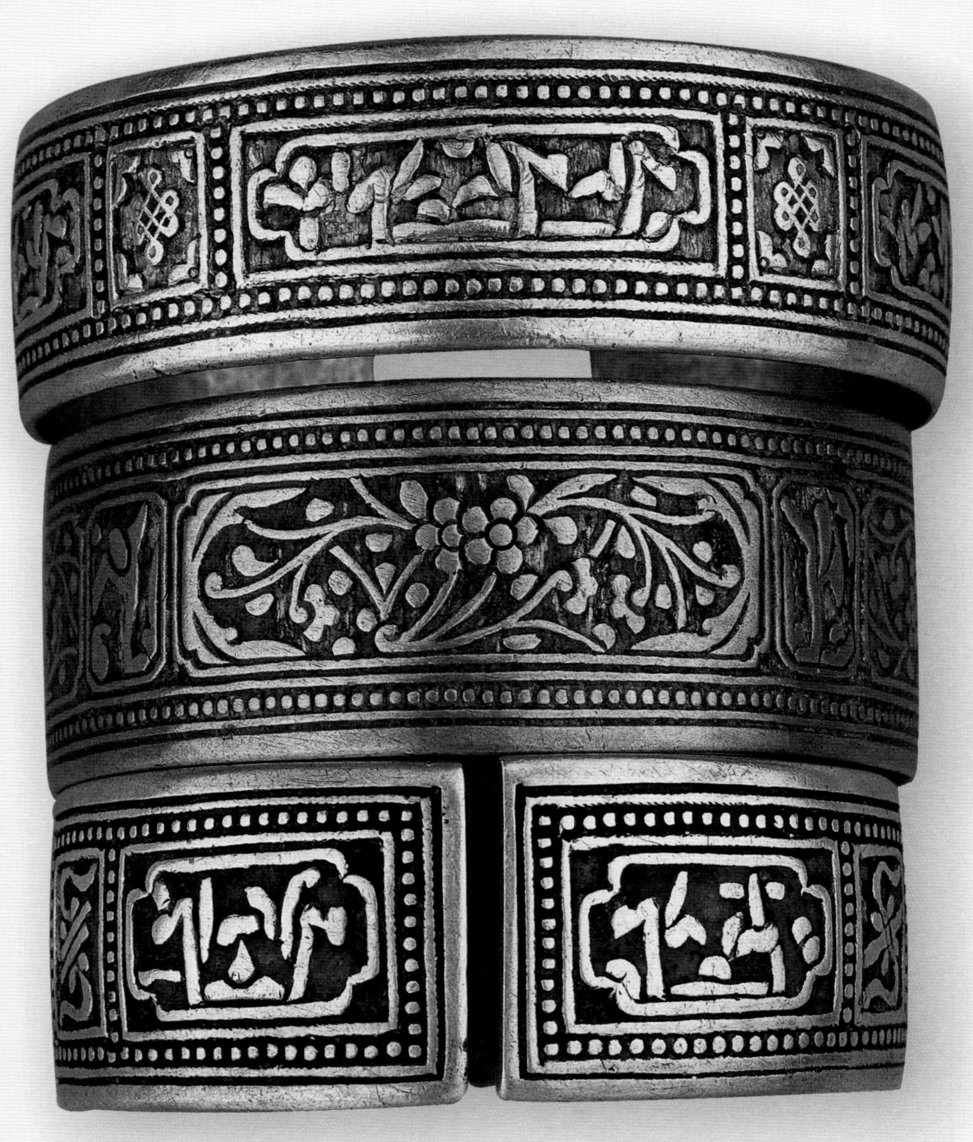

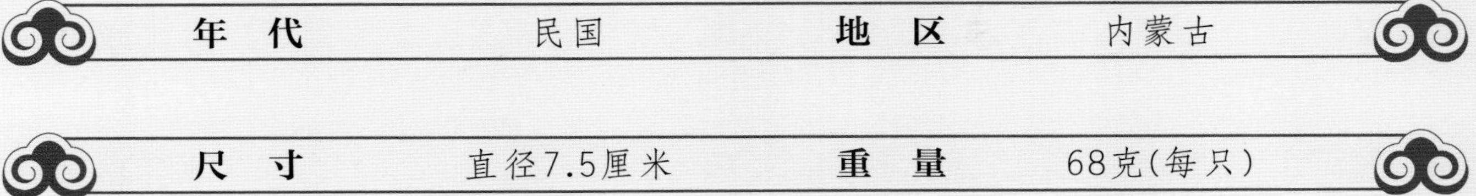

银珐琅彩马蹄形手镯（一对）

年　代	民国	地　区	内蒙古
尺　寸	直径7.5厘米	重　量	68克(每只)

几千年的中国传统首饰文明所造就的民族吉祥文化，细致入微，完整地展现了古代生活用品的每一个细节，就连饰品的外观也不例外。例如，被称为马蹄形手镯的镯子就是如此。在吉祥意义上，这类手镯寓意马不停蹄、快速成长、迅速成才，人要有龙马精神、办事如奔马驰骋，不马马虎虎等。这种形状也符合人手腕的椭圆形，佩戴时不易无序转动。加之，这类手镯都比较粗重，所以腕骨粗宽、身体强健的人，尤为适合佩戴这种马蹄形手镯。

由于充分利用了金属材料的可塑特性，在佩戴者的腕部戴摘开合，所以这种形状的金、银、铜类的镯子在实用中较为普遍。而玉石、藤类的就很少，即使有也需加大口径，佩戴费力。

银质手镯在全国很多地区都有流行，型材上有实心、空心两种。这样的手镯，在造型和纹饰方面，都具有鲜明的材料和品种特色，工艺主要有錾刻、压膜，有鎏金、镀金、珐琅彩，有扭丝、镂空、编丝、圈丝等。在我国，明清时期的金银器市场十分发达，官家和民间作坊遍及全国。需求推进质量，质量拉动市场，致使金银首饰家族更加丰富多彩。

清代金银器工艺水平空前发达，尤其表现在银器的品种、纹样、工艺等方面，明显胜过了任何一个前朝。由于银饰在皇家的典章祭祀，在朝服冠带、宫廷首饰，包括日用器具上都得到了广泛使用，从而极大地推进了银饰工艺的发展。所以，清代的金银器不仅做工精美，而且品种丰富。目前存世的手镯主要以清代为主，然后是民国的，但民国和清代的银手镯相比，已是两种风格，虽有对前朝的继承，但终归有限。

银珐琅彩白族手镯（三只）

年 代	民国	地 区	云南大理(白族)
尺 寸	直径8.5厘米 高7.2厘米	重 量	125～150克(每只)

中国的每一个民族都有自己灿烂丰富的首饰文化，每一个民族的生产方式、风俗习惯、宗教礼仪、民族性格、艺术传统等无不体现在他们的衣冠服饰上面。正是因为中国是一个多民族的国家，在同一个时代，可以出现多姿多彩的银装饰品。各个民族都有自己的审美观，风格款式各异的首饰也形成了独具特色的饰品风貌。这三只又宽又高的白族银手镯，造型奇特有趣，极具观赏性。白族自称“白尼”“白伙”“白子”，汉族人称其为“白人”，这与白族崇尚白色有关，主要体现在服饰上。白族男女皆以白衣为尊贵，无论男女都穿白色衣服。这几只手镯体现了白族饰品的风格，以白银打造，烧点珐琅彩，上下的工艺为流水纹，风格粗放，极有特色，令人过目难忘，戴在手腕上十分漂亮。白族人所佩戴的其他银饰也像手镯一样，均令人过目难忘。

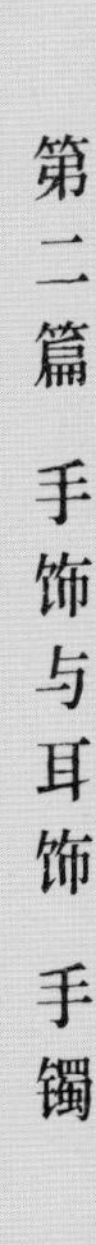

镶珊瑚镯

银鎏金镶珊瑚护腕手镯（一对）

年代	民国	地区	新疆
尺寸	内径6厘米 高7.5厘米	重量	75克(每只)

珊瑚、珍珠和琥珀并列为三大有机宝石。古罗马人认为珊瑚具有防灾止祸、启迪智慧、止血和驱热的功能。珊瑚在佛典中被列为七宝之一，印度和中国藏传佛教视红色珊瑚为如来佛的化身，他们把珊瑚作为祭佛的吉祥物，多用来做佛珠，或用于装饰神像。珊瑚自古即被视为幸福与永恒的象征，备受尊崇和喜爱。中国古代的王公大臣，上朝时所穿戴的帽顶及朝珠也多使用珊瑚制作。伊斯兰教《古兰经》（旧译《可兰经》《古尔阿尼》《古兰真经》等）中也有关于珊瑚为避邪之物的记载。珊瑚的品种很多，颜色和大小是经济评价与选购的依据。有颜色的价值高于白色的，颜色要求美丽、鲜艳、纯正，块度越大越珍贵。

银镶珊瑚首饰（一套）

年　代　民国　**地　区**　内蒙古

尺　寸　耳坠长6.6厘米　手镯直径6厘米　发卡长6厘米　**重　量**　15～30克(每件)

这套蒙古族首饰包括：手镯、耳坠、发卡，均选用红珊瑚为装饰。

蒙古族是中国最为独特的一个马背上成长起来的少数民族，是我国56个民族中最喜爱用红珊瑚和绿松石做首饰的民族。他们把红珊瑚视为红色的火和太阳，把绿松石看作为绿色的草原，加上银的白色，红、绿、白搭配组合，具有色彩分明的视觉效果。

在蒙古族服饰中，以松石、珊瑚、白银的色彩为装饰主调的生活、生产、宗教用品十分普遍，如蒙古族妇女戴的头冠。粗犷的民族性格在饰品中的表现却十分精巧细致、大胆奔放，性格和制品效果的巨大反差，从一个极点到达另一个极点，在历史进程中，产生了完全不同但又相互关联的世象。

这套珊瑚首饰，虽然很民间、很世俗，但是又很大众、很有时代特色。各民族都有自己的文化个性，这几件蒙古族的首饰不仅向我们展示了一组独特的艺术精品，而且展现了一个丰博富足的文化世界。

银镶小珊瑚珠手镯

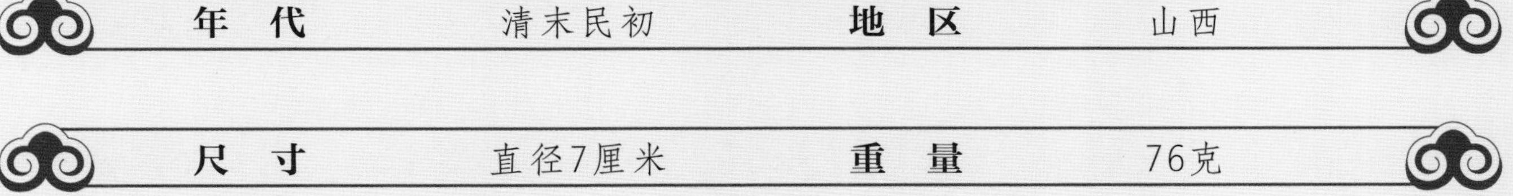

年代	清末民初	地区	山西
尺寸	直径7厘米	重量	76克

这只珊瑚手镯，是用银丝将珊瑚珠串连起来编成的手镯，精巧密集的细小珊瑚中点缀几颗花丝银珠，一对银质二龙戏珠领衔其中，整体布局十分精巧。红色的珊瑚小珠在银匠的巧手之下，有序排列后极具装饰效果，使之成为一件格外耀眼的首饰。龙头为錾花工艺成型，粗犷而威猛。白银与火红的珊瑚协调结合，既可见珠串纹理，又构成红白色对比，视觉节奏鲜明，突显着浓郁上乘的民间艺术特色。

银镶珊瑚珠手镯（一对）

年　代	民国	地　区	内蒙古
尺　寸	直径8.5厘米	重　量	70克(每只)

巧妙地利用精选的材料和饰品形制制作这只手镯，是这件藏品的最大特点。

这对二龙戏珠银手镯的龙身、龙头材料各异，加工工艺也有所不同。手镯的开口处是银质龙头直面相对口触半珠，祥纹为“二龙戏珠”。龙身非银材，也不作錾花，而是用珊瑚小珠连缀成纹，寓意鳞片点点珠粒肌体。整体品赏，既有银的白光，也有珊瑚的透红。更为巧妙之处是宝珠分左右两瓣对合而成，接缝不焊，为开口式，可伸缩，不受手腕粗细限制均可佩戴。

这种手镯多产自内蒙古，在银首饰上镶珊瑚是这个草原民族服饰的一大特色。他们喜欢珊瑚的红火和白银的明亮，细致的银料制作工艺与群珠的串连更是当地银匠的拿手好戏。这样的手镯若与内蒙古独有的繁多规整的珊瑚银头饰搭配穿戴，绝对是相映生辉的最佳组合。或许，这对手镯恰恰就是那些头饰的组合配件。

银镶珊瑚手镯（一对）

年代	民国	地区	内蒙古
尺寸	直径6～7厘米	重量	40～50克(每只)

银珐琅彩镶珊瑚珠手镯（一对）

年代	民国	地区	北京
尺寸	直径6.5厘米	重量	39克(每只)

银镶珊瑚带挂扣手镯

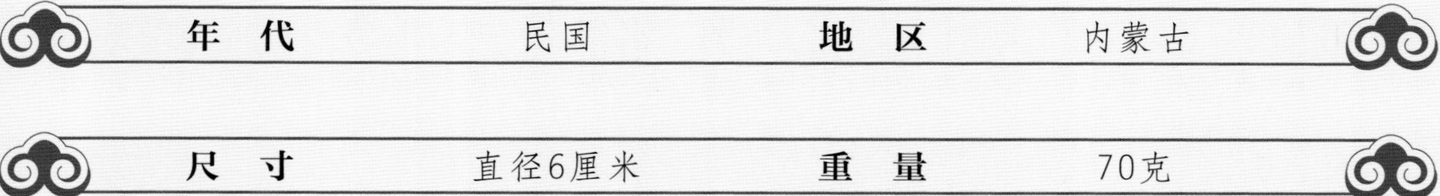

年代	民国	地区	内蒙古
尺寸	直径6厘米	重量	70克

内蒙古的手镯镶嵌红珊瑚，已是其特色和标志。珊瑚的颜色越红越贵重，且越大越珍贵，以辣椒红为最上之品。类似这种风格的手镯，多以这种箱式包镶，边沿用花丝装饰，既美观又稳固，手镯为挂扣插销固定式。

银珐琅彩镶珊瑚宽手镯

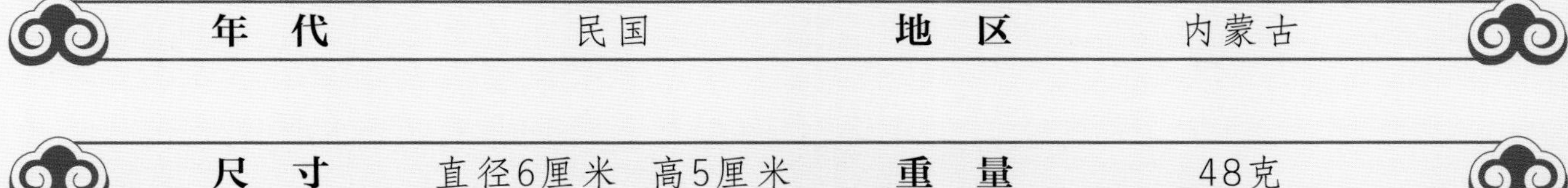

年代	民国	地区	内蒙古
尺寸	直径6厘米 高5厘米	重量	48克

这只手镯是珐琅彩手镯，活口，用挂扣固定手镯的开口。镶嵌珊瑚，在镯身上点炸珠银球作为装饰，也是蒙古族人的一种审美习惯。往往首饰品工艺与其宗教信仰、民族文化和生活形态息息相关。

三式银镶珊瑚手镯（三只）

年代	民国	地区	内蒙古
尺寸	直径6厘米	重量	48克

珊瑚是赤色，在中国民俗文化中为避邪的颜色。蒙古族人喜欢珊瑚，所有的首饰都离不开珊瑚。这里展示的三只镶红珊瑚手镯均为民国时期的制品。珊瑚颗粒饱满，边沿用花丝装饰，既有美观之功效，又含有避邪之意，还显示出内蒙古草原文化的独特风格。

珊瑚为有机宝石，自古以来即被视为祥瑞幸福之物，代表着高贵的权势，被皇宫、王府、官宦、贵族视为珠宝类饰品，藏传佛教的喇嘛高僧还将其制作成念珠，认为其有不可言喻的神圣力量。在蒙古族，珊瑚也享有信仰尊崇的巨大意义与作用。

珊瑚产于温暖海域，造礁珊瑚虫在近岸相当浅的暖海中生长，通常距水面30米生长最旺盛。地中海是著名的珊瑚宝石产地，非洲的红海素以多珊瑚礁著称，西班牙、日本的海域以及中国台湾海域也有质量很好的珊瑚。

年代	民国	地区	内蒙古
尺寸	直径6厘米	重量	52克

年代	民国	地区	内蒙古
尺寸	直径6.5厘米	重量	56克

藤 镯

珐琅彩二龙戏珠银包藤手镯（一对）

年代	清代	地区	北京
尺寸	直径7厘米	重量	40克(每只)

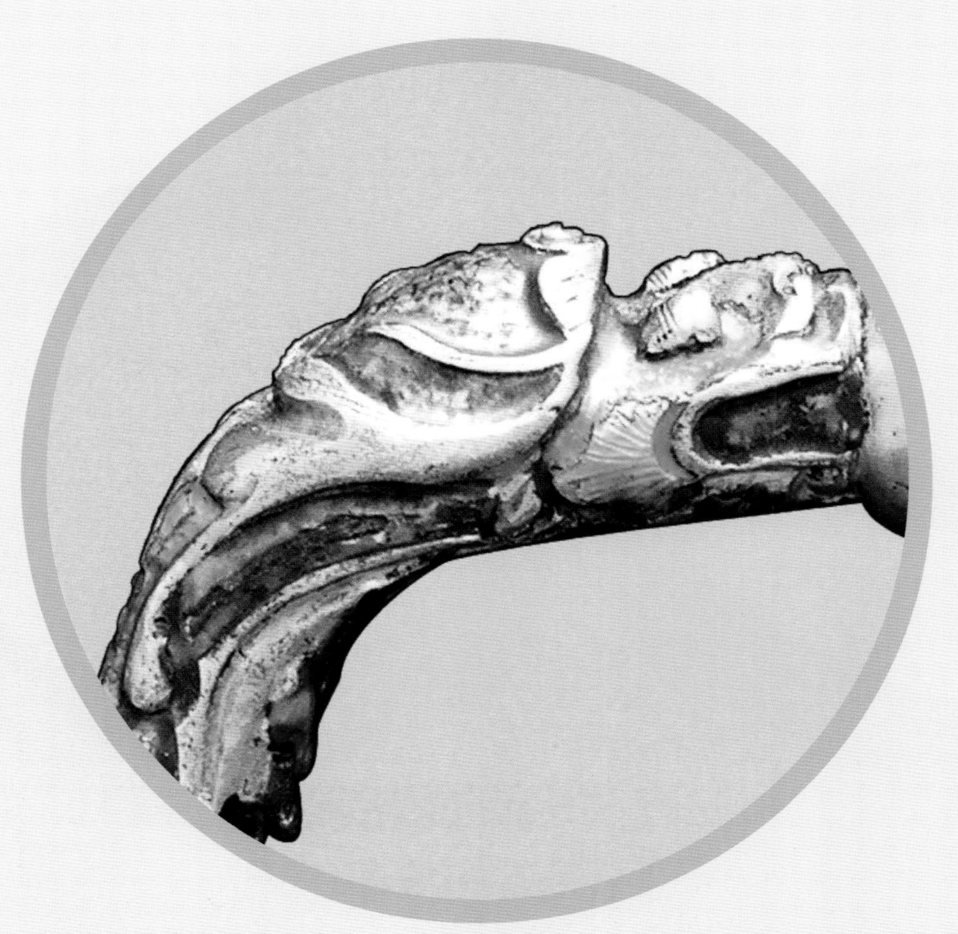

银包藤手镯，主体是风藤。风藤是陆地上生长的藤本植物的统称，有较强的木质感，可看到木纹和节疤。风藤手镯除了单股，还有双股的。风藤的装饰部分主要有银、银鎏金及银珐琅彩。包银部分的制作工艺很多，有素、錾花、刻线、扭丝、点蓝等。纹饰样式有吉祥文字、琴棋书画、暗八仙、花卉纹、二龙戏珠等。

藤镯是手镯家族中颇受青睐的一种，据说佩戴它可以避邪防病。藤镯起源于何时，有何经历，至今未见到准确资料。但是，藤镯能够连续不断地制作、上市、入户，受到人们的喜爱，应该不是偶然的。有撰文认为，有理由相信其早在几百年前的宋代就已经出现了，并在明代开始流行，清代达到了极致。但因为有保存难度，现在很难看到明代以前的藤镯了。

据说，现在的人们发现最早的藤镯是海藤手镯，这种能入土几百年而不腐朽的藤镯是“铁木海柳藤”手镯。这种材质取自我国台湾海峡海底的海柳。其采伐十分不易，暗藏在海底的海柳生长缓慢，有“海峡神木”的誉称。1958年，在福建东山岛官路尾村宋代古墓的陪葬品中发现了一些完好无损的海柳手镯陪葬品。由此可以证实，闽南沿海从宋代开始，就已经用海柳雕制海藤手镯了。事实上，海藤并非植物藤，而是生物珊瑚类，因为其有蔓藤一般的外形而被归为“藤”类，此类手镯严格意义上还不能算作藤镯。

据说，云南鸡血藤和四川的风藤都有祛风除湿的功能。清代王廷鼎《杖扇新录》道：“出蜀中，节细而纹细，以纹备五色、纹绕而明者为上；质微赭、纹成黄白者居多，久之则红而有彩。土人多取为条脱，谓御此藤可除风湿，故名风藤。”而“条脱”就是手镯。现浙江、江苏、安徽等地的人们不论材质地统称“藤镯”为“风藤手镯”。

银包藤二龙戏珠手镯（一对）

年代	清末民初	地区	浙江杭州
尺寸	直径7.5厘米	重量	34克(每只)

这是一对银包藤珐琅彩“二龙戏珠”手镯。其工艺虽然不甚精致，龙的塑造也十分简单，但银与藤结合在一起，又有藤结提神，故从形象造型来看，工艺构思无不恰当和谐。其整体风格简洁，不仅具有良好的装饰效果，同时还具有强烈的民间艺术特色。

海柳金银铜编丝手镯

年代	民国	地区	广东
尺寸	直径7.5厘米	重量	45克

海柳，学名“黑珊瑚”，因其长成树枝状，外形类似于陆地上的柳树而得名。海柳属腔肠动物类，系珊瑚科的一种。海柳质地坚韧，水浸不腐，火焚难损，富有光泽。利用海柳奇特的形态、漂亮的色泽、细腻的材质等特点，经过取材、剪枝、锯、打坯、钻、雕、抛光等工序进行精心加工，可雕塑出各种精美绝伦的烟嘴、烟斗、摆件、茶杯、戒指、佛珠等艺术珍品。海柳自古以来就是手镯的重要选材之一。

海柳是珊瑚的一种，在海里，海柳用吸盘与海底石头紧紧粘在一起，为此，采集起来比较困难，加之其用途广泛，因而被视为海洋的珍宝。海柳通常生在水深30多米以下的海底岩石上，高者可达3～4米。海柳中的赤柳，颜色鲜艳悦目，初出水面时，枝头上的小叶闪闪发光，树枝富有弹性，离水一段时间后，枝干就变得十分坚硬。由于海柳出水时身上呈现出红、白、黄颜色，干后变为黑铁色，所以又被称为“海铁树”。更有趣的是，每当快要下雨时，其表面颜色会变得暗淡无光，并分泌出微量的黏液，故有“小气象台”之称。

海柳有重要的药用价值，用海柳煲鸡头内服可止血，煮汤食可治腰痛。海柳还具有较好的降血压、减慢心率、抗心律失常、抗血管及肠的痉挛和耐缺氧作用。

这只手镯的配饰部分主要是用金、银、铜三丝编织而成的。海柳手镯的制作工艺一般都比较简单，如这只手镯，就是简单地在海柳镯体上打好四个孔，然后拉起编丝图案。利用这种手法编制的图案均为吉祥纹样，主要有几何纹、盘长纹、龟背纹、万寿纹等。

海柳编丝手镯（两对）

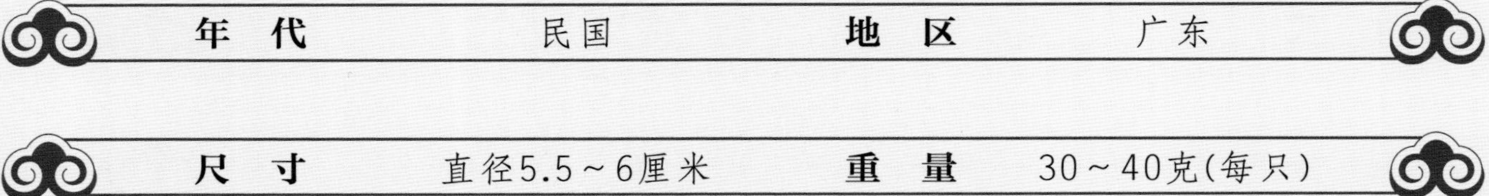

年代	民国	地区	广东
尺寸	直径5.5～6厘米	重量	30～40克(每只)

海柳也叫海藤，学名黑珊瑚，古时曾是帝王将相的高贵玩物。1985年，福建省东山岛挖掘出一座宋代古墓，从棺椁里找到一些用海柳加工的手镯、戒指及酒杯等物，且均完整无损，足见海柳之坚韧耐腐。在我国南方的一些渔村，常可看见人们嘴上叼着海柳烟斗，手上戴着海柳手镯。这种烟斗，据说用起来凉喉爽口，海柳手镯套在腕部也是一样，具有清凉爽身的感觉。

海柳编丝手镯（三只）

年 代	民国	地 区	广东
尺 寸	直径5～7厘米	重 量	30～45克(每只)

九式银包藤手镯（九只）

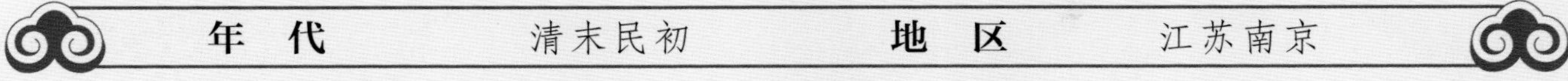

年代	清末民初	地区	江苏南京
尺寸	直径7～8厘米	重量	25～32克(每只)

一般来说，人们总是把那些有款、有号、有铭文的宫廷高档手镯，在资料文献中记录得清清楚楚，而民间的则不重视。这种银包藤手镯在许多文献资料中都没有记载。在走访中听老人们说，民国初年各地很流行戴这种首饰，并说戴这种手镯可以治病，对身体健康有好处。

这些首饰，一半是白银，另一半是野生植物的黑藤条，色彩一白一黑，对比十分强烈，质地粗细纹理变化也非常微妙，是当时在民间很受欢迎的一种款式。人与自然的结合，是一种回归大自然的享受，聪明的民间手艺人把它们结合起来，构成一件完美的手镯。作为一件佩饰物，是很多人的欢喜之物、心爱之物。传承至今，被银饰收藏者收藏，不仅是银和藤的价值，也不仅是镯子的贵重，还是人们对美好生活的憧憬；不仅是一种装饰艺术，也是传统文化的具体体现。

各式银包藤手镯（十只）

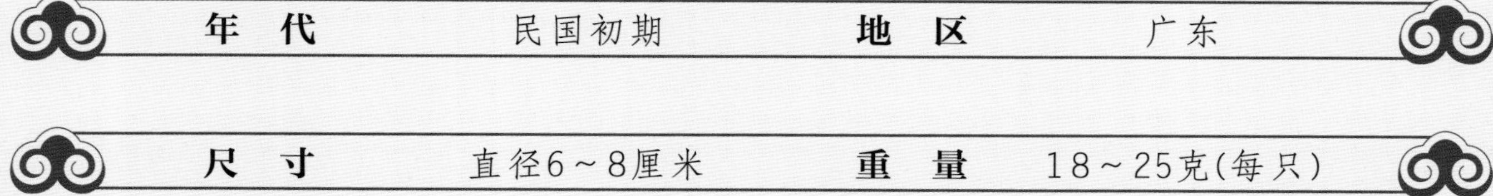

年代	民国初期	地区	广东
尺寸	直径6～8厘米	重量	18～25克(每只)

中国传统首饰，无论是首饰工艺，还是首饰形式，抑或是首饰观念，都非常成熟而丰富。人们在日常生活中佩戴首饰，自古就是一种重要的观念展现和兴趣取向。由此所构成的习惯性生活方式和生存结构，早已形成了一种时代风韵，且将延续永久。图中的银包藤手镯就是很好的证明。

民国初年，江南地区非常流行银包藤手镯，这大概是南方多藤和人们喜爱藤编的缘故吧。此样式的手镯是将藤条围成圈，接口处用银料包镶对接。白亮的银光与紫黝的藤色形成对比，效果十分强烈。而造型、材质上的粗细变化又非常微妙，彰显着材料的和合之美。包藤部分的木质纹路，能工巧匠的錾花手艺，搭配上錾刻的寿字纹、卷草纹、牡丹花卉纹、人物纹等，更是惟妙惟肖。人工雕饰与自然纹理巧妙结合构成的完美首饰，不愧是一种美妙的艺术形式。这种手镯的藤料在江南地区叫“风藤”（即海柳），风藤呈黑褐色，戴在手腕上越久越能显出黑褐色的光泽。据说，此藤能够降压理气，因而备受老年人的喜爱。风藤手镯在全国各地流传比较普遍，其造型的巧妙结合虽然朴素淡雅，却趣致盎然，非常有审美情趣。常见的银包藤手镯有单包藤、双包藤两种，以各种纹样成型，主要有花卉纹和吉祥字纹，工艺有镀金、珐琅彩等。风藤手镯对生活的点缀可谓充实饱满，加上传说中的银包藤益康祛病，所以在民间的一些地方很是流行。

各式银包风藤手镯（二十九只）

年　代	清末民国	地　区	广东　福建　山西等地
尺　寸	直径6～8厘米	重　量	18～28克(每只)

银包风藤手镯很受百姓的喜爱，在民国初年开始盛行。除了藤身有单、双股的变化外，其他变化主要反映在包银部分的纹饰上。工艺方面主要有錾花、刻线、扭丝、点蓝、鎏金；吉祥纹样多用福、禄、寿、喜以及八仙人物等。萝卜、白菜各有所爱，民间文化也是人们过日子的一部分，精打细算历来是中国人的传统。整体银料的手镯肯定贵，而风藤手镯只用三分之一左右的银料，价格自然便宜，样式也别具一格，最适合民间多数人佩戴。

编丝纹镯　麻花纹镯

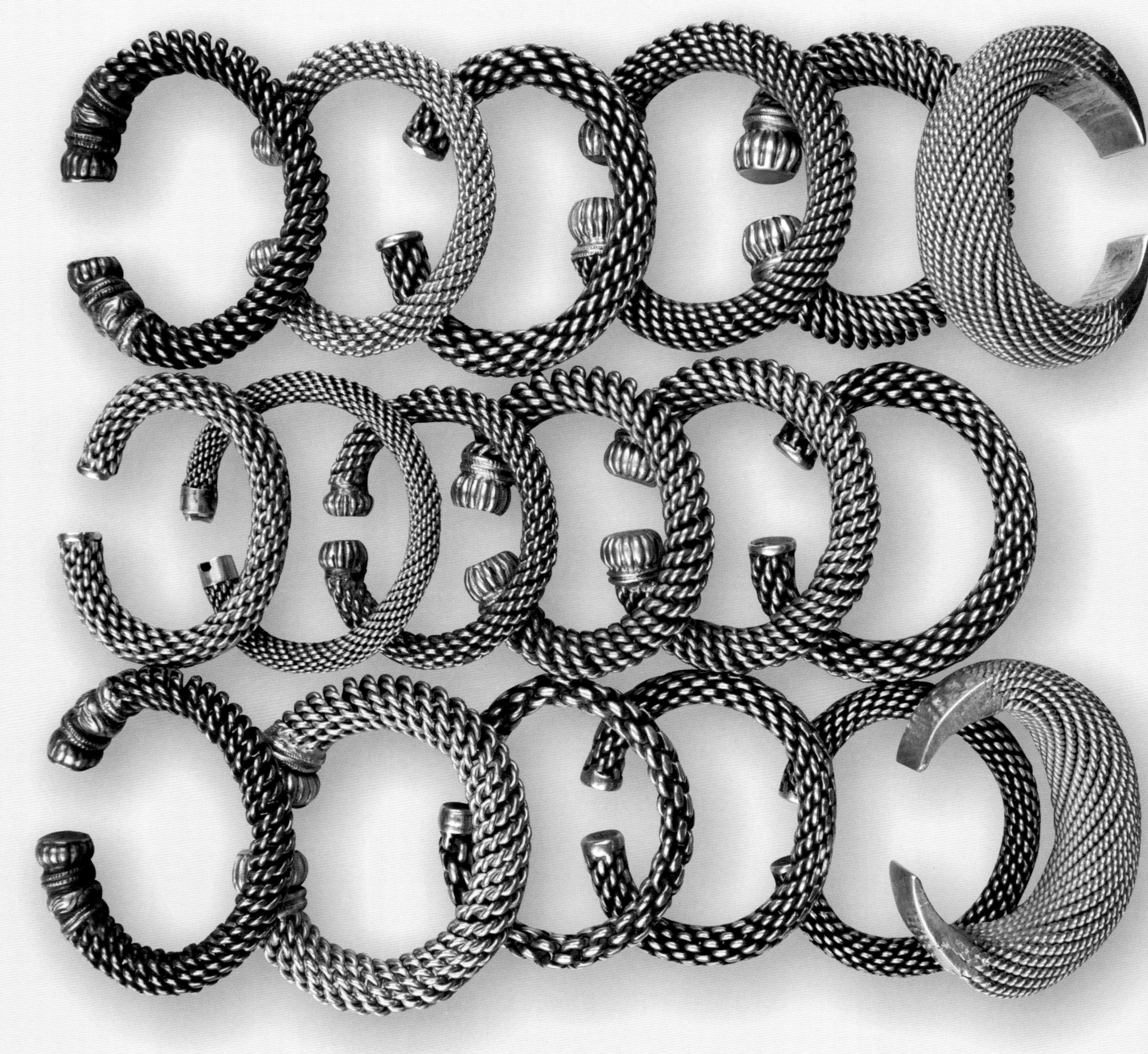

各式银编丝纹手镯（十八只）

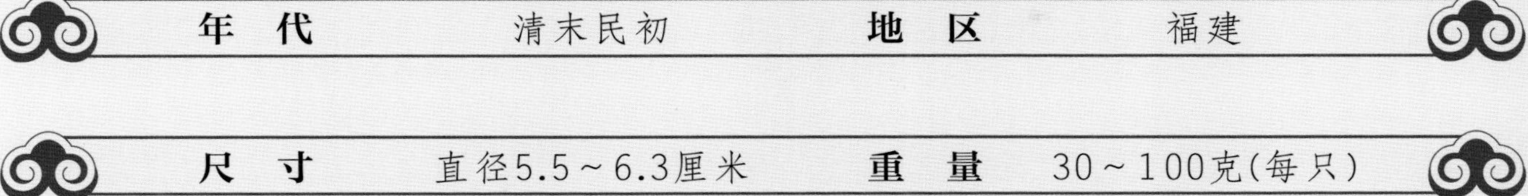

年代	清末民初	地区	福建
尺寸	直径5.5～6.3厘米	重量	30～100克(每只)

编丝工艺在银饰中运用很多，银匠们一方面要展示自己的工艺技巧，另一方面要承揽更多活计养家糊口，所以，他们会非常用心，把银活做得漂亮精致。不怕不识货，就怕货比货。有些活计只要一比，水平就出来了，顾客的银子就会掏给他。在古代银匠作坊中，除了叮当的锤打声，手艺人就是拼命学手艺、干活，他们一般都不多说话，只是用自己的双手敲打出一个缤纷灿烂的白银世界。因此，也使首饰的形制、工艺多姿多彩，为我们留下珍贵的艺术饰品。随着工业现代化进程步伐的加快，以前的制作手法多有淘汰，但是，透过一件件饰品，当时的场景仍历历在目令人难忘。

银编丝是一项古老的银饰技术，具有千百年的发展史，现在已成为国家非物质文化保护遗产。制作时，银匠们要先熔炼银锭、切割银块、把原银锤打成条，再用带有孔径的模具，将银条拉成所需规格的银丝。拉丝环节是十分讲究和费力的精细工艺，技艺的高低程度将直接影响编丝的好坏甚至是成功与否。拉出的银丝分为光丝、花丝、扁丝三种。银丝拉好后，就可以进行银饰的编丝造型，之后再切割、焊口、弯曲成型。

这些银镯的编丝和焊口质量都非常完美，纹路匀称、花纹精湛、结构紧凑，定是技艺高超银匠的得意之作。

银编丝纹二龙戏珠手镯（一对）

年　代	清代中期	地　区	山西
尺　寸	直径7厘米	重　量	60克(每只)

这是一对产自山西的普通银编丝纹手镯。

本书中有相当一部分银镯子来自山西，山西的银质饰品厚重、朴素、实惠，题材多样、贴近民情。

山西是笔者一生中最难以忘却的地方。在那里插队当过农民，在那里脸朝黄土背朝天劳作了六年，那里吸引人的东西太多太多。而更多的是那里的长久而深厚的文化积淀，决定了笔者一生的事业——民间收藏家生涯。在那些辛劳奔波的日子里，单是浓郁的历史遗迹，就曾一次次地诱惑着笔者急切前往。虽然笔者早已回到北京，但每次重返山西时，都会凝神静气地追忆件件往事。晋阳大地蕴藏的丰厚的民俗文化，是笔者深深融入、一次又一次走进后才品味到、拥抱到的，包括刻印在只只银饰上那些原汁原味的古朴民俗。

这对扭丝纹龙头点彩的银镯子，是笔者早年在山西临汾地区采购到的。其镯身无纹饰，只在镯子的开合处有只能够合二为一的用于二龙戏耍的圆珠，这在吉祥图案中被称为“二龙戏珠”。

山西的银手镯大多厚重、粗放，工艺上虽然不像南方那样精细入微，但分寸方面把握得恰到好处。太柔、太细，不是北方的风格，太粗、太糙又失去饰品的魅力。能够将线条处理得粗细、刚柔有节有致，达到不偏不斜、不多不少，从形制到工艺上达到恰如其分的微妙境界，既可长久佩戴，又能传承后代。山西人对生活、生存有着自己的诠释，他们讲究戴的（饰品）是一时，留的（财富）是永远。因为金银被视为家财珍宝，那么，这对120克银子打制的镯子自然会成为家庭财富和传世之宝了。

银鎏金麻花纹手镯（一对）

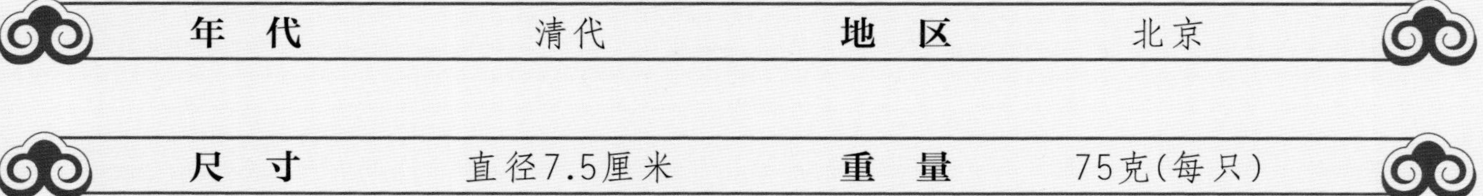

年代	清代	地区	北京
尺寸	直径7.5厘米	重量	75克(每只)

在银器上鎏金的做法，唐代以后十分流行。银鎏金是银器制作中最有特色、最重要的工艺之一。银器鎏金，既是工艺上的进步，也是生活品质提升的需要。根据时代发展和装饰的需求，使银饰金光闪闪，也能酷似真金，具有广泛的需求性。黄金贵重、价格昂贵，把鎏金的银手镯当作金镯子佩戴是一种心理满足。当然，鎏金后的银镯子也增加了抗氧化性，弥补了银饰表面易变黑的缺陷。这对镯子采用鎏金工艺，取得了良好的视观效果，同时还承载着那个时代的饰品文化内涵。但是，由于岁月久远或经常佩戴，镯子表面的鎏金已有磨损，具有明显的沧桑之感。

这对麻花纹手镯的镯头没有点缀装饰，价格上应比有装饰头的同类制品低廉。

银鎏金双股麻花纹手镯（一对）

年代	清代	地区	北京
尺寸	直径7厘米	重量	65克（每只）

在传统银镯中，经常能够见到鎏金手镯。鎏金，为古代十分成熟的金工传统技法，近代称“火镀金”，是将黄金熔于水银之中，形成金泥（即金汞剂）后，涂于银器或其他金属表面，加温，待水银蒸发后，一层金膜就会薄薄地附着于器物表面之上，这种工艺即被称为“鎏金”。其主要作用是增强器物的美感，同时还能抗御空气氧化。

这对双股扭在一起的手镯，鎏金厚，整体风格粗犷而又具装饰性，具有强烈的民间艺术特色。一般来说，麻花纹手镯大多是不鎏金的，存世也较多，而鎏金的则不常见。和前面的麻花纹手镯相比，其麻花花纹拧制稀松、疏散，从而形成了又一种工艺风格。

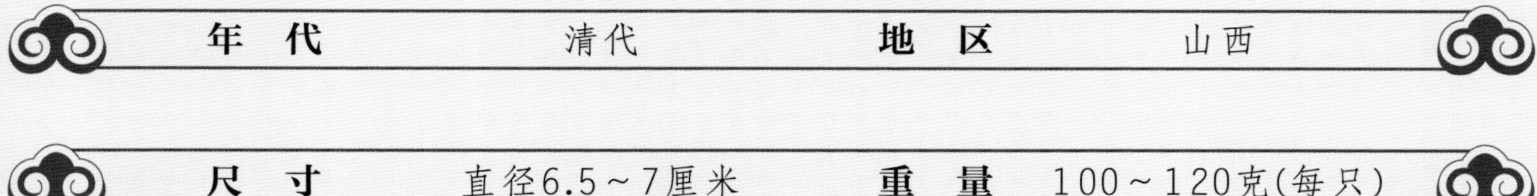

各式银麻花纹实心手镯（七只）

年　代	清代	地　区	山西
尺　寸	直径6.5～7厘米	重　量	100～120克(每只)

这七只银镯均为山西的产品，分量在100～120克，都是麻花纹工艺成型，其中一对是编丝珐琅彩镯子。由于是实心，刻线的力度较大，纹饰显得粗犷，但錾刻走线蜿蜒曲折，功力十足。这种镯子在清末民国初年是比较流行的，稍富裕一点的家庭都有能力购买，一般为四五十岁的人佩戴。

各式银麻花纹手镯（二十四只）

年代	清末民初	地区	山西　河北　陕西　山东　浙江等地
尺寸	直径6.5～7.5厘米	重量	30～120克(每只)

银麻花纹手镯在中国的多个朝代、多个省市都有，是一种制造普遍、应用广泛的手镯，一些少数民族也常用这种形式制作首饰。麻花纹这种形式，存于民间多种手工艺品和自然生物中，人们对其非常熟悉。麻花纹首饰在工艺制作上简单、明快，具有广泛的市场。

同为银麻花纹手镯，但麻花的编制方法、方式多有不同，再加上开合口处的装饰图形，它们的神似形异就更大、更多。也就是说，同为麻花纹，此麻花纹手镯却非彼麻花纹手镯。那么，到底有多少名同形异的麻花纹手镯呢？笔者在书籍和其他材料上都没有查到，且暂未腾出时间对自己的藏品做统计。

这组银镯有粗有细、有轻有重，轻的为空心手镯，重的是实心手镯。当年的采买者可根据个人的喜好、手腕的粗细自由定制或选购。

其他类镯

这对手镯在民间金饰藏品中算是上等佳品。

金饰品历来被视为收藏珍宝，一直是身份、钱财、等级和权力的象征，并且从古至今从未动摇过。

这对金垒丝手镯，是金饰工艺难度较大的工艺制品，其垒丝成型，繁密紧凑、宝石配缀，恰到妙处，格调高雅气度不凡，达到了清代金银饰品工艺炉火纯青的程度。强烈的宫廷风格和王府气势所表现出的身份标志，说明此镯绝不是一般家庭所有。

清代金器的制作工艺由于做到了古为今用、洋为中用，加上清朝上层社会对礼节、装束的追求，从而使服饰、首饰的制作工料、工艺得到空前发展。皇宫、王府、皇亲国戚内眷们的饰品，多为特需特供。其中，最显技艺的各种垒丝佳品，无不达到玲珑剔透、精雅极致的绝佳地步。这对金镯，从镯体到饰图的花卉禽凤，都是垒丝工艺，加上红宝石的点缀，越显富丽堂皇、高贵绝伦的独特气派。

一叶知秋，这对金镯不但反映出清代宫廷金工技艺的成熟和精湛，也显现了清代皇家后庭的奢华无度、满族贵族的极端享乐。

金垒丝镶宝石手镯（一对）

年代	清代	地区	北京
尺寸	直径6.5厘米	重量	90克(每只)

金佛手镯

年　代	唐代	地　区	不详
尺　寸	直径6厘米	重　量	97克

这只金手镯的镯头是如来佛的神像佛头，器形优美，形态端庄。其出自何地，众说不一，有说产自陕西，有说产自甘肃，还有说产自西域。但到目前为止，尚无定论。

据传，如来就是佛教始祖释迦牟尼，民间所信奉的如来佛，早已不是原来所指的释迦牟尼，而是被人们神化并赋予无边法力的第一大吉祥佛。《西游记》中的孙悟空，一个筋斗十万八千里，都跳不出如来佛的手掌心，如此大的法力，当然是佛教徒们最敬奉的尊神。我国各地修建了无数寺庙，并建有气势恢宏的大雄宝殿，专门供奉以如来为首的佛像群。因为如来法力无边，每当人们遇到灾难、病痛、无子以及种种不如意的事情时，或是有某种欲望，如升官、发财等，都要来到如来佛前跪拜烧香，默默祈祷。因此，供奉如来佛的寺庙总是香烟缭绕，祈祷者络绎不绝。如来佛像成为中国民间敬奉的第一大尊神，各种首饰上也有装饰如来佛像的。

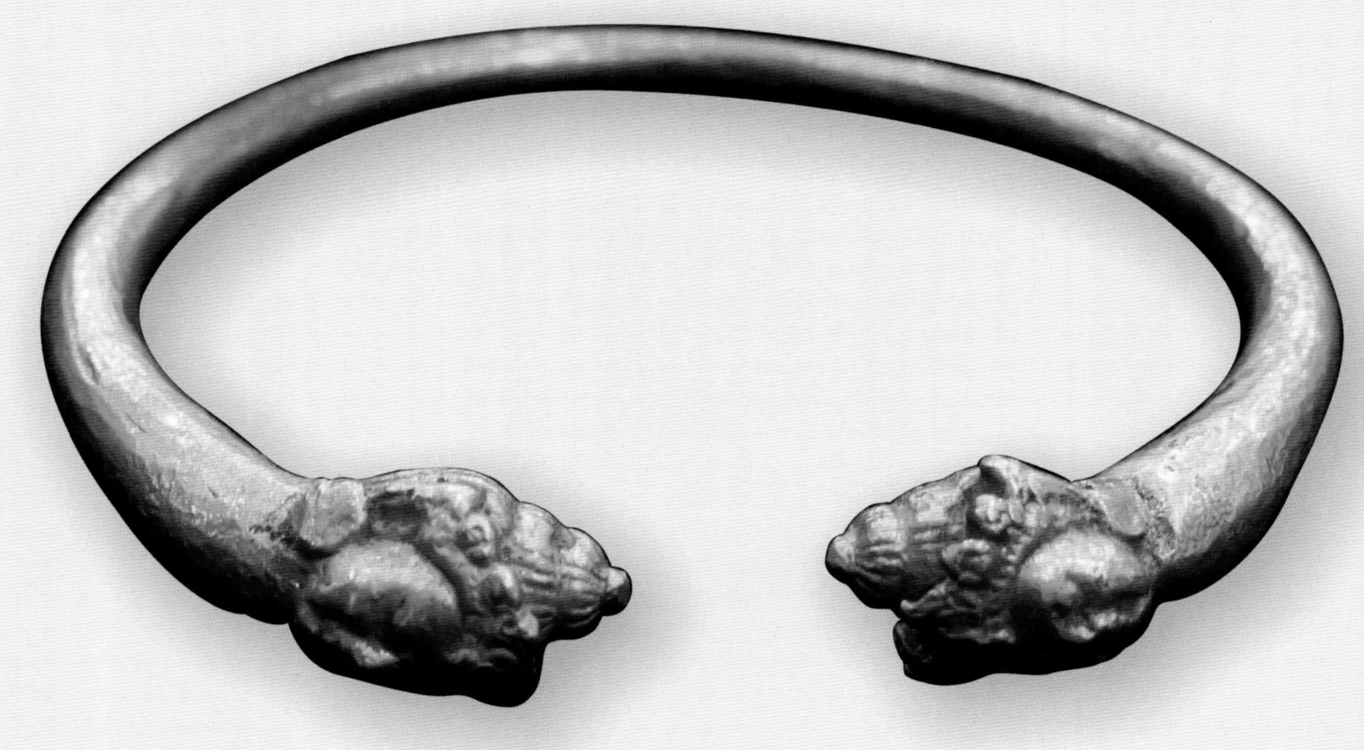

金手镯（两只）

年　代　汉代　**地　区**　甘肃 

尺　寸　大镯直径8厘米　小镯直径6厘米　**重　量**　大镯68克　小镯35克

这是一大一小两只金手镯，为出土藏品，也是本书中展示的年代最早的金镯。

这两只手镯的年代大约在战国末至西汉时期，大的直径8厘米、面宽6厘米，素面无纹饰。汉至南北朝时期，金属材料的较多使用是这个时期手镯制造的一大特点。总的来看，西汉以铜镯为主，东汉至魏晋时期，银镯的使用则已普遍。材料方面，多以较粗的金丝、银丝或铜丝弯制成环状，接头部分互相连接，呈封闭式。能够使用如图金手镯的人，不会是一般人物。这个时期，器身大多无纹饰，形制简便，制作也简洁，也有少数手镯的镯身被锤压成花瓣状或锉锯成齿轮状。甘肃酒泉、湖南资兴、河南安阳、贵州黔西、四川宜宾都有这类手镯出现。

金钱套纹首饰（四件套）

年代	清代中期	地区	北京
尺寸	直径6.5厘米(手镯)	重量	170克(手镯/只)

中华五千年的文化底蕴，创造和发明了很多吉祥纹饰，古钱套纹是由方孔钱环环相套，作四方连续展开的吉祥纹饰。图中这套金首饰，绝不是一般家庭所能拥有的首饰，专家甚至断言，使用者如非皇亲国戚，至少也是官家富贾。

这是一组四件套的金首饰，包括金手镯、金扁方、金戒指，共重260克。纹图均为钱套纹，其用料厚重，纹路清晰准确、绵延循环，图案清晰明了、单纯热烈，极大地显现出优质金材的特点和高贵。各图形均由不同弧度的弧线组成，且钱钱相套，所有线条的交汇之处还有更小的圆钱压套，从而使得这套钱套纹首饰更加

珍贵。这套金饰应属于清代中期的首饰。这一时期金银器的做工整体上虽不如清代早期那般精细，但真正的精品贵器也相差无几。其种类几乎涉及各个方面，可谓应有尽有，又以小件饰物和生活用具为主。权贵家族的首饰多为金器，生活餐具又多为银器，如银碗、银筷子、银盘子、银勺子等。清代金银器的制作技术及数量均达到了历史巅峰，当时出现了很多官营或民营的金银器手工业作坊。也正是这一原因，才给我们留下了如此丰厚、精致、流光溢彩的金银制品，使我们能够同享其无与伦比的雍容与华贵。

古钱币的图形在传统纹饰中多有使用，由于“钱”与“前”谐音，而且钱币呈圆形，中间有孔眼，所以寓意为“眼前”，象征发财致富、好运即刻就在眼前。因为寓意好，做生意的，特别喜欢佩戴带有铜钱图案的项链、手镯、戒指等。有时还会将鱼和钱的图纹结合在一起，意为年年有余、年年发财。而以古钱币直接做饰品的是清五帝时期所铸造的铜钱。五帝指顺治、康熙、雍正、乾隆、嘉庆。使用方法是将五帝古钱币悬挂在室内或佩戴在身上，祈求增加财运。

金博古纹手镯（一对）

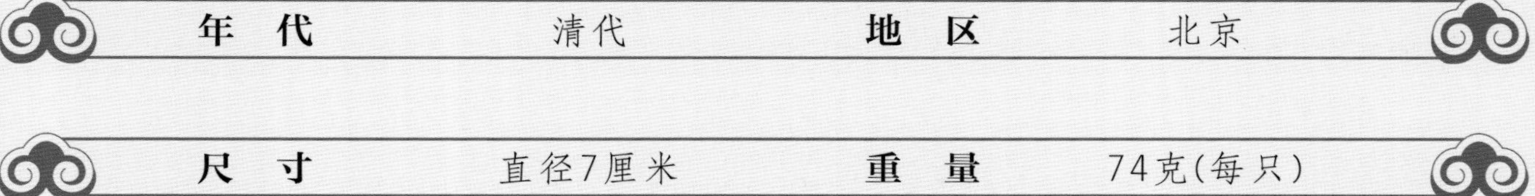

年代	清代	地区	北京
尺寸	直径7厘米	重量	74克(每只)

这是一对空心金镯，装饰图案为博古纹。博古纹有博古通今、崇尚儒雅之意，多用于书香门第或官宦仕家的宅邸装饰。博古纹的运用很广泛，在刺绣、首饰、古建门窗、挂屏、家具、瓷器、幔帐之处都有显现。纹饰组合构图的主要载体是铜炉、瓷瓶、如意、金磬、书籍、字画等。

博古纹是瓷器装饰中一种典型的纹样，“博古”即古代器物，由《宣和博古图录》一书得名，为宋代金石学著作，简称《博古图》，为王黼等奉宋徽宗敕编纂。全书共30卷，著录当时皇室收藏的自商代至唐代的青铜器839件，集中了宋代所藏青铜器的精华。于大观初年开始编纂，成于宣和五年之后。后人因此将以瓷、铜、玉、石等古代器物图画为题材的图案称为“博古”。

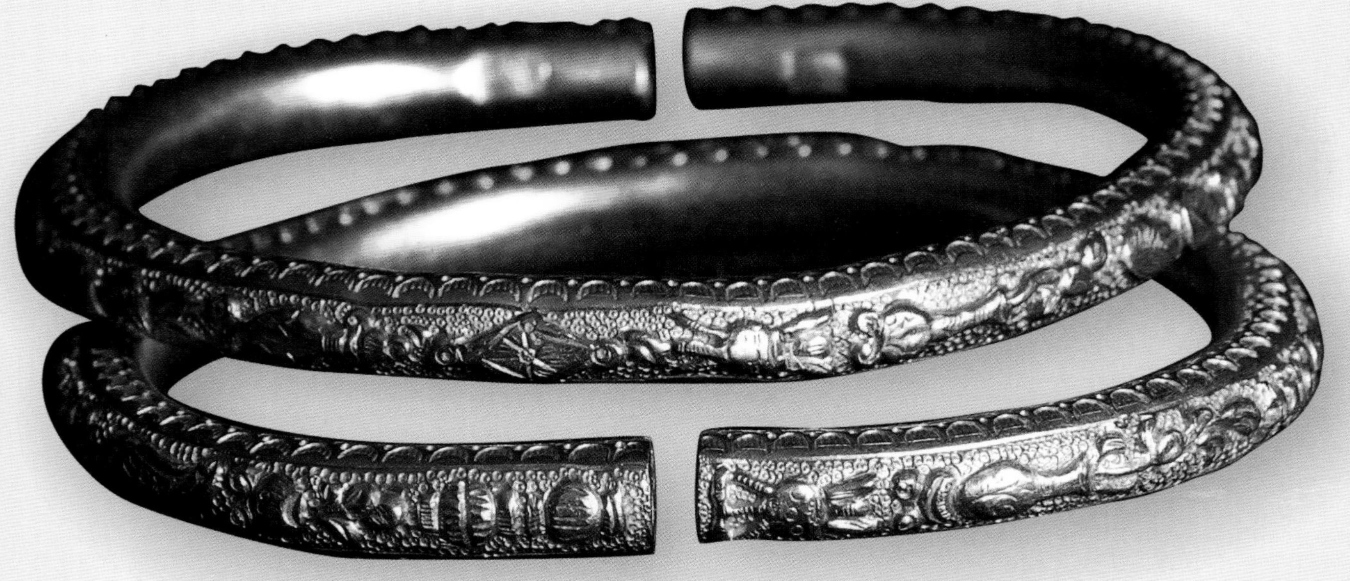

金六角多边形手镯（一对）

年代	明代	地区	北京
尺寸	直径6.5厘米	重量	124克(每只)

金手镯所用的材料——黄金，在相当漫长的一段历史时期，一直是金属家族中最昂贵的稀有材料。明代金手镯的线条简洁明了，就像明代家具一样。这对金手镯以金条锤圆后弯曲成环，形体断开，两端镯头呈六角形装饰，稍做小朵花点缀，重248克，金镯环直径为6.5厘米，器形简洁、粗犷。

金跳脱（一对）

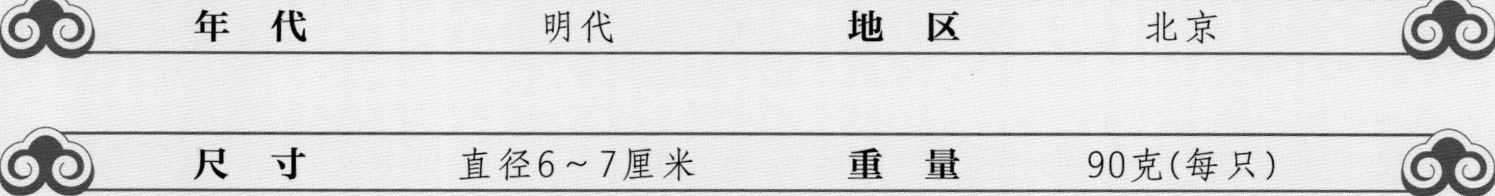

臂钏，是一种套在上臂的环形首饰，属镯类。戴在手腕处的叫手镯，佩戴在手臂上的叫钏，也称臂镯、臂环、跳脱、约臂等，曾是古代妇女最重要的臂饰。臂镯与手镯最大的不同是有一个活开口，可以方便地变换尺寸，以适应不同粗细手臂的需要。

手镯是戴在手腕上的，当部位由手腕上移到臂部时，便成了臂镯。其实，臂钏还特别适合于上臂浑圆修长的女性，能够凸显女性上臂丰满圆润的魅力。当时，多数女性都把手帕系在右腋下的纽扣间，或是把它折叠成为方胜的样子约束在臂钏中。还有一种如图所示叫作“跳脱”的臂环，其形如弹簧状，盘拢成圈，少则三圈，多则十几圈，两端用金银丝编成环套，用于调节松紧。这种“跳脱”式臂环，可戴于手臂部，也可戴于手腕部。西汉以后，佩戴臂环之风盛行。隋唐至宋朝，妇女用镯子装饰手臂已很普遍，称为“臂钏”。初唐画家阎立本的《步辇图》、周昉的《簪花仕女图》，都清晰地描绘了手戴臂钏的女子形象。臂钏的佩戴不仅限于宫廷贵族，平民百姓也十分热衷。据史料记载，崔光远带兵讨伐段子章，将士到处抢掠，见到妇女，砍下手臂取走臂钏。可见当时戴臂钏的女子并非少数。

手镯的身干多呈圆形，而臂钏呈宽扁，且较厚重。手镯的纹饰较简单，而臂钏较繁丽。民国时期，福州的金银楼（店），如华珍、祥慎、宝丰等，都制作过大量的臂钏，深受妇女们的青睐。

金镶翠手镯

年　代	清代末期	地　区	北京
尺　寸	直径6厘米	重　量	56克

这只金镯的做工非常精致，外镶十八片刻有五铢钱的翠片，上下圈图案为浪潮水波纹。潮水之“潮”与朝廷的“朝”字同音，意为高官。同时，还有被称为一品鸟的仙鹤立于礁石之上。潮、鹤之合，寓意为一品当朝。这种水波纹也用于官服，称为“江崖海水”，寓意寿比南山，福如东海。

这只金镯子的内圈有铭文：“杨庆和”“福记”“足赤华”几个字。

毫无疑问，这只手镯为很有地位的富豪人家所有。金和翠都是贵重材料，它们搭配所产生的肌理对比，既清新典雅又不失高贵，这是金银匠的巧思高超之处。该手镯錾刻的水波纹，婉转流畅，功力十足，镶嵌的翠片葱绿夺目，彰显东方的传统纹样雕刻与智慧造型的恰当融合，是我国传统金银手镯中的一个亮点。

鎏金梅花纹手链（一对）

年代	民国初期	地区	福建
尺寸	直径8厘米	重量	42克(每条)

鎏金错乌银手镯、扁方（三只）

年　代　明代　**地　区**　山西

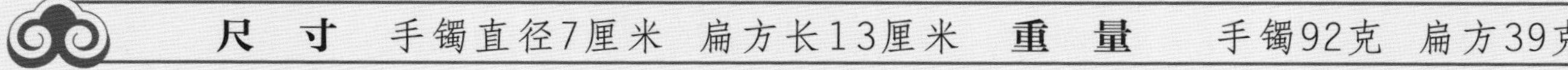

尺　寸　手镯直径7厘米　扁方长13厘米　**重　量**　手镯92克　扁方39克

这三件首饰为明代晚期饰品。明代后期，金银器制作越来越趋于华丽、浓艳，高级别的首饰更加热衷于镶嵌宝石，宫廷用品更是高贵奢华。这一时尚到了清代晚期更为明显，工艺和用材几乎达到了极致，首饰文化可谓达到了一个辉煌时期。不论是首饰工艺还是首饰形制，或是佩饰观念，都非常成熟。

对于明代银饰工艺快速发展的原因，有专家认为，主要是明朝迁都北京后，统治者对奢豪生活的需求，为全国各行各业最优秀的手工艺匠人，搭建了一个交流平台，推动了中国手工艺的发展。所以，在研究中国传统首饰时发现，明清首饰的示美特征和多彩形式，工艺技术及高贵珍宝的应用，都与明朝的首饰理念有着密切的关系。

这三件饰物成组，为一对银手镯和一件扁方，采用鎏金错乌银工艺。主题为琴棋书画，配景是山水人物。这些手镯和扁方虽然不像清代图案那样繁密、瑰丽、精湛，但清秀典雅，明晰素淡，既古朴又鲜明。其线条看似简洁，但工艺复杂，工匠们先用刀錾刻成沟线，把金材填进去，然后打磨平整。镯子上的山水、亭台、楼阁与人物，纹饰工整细腻、线条流畅、构图丰满，代表了明代金银器制作的最佳水平。

首饰的装饰形式、饰图内容和佩戴行为，能够反映出当时的社会道德和信念意识。将这些转化为对应形式，把五彩缤纷的宝石和其他材料装饰到金银器中，进而影响和服务于每一个佩戴者和与佩戴者相关的人，构成一种特殊的文化生活方式，形成时代风范。在目前的民间饰品收藏领域，明代留存下来的首饰并不多见，所以更具有较高的收藏价值。

银鎏金水族手镯（一对）

年　代	清代	地　区	北京
尺　寸	直径7厘米	重　量	64克(每只)

在中国吉祥图文中是没有“水族”一词的，那么，什么叫水族手镯，为什么如此表现呢？只因纹饰中有鱼、虾、螃蟹、海螺等水族动物的手镯，才被称为“水族手镯”。图中这对手镯是北京地区的饰品，其布局紧凑，图案细腻，錾刻鎏金成型。仔细观察手镯中的鱼、虾、蟹，形体、形态塑造得非常生动逼真。水中有植物，植物间有鱼蟹，鱼在水草之间穿梭，鱼身有鳍翅，鳍翅有动作。厘米之地的空间，满满当当地挤满了水中一族，这些物种并不呆板，而是动态十足，或寻食、或嬉闹，十分热闹。尽管如此，这些物种所表现的并非直接意义上的吉祥，而是生命和景象上的色彩。

汉族的一些地区有敬水为神的风俗，到了腊月三十，家家户户都要把水缸、水盆甚至是锅、碗、瓢、罐都灌满水。因为从古至今，汉族人总认为水就是财，是维系生命、庄稼生长、牲畜成活的依靠。所以，水多就是财旺，水足心里就踏实。如果，做梦梦到了清水就是财如流水，滚滚而来。而鱼虾在中国吉祥图案中属吉祥物，代表年年有余。将这些图样和盼求集合在一起，戴在手腕上，是对美好生活的期盼和信心。因此，离开屡见不鲜、习以为常的吉祥纹饰，用水族来表示愿望，同样能打造出五彩缤纷、寓意美好的镯子。这是观念的丰富，也是认识的深化。

银鎏金镶宝石手镯（一对）

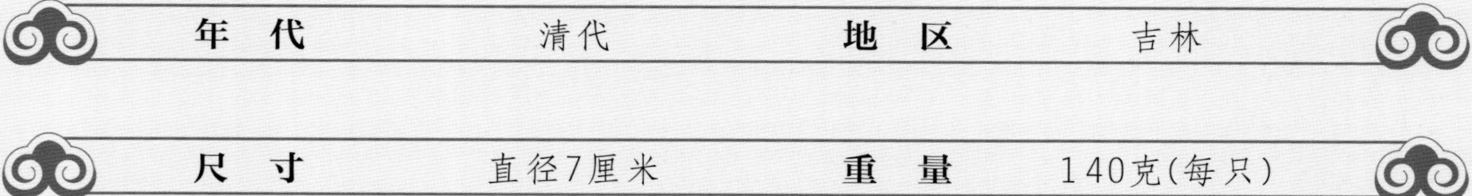

年 代	清代	地 区	吉林
尺 寸	直径7厘米	重 量	140克(每只)

据考证，这对鎏金镶嵌手镯应是道光年间的产物。这对手镯重280克，在满族手镯中也算是重的。其正面镯口镶嵌了南红玛瑙，背面是吉祥图案“刘海戏金蟾”，镯内侧款号为“物华”“周师记”“足纹”。从镯子的表面一看就是几经沧桑之物，老皮壳、老包浆，给人一种历史感。尽管棱角有些磨损，但依旧高存傲气，留着特有气质。一百多年过去了，岁月沉淀，几多故事，满是风情，不知道曾经是哪位佳丽所戴之物，又怎样才能把沉睡了近两百年的这对镯子说得清楚。老银镯总会给人以一种绵长的回味，有时，笔者会从包浆上嗅到曾经的梦，曾经的事。

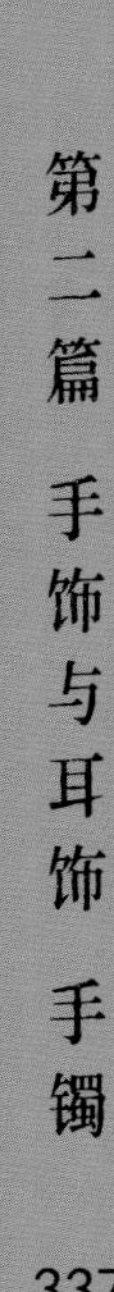

三道纹银镀金手镯（一对）

年　代	民国	地　区	广东
尺　寸	直径6.5厘米	重　量	36克（每只）

这对三道纹银镀金手镯，造型圆润饱满极具视觉个性。其花纹繁杂、饱满、平静，有较为突出的机制痕迹，加上磨损程度，若不是形制独特，笔者或许不会将其收入书中示众。

从这对手镯的开合处看，其与常见的带按扣锁手镯是同一时代产物。但这对镯锁的开合不是插销式，而是靠小螺丝钉一圈一圈扭开，待手腕伸进后，再一圈一圈扭紧、扣牢。这种工艺新鲜、微妙、灵巧，赋予了这对手镯艺术特色，也充分显示出制造者的构思技巧和制作功力。

各式银鎏金、珐琅彩手镯（十七只）

年代	清末民国	地区	河北 福建 山西 北京等地
尺寸	直径6~7.5厘米	重量	30~120克(每只)

银镀金双股手镯（一对）

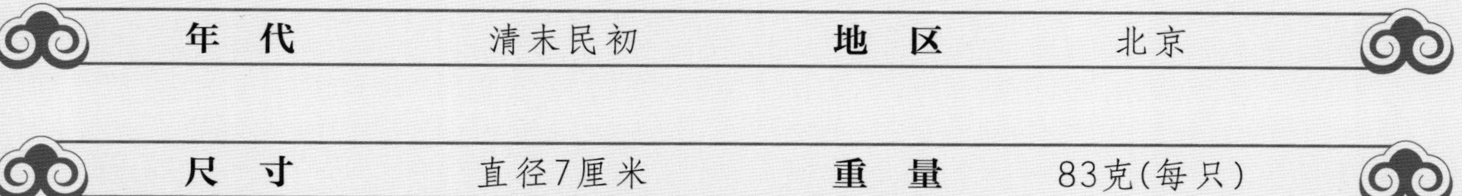

年代	清末民初	地区	北京
尺寸	直径7厘米	重量	83克(每只)

类似这种银镀金手镯，有单股、双股的，最多的有三股到四股的（比单双股的要细点），其纹理各异，有实心的也有空心的。这对手镯保存得还算完好，不然，镀金的手镯磨损后价格就会受到影响，磨损多了就失去镀金的光彩。所以，有很多手镯藏家说，还不如不镀金。因为镀金薄而易损，要是鎏金和包金就好多了。

银镀金吉祥文字空心手镯（一对）

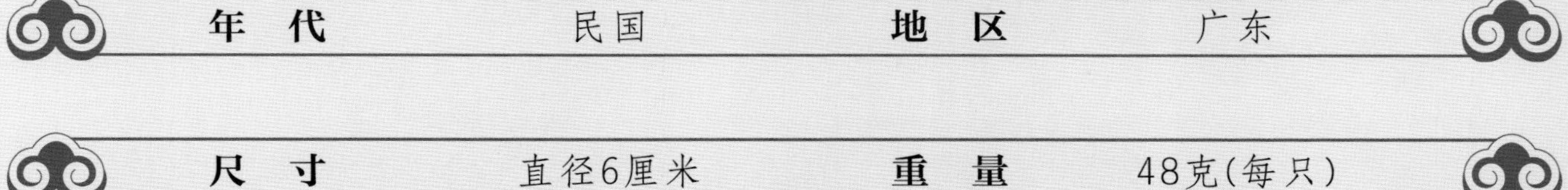

年代	民国	地区	广东
尺寸	直径6厘米	重量	48克(每只)

这对银镀金的手镯圈口不大，空心。镯身写满了吉祥文字，有“长命百岁”“出入平安”“天上斗牛星”“姜太公在此”“五世其昌”“百子千孙”等。镯子的开合处用一螺丝铆钉旋转扭紧或扭松。此镯设计细心合理，其组合形式展现了银匠的巧思和制作工艺的成熟，既可满足实用需求，又能满足审美需求，最主要的是为中华银饰文化的多姿多彩增添了光彩。

银臂镯（一对）

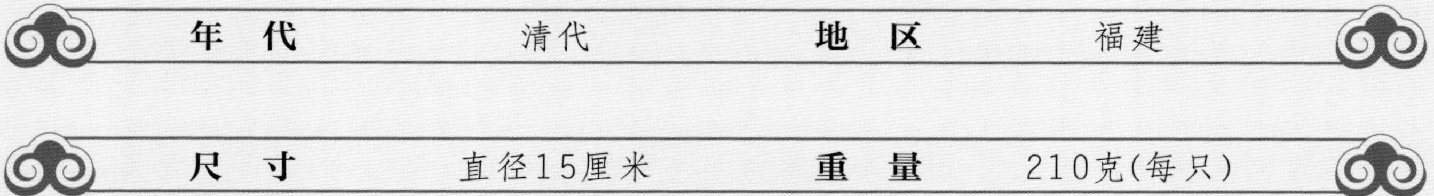

年代	清代	地区	福建
尺寸	直径15厘米	重量	210克(每只)

在日常生活中，金银手镯随处可见，本书中也介绍了不少，但像这种直径超出一般手镯尺寸的特大银镯是很少见的。这是手镯的一种，古人称其为“臂镯”，也有称“臂环”的。但笔者认为，称为“臂环”是比较正确的。古人云：“指着金环，白珠约臂。”还有“约臂金寒拓绮疏，搔头玉重压香酥”，说的均是臂饰，这种臂饰最早以珠子穿成，后来用金属为之。因为都是装饰在手臂部位，故称“约臂”，也称“臂环”“臂镯”，是根据饰物的形状命名的。从一些古代人物的图像，尤其在敦煌莫高窟壁画上的人物画面中，都能见到这种戴臂环、臂镯的人物。臂环与手镯形制相似，唯口径大小有别，戴在上臂的略大，戴在腕部的略小。因两者造型基本一致，易被人们弄混。

宋明时期将臂环称为“臂镯”。除了臂环外，古代妇女的臂饰还有臂钏。说起臂钏，也与手镯有关，古代手镯既可以戴在一只手上，也可两手皆戴；一只手上可以戴一只，也可以戴多只，如五只、六只、九只，甚至更多。受这种装饰风格的影响，一种新型的臂饰应运而生，那就是将几个手镯合并在一起，形成一件新的饰物，这种饰物便是“臂钏”。

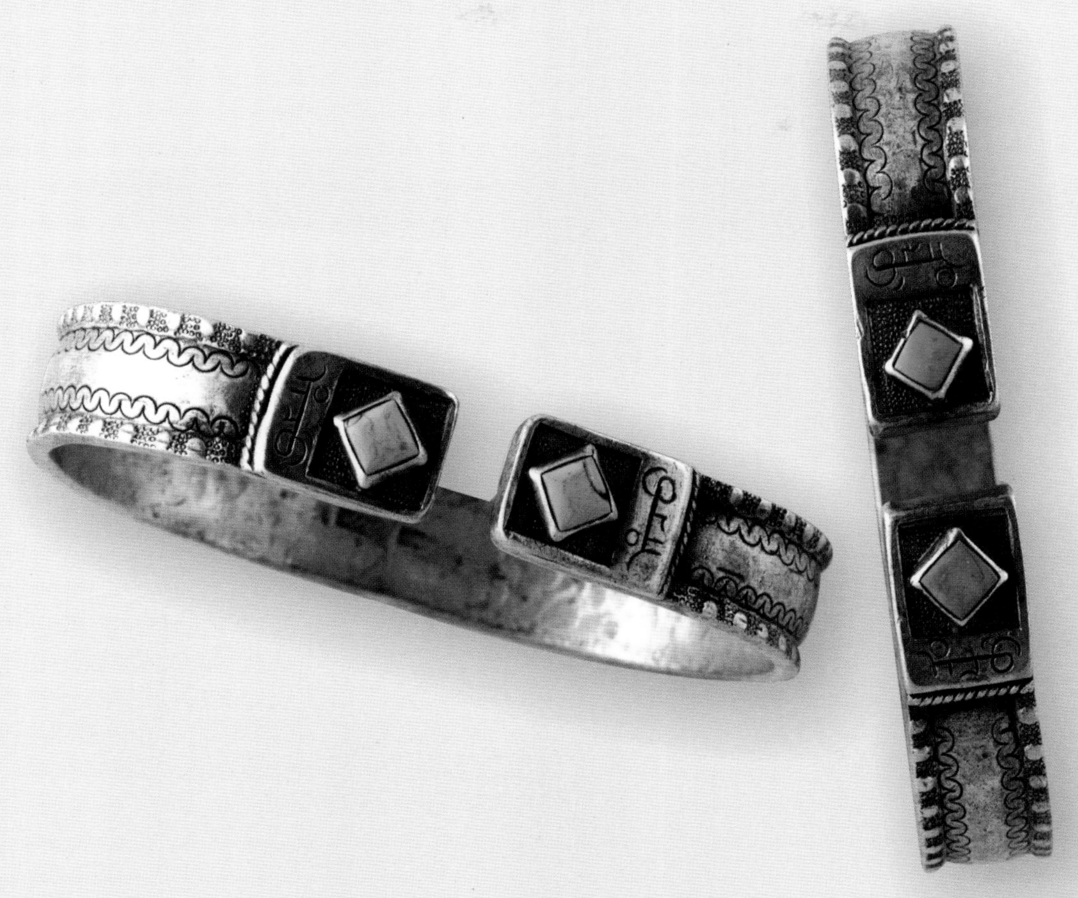

银镶松石男式手镯（一对）

年　代	清代	地　区	吉林
尺　寸	直径8厘米	重　量	100克(每只)

存世的手镯不少，但是多为女性式样。这对手镯则不同，体量、重量都大，为男用镯。

这是一对来自东北吉林永吉县乌拉街镇的手镯，也是一对笔者历尽几番周折才购得的手镯。本书中有好几对手镯都是出自这里。正是这些饰品增加了笔者编撰本书的信心，为本书增添了亮点。

据历史考证，乌拉街镇所在的永吉，自古就是满族人集中居住的地方。20世纪八九十年代，随着收藏热的兴起，乌拉街镇的古董、古玩、簪钗首饰，尤其是满族妇女戴的点翠大拉翅、凤冠、长扁方等开始受到格外关注。这些藏品深刻地显示出满族的装饰风格与首饰文化的特殊性。

银四艺雅聚手镯（一对）

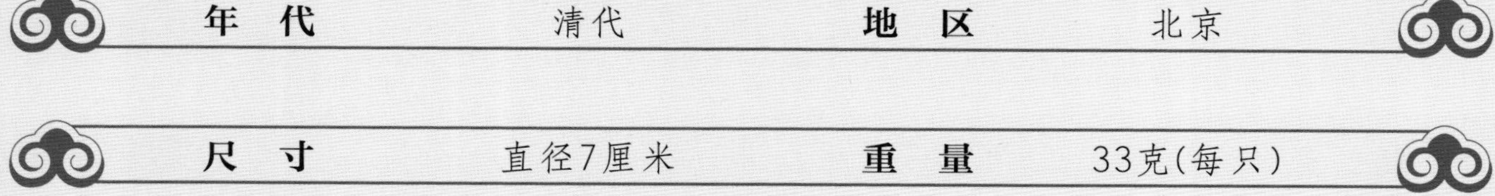

年代	清代	地区	北京
尺寸	直径7厘米	重量	33克(每只)

四艺，指琴、棋、书、画四门艺术，又称“文人四艺”，是中国古代文人雅士必备的技艺与修养，它反映了歌舞升平、天下太平、偃武修文的社会景象。

这对手镯接口处的饰图即为琴棋书画，也称“四艺雅聚”。中国人之所以喜欢银饰，佩戴手镯，不仅因其材质和工艺的珍贵，还因为每件首饰都有一个美好的寓意，而这一命名的寓意，或能鼓舞、支撑他们向这个方向迈进和努力，这是精神上的寄托。中国人对手镯及手镯上纹饰的意境，常常有终生的情结，一对手镯可能陪伴一生，甚至是传世几代。光阴似箭，转眼就是百年、千年，一世世传承，一世世轮回，不知又会流落谁人手中。

闲暇时刻，观赏把玩着它们——这些传世佳品，虽然岁月绵长，但依旧光亮耀眼，镯子上的图案仍然清晰可辨，依然能够让人感受到手镯里那些故事中的趣味与警示。

银钱套纹手镯（一对）

年　代	清代中期	地　区	北京
尺　寸	直径6.5厘米	重　量	75克(每只)

这对钱套纹手镯上除了一些简单的吉祥词语外，多是地名的简称，我们由此可以得知这对银镯设计者的良苦用心。

这对清代中期的钱套纹手镯是十分难得的首饰。此类饰品存世不多，基本都是收藏家或爱好银手镯者藏而不露的珍品，目前交易领域已经再难见到。若干年前市场上还常有闪现，不久就突然不见了，即使偶然撞见，价格也很是惊人。

如今，老银饰如此盛行，如此贵重，如此被收藏界珍视，是其经过岁月的沉淀变成古董之故，使老银镯成了社会时尚。人们对老银饰的兴趣，除了它们存在着价值上的升值空间之外，以笔者看，还有爱好范围的扩展，山珍海味吃腻了，就想吃点小葱拌豆腐，想换个口味，于是野菜上了大雅之席，成为人们争相追逐的美餐佳肴。同理，继那些青铜器、书画、瓷器、家具、玉器之后，这些当年难有稀罕而言的老银饰，很自然地就成了古玩古董被重视起来。相较而言，虽然清末民国时期银饰的历史并不算太长，但能存留到今日者，也都有着不同寻常的身世和可以书写成文的故事。

各式银镂空手镯（九对）

年代	民国	地区	北京 河北 山东 山西等地
尺寸	直径6～7厘米	重量	20～40克(每只)

这种镂空手镯多产于民国时期，开合处有按扣装置。图饰以各种传统吉祥纹样组合形成，这种形式的手镯在民国时期多为未婚女子佩戴，是年轻女子的时尚装饰。

镂空是錾刻工艺的一种，工序一般是先通过錾刻制出花纹，再顺花纹边缘利用錾刻，脱下地子，留下来的就是镂空的花纹图案。錾刻分为阳錾和阴錾两种：阳錾，为一种凸出饰物表面的錾刻花纹装饰，錾去的是花纹外的余料；阴錾，为一种凹进饰物表面的錾刻花纹装饰，錾去的是花纹本身。錾刻工艺的基本技法是，操作者悬臂使用锤子，通过调换各种各样的錾子，錾出所需的各式花纹图案。

各式银车道纹手镯（十五只）

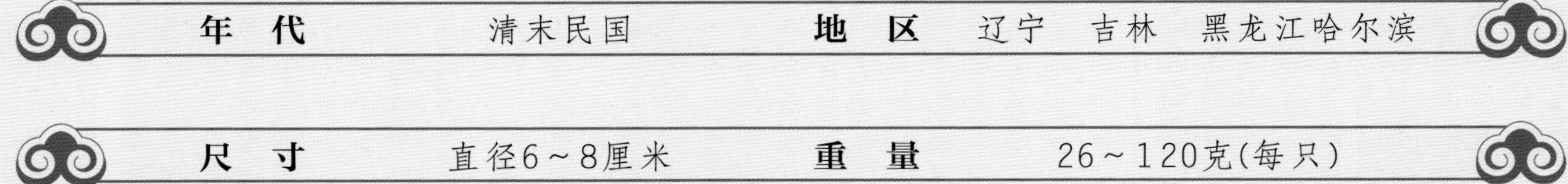

年代	清末民国	地区	辽宁 吉林 黑龙江哈尔滨
尺寸	直径6～8厘米	重量	26～120克(每只)

各式银手镯之一（十六只）

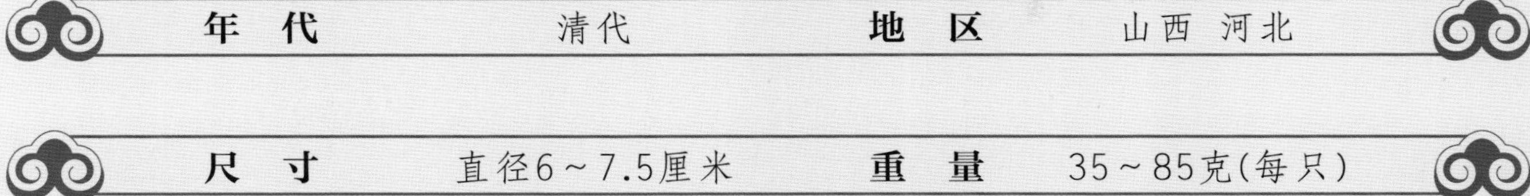

年代	清代	地区	山西 河北
尺寸	直径6~7.5厘米	重量	35~85克(每只)

图中有六对成双的手镯，四只单手镯。它们有薄有厚，有重有轻，纹饰各异，来自几个地区。这些手镯造型别致、纹饰丰富，显示了古代人民丰富的想象力、创造力和祈福指向，从而展现了清代民间手镯文化的特点和市场的丰盈程度，以及社会公众的审美趋向和信仰观念。

老银镯是耳鬓厮磨的伴侣，是寄托意念的信物，是传递情感的使者，是美好记忆的佐证，还是诉说沉睡百年的故事和激荡心底的闸门。每当看到这些银镯子，笔者感慨万千，说穿了，它们不过是一个个有大有小、有轻有重、有粗有细的金属环。谁曾想，就是这些环环圈圈会给我们留下千年故事、百年感慨。但几乎每一个古代故事、每一部古装戏曲影视，都离不开手戴银镯的人物。我们感悟银首饰中的岁月、情与思、爱与恨，追寻往日的情景。尽管人们对镯子的审视观不同，收藏与否的认识也有差别，但终究它们代表了美好和吉祥，是历史的承载物、传播者。只要不把它们拒之千里之外，那么你只是浅浅地认识它还是诚心地收藏都无所谓，它的那份曾经都会陪你度过美好的光阴，甚至是漫漫此生。

非但如此，如果能够迈出一步，走近显现在手镯上那丰富多彩、深刻广博的纹饰世界，解析其中的吉祥寓意，了解中国先人的喜怒哀乐、繁衍情结、度日尘埃，获得一些感想、感悟和情趣、情思，那才叫展宽眼界、福境万年、乐趣无边呢！

各式银手镯之二（十八只）

年代	清末民国	地区	东北地区　河北　山西
尺寸	直径6～7厘米	重量	65～100克(每只)

各式银手镯之三（二十五只）

年代	清末民国	地区	山西　山东　内蒙古
尺寸	直径6～8厘米	重量	30～70克(每只)

各式银手镯之四（一百零五只）

年　代	清末民国	地　区	东北地区　北京　天津　河北　河南　福建等地
尺　寸	直径6～8厘米	重　量	30～40克(每只)

这是前面已经一一介绍过的各式银手镯。在此把它们穿套在一起集中展示，是为了呈现一种整体感，让人能够更好地欣赏它们。

笔者几乎一刻不断不厌其烦地欣赏它们，深爱这些老银镯子和它们背后的故事。它们是布衣首饰文化的载体和形态，有着各自不同的气质和风韵。这些已过百年的老银镯，曾经有过多少欢笑与惆怅？缝隙间那些洗刷不去的尘埃里，是不是若有若无地还残留着曾经的爱与忧？

笔者想是的。

你的爱有多少，它们对你的回报就有多深厚。你的眼有多亮，它们给你的光明就有多耀眼。

银马蹄形手镯（三对）

年代	民国	地区	内蒙古
尺寸	直径6～8厘米	重量	50～90克(每只)

这些马蹄形手镯都是民间首饰，带着几百年的乡土气息，从风雨飘洒的天南海北，粘着厚厚的尘埃，走进21世纪的北京古玩城116号的“雅俗艺术苑”。尽管它们不像宫廷、贵族们所拥有的手镯选料贵重、制造精良，有那般富丽华贵、金光闪耀的珠光宝气，然而，在笔者心灵的天平上，它们都是一样的。作为一名有些阅历的收藏者，笔者喜欢宫廷用品的精制，也毫不轻待民间饰品的厚重。当它们以各类形姿，通过各种渠道来到身旁，便慷慨舒畅地给了笔者半生的愉悦和不尽的幸福。

各式银按扣手镯（六只）

年 代	民国	地 区	河北
尺 寸	直径5.5～6.5厘米	重 量	25～45克(每只)

本图中的六只錾刻花卉寿字纹银手镯均是空心的，开合连接处为合页扣，并有插片按扣锁，接口处挂短银链防止按扣锁片滑脱，按扣锁片还有调节松紧的用途。这种带按扣的手镯明清之前就有，但不普及。到了清末民初才逐渐多起来。这类银镯的纹饰很丰富，有花卉纹、福寿纹、蝙蝠纹、松鼠葡萄纹、喜鹊纹、钱套纹等。工艺多样，有鎏金、錾刻、珐琅彩等。尺寸一般都不太大，但很精巧，适合未婚女子佩戴。缺点是，按扣锁一旦坏了不易修复，故在佩戴使用时一定要轻拿轻用，不可生拉硬拽。

银镶料石宽体手镯

年　代	民国	地　区	新疆
尺　寸	直径6.5厘米	重　量	90克

银镶料石手镯（一对）

年　代	民国	地　区	新疆
尺　寸	直径7厘米	重　量	75克(每只)

第二篇 手饰与耳饰

戒指

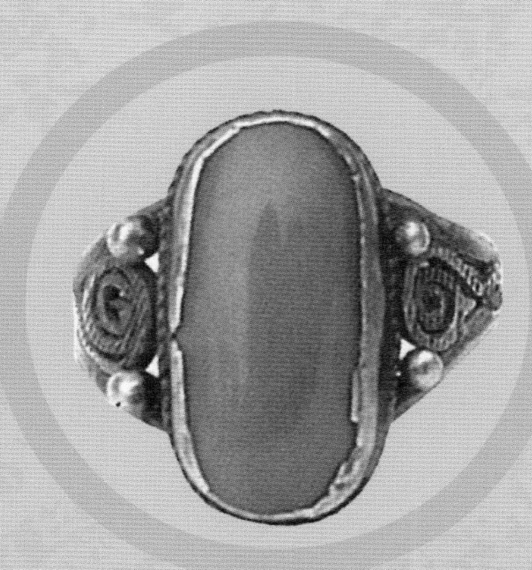

各式银戒指（十六枚）

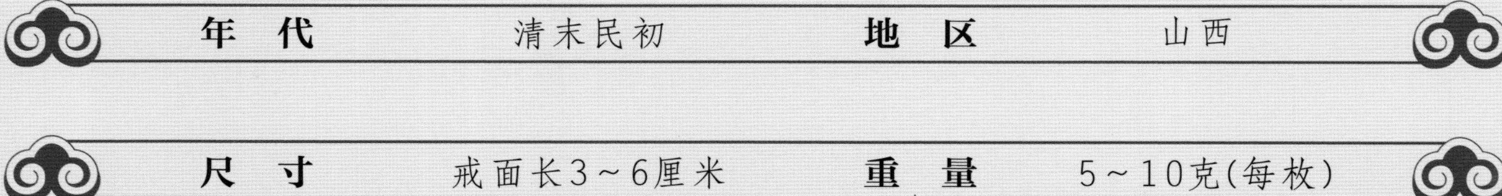

年代	清末民初	地区	山西
尺寸	戒面长3～6厘米	重量	5～10克(每枚)

“戒指”在古时多称为“指环”，而“戒指”之名的出现，则是元代的事情。明代王圻著《三才图会》写道：“后汉孙程十九人立顺帝有功，各赐金钏指环……即今之戒指也。”确实，直到明代以后，“戒指”的称呼才逐渐多起来。

古代中国，戒指除了用作装饰和避忌之外，还可充当婚姻信物。至今男女互联婚姻，还留有赠送“婚戒”之举，在有婚庆司仪主持的婚礼上，甚至已经成为一项必备的程序。赠戒示爱的风俗，是从古代流传下来的。早在汉代时期，中国民间就出现了将戒指当作寄情之物的现象。青年男女相爱，常常会通过赠送戒指的方式来表达。据文献资料记载，戒指作为订婚礼物的做法，最迟在六朝时已经形成。经过历代的演变，戒指的圆圈形制一直没有改变，而工艺内容改变很大，花样品种和造型都有很多变化。造型有圆环型、镶宝型、印章型、动物型、三连环型、五连环型、九连环型等，到了清代中晚期，还出现了可以纳鞋底、鞋帮用的顶针戒指等。戒指的图案也越加丰富：有各种动物纹饰，如麒麟、鱼、二龙戏珠、狮子滚绣球、龙凤呈祥、十二生肖、鹿、鹤等；吉祥文字有福禄寿喜、双喜、吉祥、大吉、天赦、天官赐福等；有吉祥花卉、树木、瓜果等，如牡丹、梅兰竹菊、桂花、玉兰花、荷花、石榴、寿桃、灵芝、柿子、松柏、梧桐树等；至清代戒指上更多地出现了各种人物故事，如“西厢记”“三娘教子”“桐荫对弈”“相公读书”“娘子执灯”“仕女游春”等。清代，民间普遍流行戴银戒指，人们会根据需要找银匠定制加工。当时，一个银元能打两三枚戒指。装饰纹样任人挑选，无论吉祥喜庆的纹饰，还是镇祟驱邪的纹样，或是民间故事、神话传说，或是传统戏曲、龙凤、狮虎、麒麟、喜鹊、金鱼、青蛙、蝴蝶、蝙蝠、喜蛛、蝈蝈，只要是和中国吉祥图案有关的、有着美好寓意的，都可以在戒指上表现。从留传下来的很多戒指中都可以看出，只要当时人们有需求，民间匠人就会以相应的艺术形式展现在戒指上。

由此可见，饰物的内容和形式也是一面镜子，它可以从一个特殊的层面折射出当时社会的状态、公众情怀、民族精神，成为了解这个社会、这个民族的参照物。人们的追求永远是美好的，用吉祥图案作为人们对美好生活的祈求和向往，是中国传统文化最朴实的现象，是广大老百姓的生存哲学、审美艺术。小小的一枚戒指，映射出一个庞大民族的历史文化。

琅彩　蛙纹珐琅彩　四艺纹　四艺纹

纹　福字纹　福禄纹　福禄纹

戒面　蛙纹　花卉纹　四连环纹

纹　蛙纹　三连环蛙纹珐琅彩　蛙纹

银珐琅彩猫戏蝴蝶盖戒

年　代	清末民初	地　区	山西
尺　寸	戒面长4厘米	重　量	8克

这种戒指山西人称为盖戒，其既宽，又高，可将手指的关节盖住。在山西平遥、介休、文水、运城一带很流行。

中国人佩戴的任何饰物，都讲究有吉祥图案。人们笃信“吉凶有兆，祸福有征”，吉祥图案已成为一种神圣的艺术形式，应用于社会生活之中，并运用中国汉字形声的假借方法，以同音同声或谐音字表达吉祥意念。

此枚戒面中的猫戏蝴蝶就是如此，“猫”与“耄”同音同声，“蝶”与“耋”同音同声。耄耋，《礼记》中有：“七十曰耄，八十曰耋，百年曰期。”耄耋是长寿者之称，故而猫、蝶被作为吉祥图案。

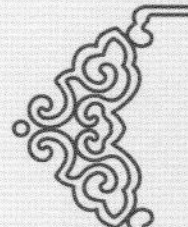

银珐琅彩人物盖戒

年　代	清代	地　区	山西
尺　寸	戒面长4厘米	重　量	14克

珐琅是一种工艺材料，其基本成分为石英、长石、硼砂和氟化物，与陶瓷釉、琉璃、玻璃同属硅酸盐类物质。珐琅彩的珐琅又称“拂郎”“佛郎”“法蓝”。其工艺是将珐琅粉调和后，涂施在金、银、铜等金属器上，经焙烧便成为金属胎珐琅。若以玻璃为胎，则称为玻璃胎珐琅；以瓷器为胎，则称为瓷胎珐琅。按装饰工艺不同，金属胎珐琅器可分为掐丝珐琅、錾胎珐琅、画珐琅、透明珐琅等，也有将上述两种或两种以上工艺结合起来共同制作一件器物的，称为复合珐琅。中国的金属胎珐琅工艺，分为掐丝珐琅和画珐琅两大类。金属胎珐琅制品，以红铜作胎，用矿物质釉料烧成五彩花纹。到了清代中期，珐琅器的制造达到鼎盛，官方和民间都在生产珐琅器。制作场所，北方地区以北京最多，南方除广州外，扬州的珐琅器制造也非常繁荣。各地的工艺风格有所差异。

这只盖戒的人物应是《崔莺莺待月西厢记》（简称《西厢记》）中的一个场面。在清代和民国初，这一图案在银饰上很流行，尤其受心心相印、渴望“有情人终成眷属”的年轻恋人们喜爱。这种形状的图案还有瓜瓞绵绵、喜鹊登梅、猫戏蝴蝶、鱼戏莲等题材。由于银料价格便宜，纹饰丰富多彩，加工又简单，所以广受人们喜爱。像这样的戒指，七八年前在一般的店摊还可以见到，但现在很少见了，均被收藏银饰的爱好者们珍藏起来。

可以设想，佩戴这枚戒指的人应该是厌恶封建礼教、向往自主婚姻的青年，抑或受到封建婚姻的折磨，羡慕崔、张行为的已婚人士。因为《西厢记》首先歌颂的就是以爱情为基础的结合，否定封建社会传统的联姻方式。作为相国小姐的莺莺和湖海飘零的书生相爱，在很大程度上就是对以门第、财产和权势为条件的择偶标准的忤逆。再想，一个完全屈服于封建婚姻礼教的人，若佩戴这样的戒指，必定是一种精神上的自我折磨，何苦如此呢？

当然，只是当作一枚戒指来装饰佩戴的可能性也很大。若是如此，就真的辜负了这枚戒指的内在含义。

银珐琅彩鱼戏莲纹、南瓜纹盖戒（两枚）

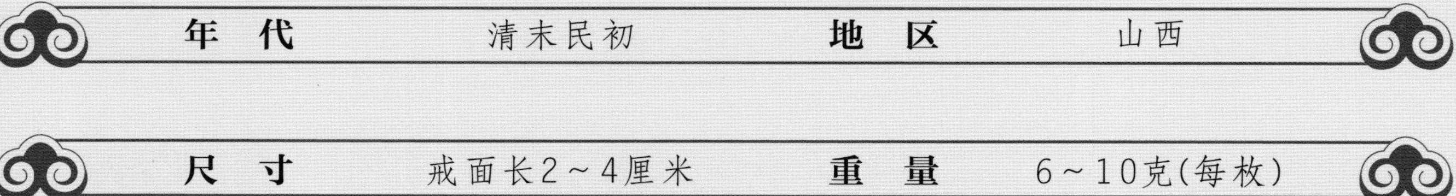

年代	清末民初	地区	山西
尺寸	戒面长2～4厘米	重量	6～10克(每枚)

鱼戏莲纹表达男女恋爱之情，这种比喻来自《江南》的诗句：“江南可采莲，莲叶何田田，鱼戏莲叶间。鱼戏莲叶东，鱼戏莲叶西，鱼戏莲叶南，鱼戏莲叶北。”闻一多先生的解释是：用鱼喻男，莲喻女，说鱼与莲戏，等于说男女互相倾慕。因此鱼也成为爱情的信物，代表夫妻和睦。

南瓜纹寓意南瓜多籽，藤蔓连绵不绝，比喻多子多孙、福运绵长、荣华富贵。

银珐琅彩鱼戏莲纹戒指

银珐琅彩南瓜纹戒指

银青蛙纹戒指（三枚）

年　代	清末民初	地　区	山西
尺　寸	戒面长2～4厘米	重　量	6～9克(每枚)

青蛙纹戒指不仅山西有，其他省市也有，流传很广泛。图中这三枚戒指均为青蛙纹戒指，左边第一枚戒指的正面虽为“富贵”二字，但仍有两只青蛙分卧于左右。

金银首饰中多有青蛙纹的图案，属于中国吉祥图案的一种装饰品类。青蛙图案在首饰中常常见到，戒指、簪、钗、步摇，还有一些吉祥挂件上均有青蛙图案。中间戒指中的青蛙前方设计了一个指北针，意思是行为有节、方向有度，富有巧思，既协调又独特，有很强的审美品位。

各式银戒指（十八枚）

年 代	清末民初	地 区	河北 山西 山东
尺 寸	戒面长2～4厘米	重 量	3～6克(每枚)

四式银蛙戒指

年代	民国	地区	山西

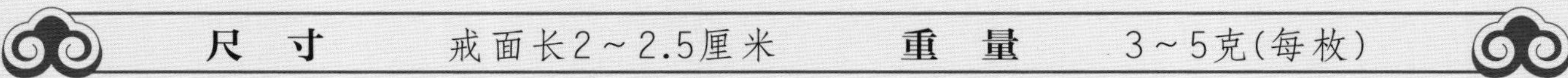

尺寸	戒面长2～2.5厘米	重量	3～5克(每枚)

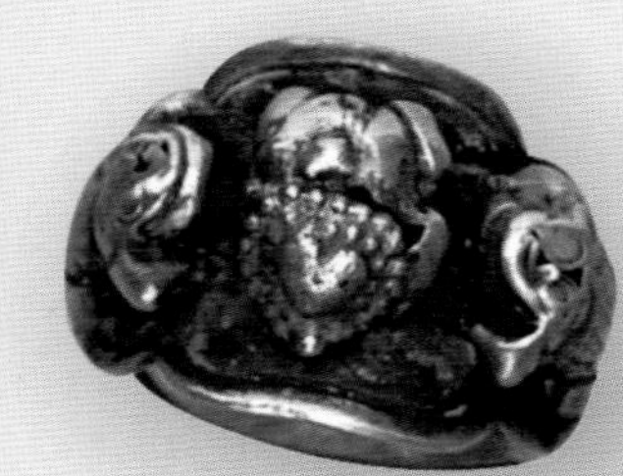

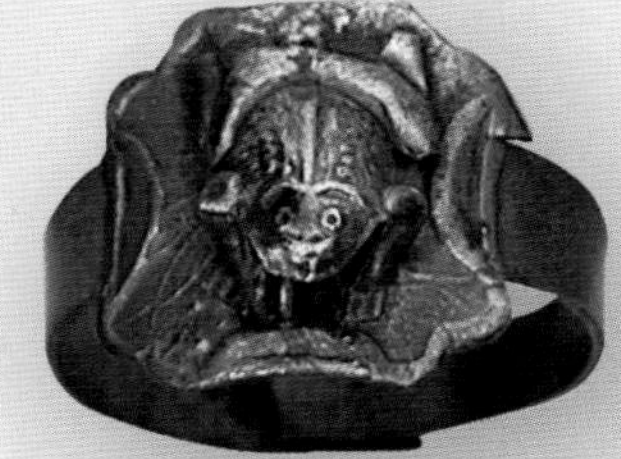
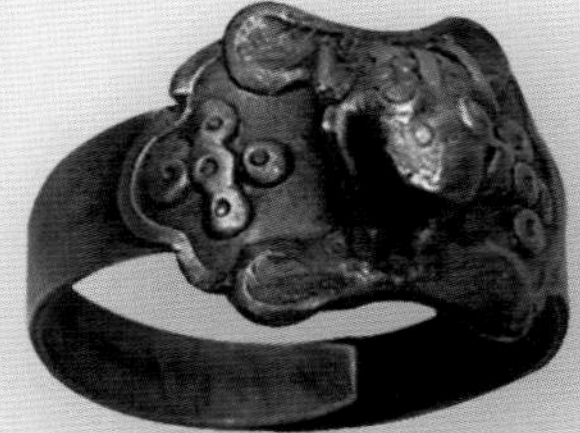

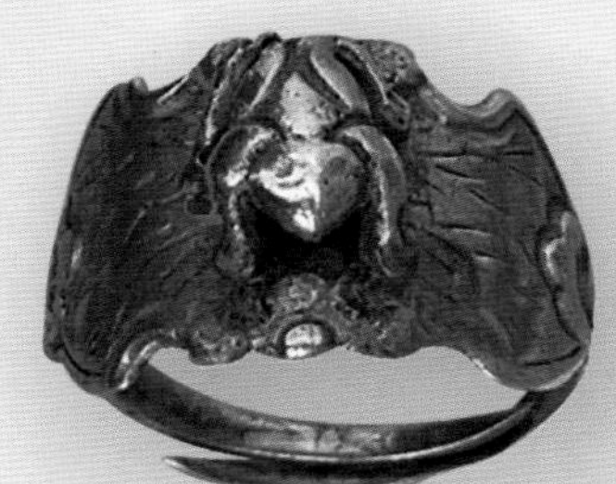
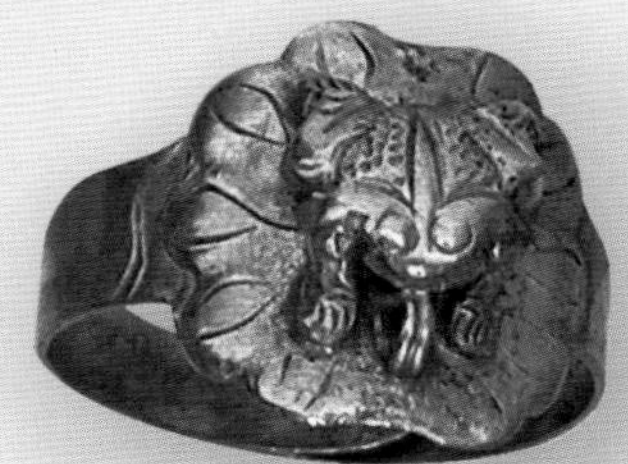

二式顶针银戒指

年代	清代	地区	山西
尺寸	戒面长2～2.5厘米	重量	6～8克(每枚)

珐琅彩蛙纹戒指

南瓜纹顶针戒指

银錾花坠戒（三枚）

年 代	清末民初	地 区	山东
尺 寸	全长10厘米	重 量	12克(每枚)

银狮子纹坠戒（三枚）

年代	清末民初	地区	山东
尺寸	全长10～13厘米	重量	10～13克(每枚)

第二篇 手饰与耳饰

耳饰

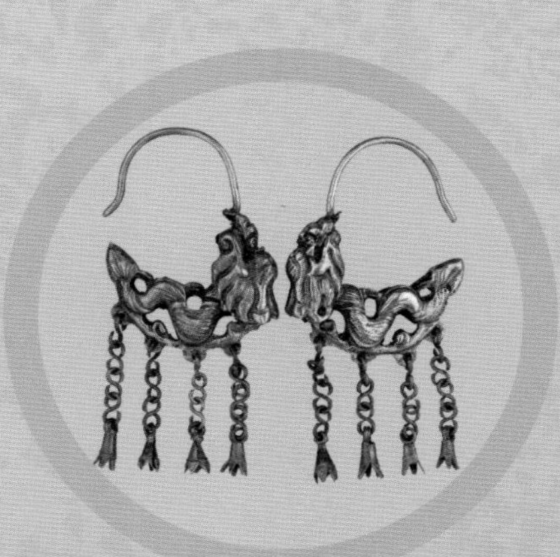

金、玉葫芦耳坠（四对）

年　代	明代	地　区	北京
尺　寸	全长2.5～5厘米	重　量	6～9克(每只)

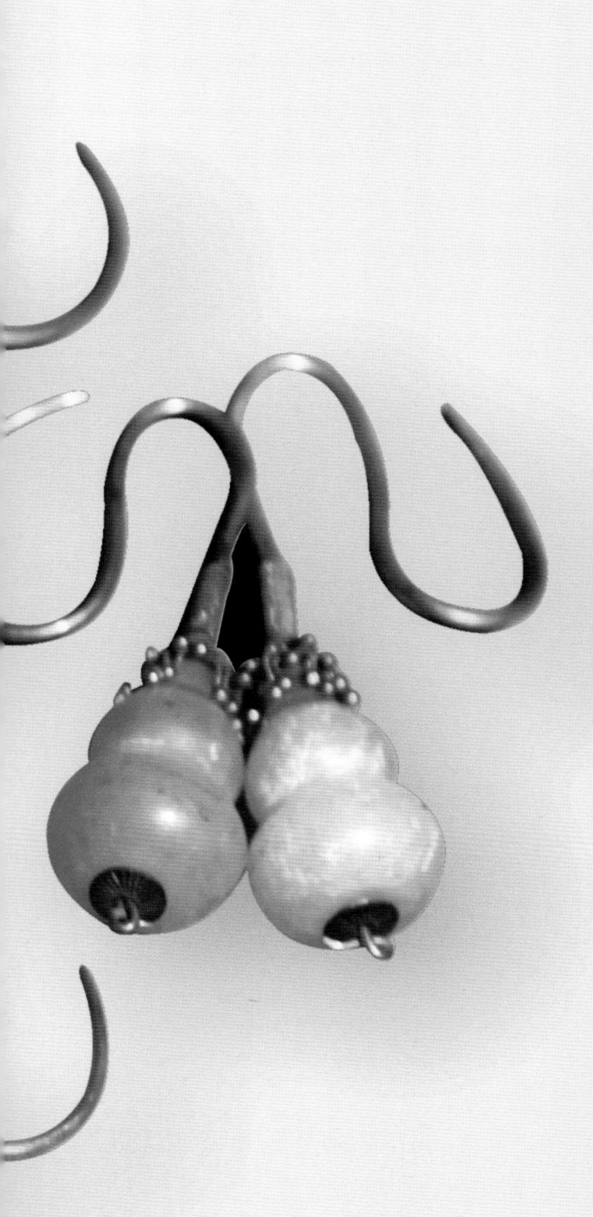

耳环最早时多用于南北各地的少数民族，不分男女都有佩戴耳环的习俗。后传到了中原，为汉族妇女所接受，汉族男子则不戴耳环。早期的耳环多以青铜制成，形制简单，铜丝弯成圆形即成，但要在铜丝的一端锤打磨尖，以便穿过耳洞。

唐代时妇女还未开始崇尚穿耳，只有少数歌女舞姬偶见佩戴。宋代妇女喜欢耳环，却很少佩戴耳坠。宋代以后，穿戴耳环在汉族妇女中日益盛行，样式也发生了很大变化。到了辽、金、元时期，因均是喜爱装扮的北方少数民族建立的政权，所以佩戴耳环十分时尚，连男子也有佩戴。到了明清时期，佩戴者既用耳环也用耳坠。

北京天寿山明神宗及孝端、孝靖皇后陵出土的一对耳坠，是以白玉雕刻而成的玉兔持杵捣药闻名的。

耳坠是在耳环的基础上演变而来的饰物。何谓耳坠？就是在耳环下部悬挂的坠子，故名“耳坠”。清代，妇女不论富贵贫贱皆戴耳环、耳坠，已经很普遍并形成风尚。

这组葫芦耳坠各有特色，分别采用錾刻、镶玉、缠丝、焊接工艺制作，金钩均为S形。除玉葫芦外，其他皆为空心。葫芦耳饰在15～16世纪广为流行，是元明时期很富有特色的耳饰之一。其生产和佩戴之风，遍及甘肃、青海、辽宁、江苏、北京、四川、广东各省市，这种器形在同类用品中出土量最多。

盘长纹金耳环（一对）

年　代	清代中期	地　区	北京
尺　寸	直径3厘米	重　量	11克(每只)

耳环凭借装饰产生效果，它的装饰价值和艺术价值是绝对的档次显示，但价值和效果是没有固定因果关系的。只要喜欢，只要可以带来快乐和提升美感，就是物有所值。

四合如意金耳环（一对）

年　代	清代中期	地　区	北京
尺　寸	直径3厘米	重　量	9克(每只)

这对典型的清代耳环，其制作工艺十分精湛，线条干净齐整，比例舒展适度，平面造型上錾刻着细密花纹，十分耐看。四合如意就是将四个如意云头呈四角方向连接在一起，形成新的图案，其点睛之处是汇合处镶嵌着一颗艳丽的碧玺。

银鎏金盘长纹耳环（一对）

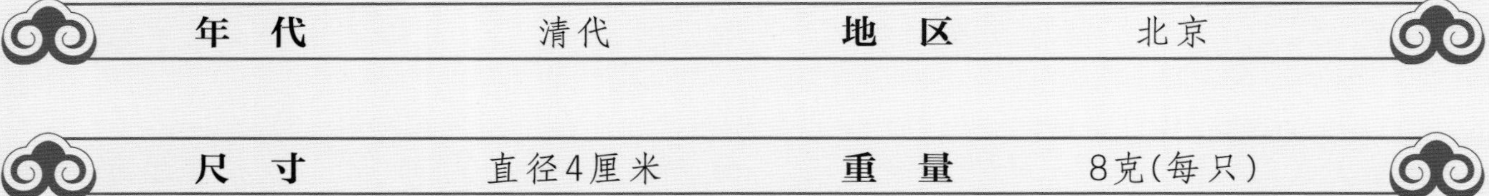

年代	清代	地区	北京
尺寸	直径4厘米	重量	8克(每只)

盘长为佛门八宝中的第八品，盘长纹又称“吉祥结”。

佛教中用盘长象征庄严吉祥，常装饰于佛的胸前，表示威力强大。有时寺庙殿堂的屋檐也有此装饰。传统寓意为佛法无边，后发展为吉祥结，寓意家族兴旺、子孙延续、富贵吉祥、世代相传。

这对耳环巧妙地用钱套纹和盘长纹连接制作而成，不但祈盼人丁兴旺，还寓意钱财延绵。

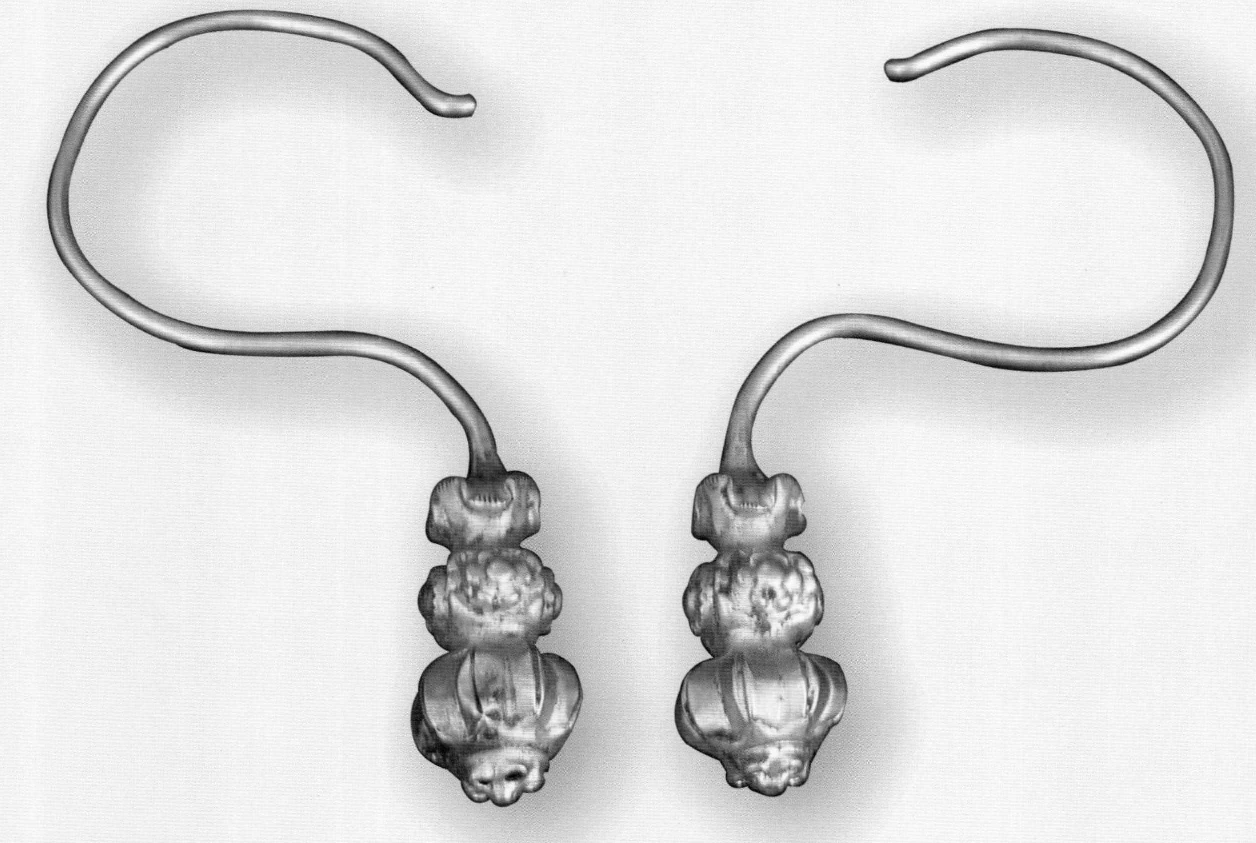

金空心葫芦耳坠（一对）

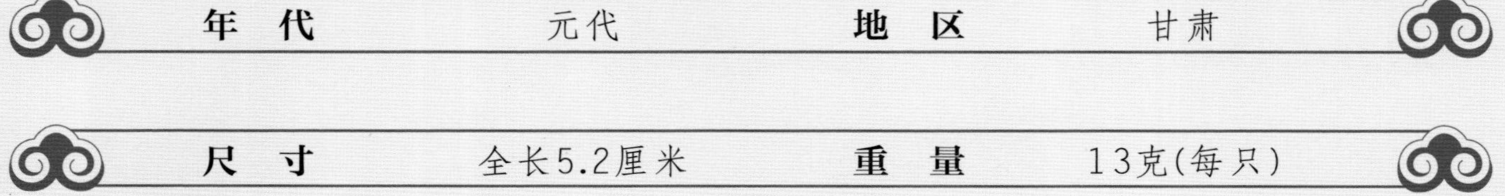

年　代	元代	地　区	甘肃
尺　寸	全长5.2厘米	重　量	13克(每只)

这是一对出土的金耳坠，品相完好，呈葫芦形，起瓜棱，里面为空心。金比银耐腐蚀，不易氧化，在地下历经千年也不会被腐蚀。若是银制品在同等环境、相同时间内，将很快被严重腐蚀，一掰就断，一摔就碎，完全没有了金属特质。

这对耳坠，造型清晰牢稳、干净利落，形制巧妙有序，线条流畅富丽，花纹凸凹大方，简约中不失精巧。这在民间现存的耳饰中已难得一见。古时候，金品象征着财富与权势，类似这样的金饰平民很难拥有，这对耳饰应为富贵人家用品。

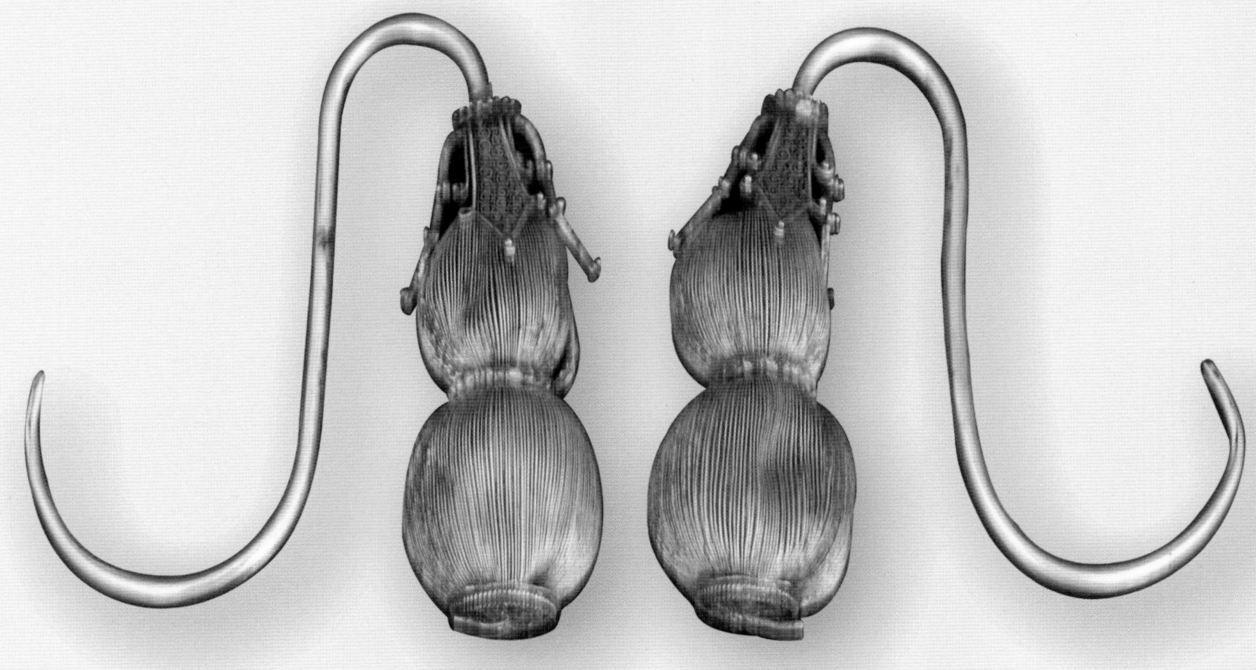

金丝葫芦耳坠（一对）

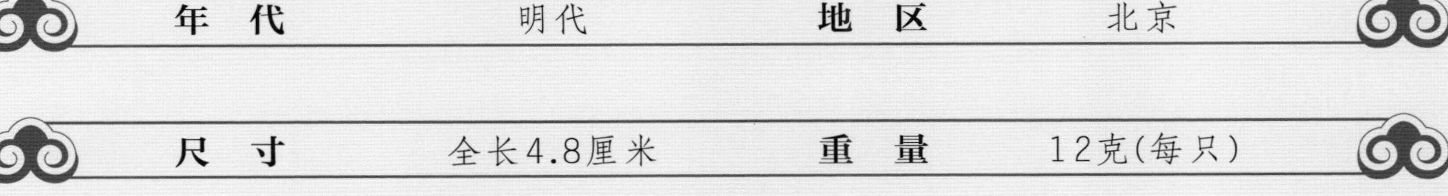

年代	明代	地区	北京
尺寸	全长4.8厘米	重量	12克(每只)

这是一对出土的金耳饰，葫芦形，细丝面，元明两代都有这种造型的首饰。金与银同属于贵重金属，它们都具有美丽而耀眼的光泽，又都质地柔软，易于加工，因而成为金银匠人最依赖的首饰加工材料。但匠人之间的工艺水平差别很大，打造的首饰质量也有差异。尤其是金，最讲究清新活泼的造型、流畅富丽的花纹，达到用料巧、形制精，完工后才会有人购买。我们今天所能见到的首饰，一般都不错，经大浪淘沙，只有质优形美之品才能够流传下来，成为具有收藏价值的老古董。

这对金耳饰由金丝缠绕而成，结构精巧，制作精细，是明代细金工艺的代表之作。“葫芦”与“福禄”谐音，寓意吉祥索福。

金耳坠（一对）

年代	战国	地区	内蒙古
尺寸	全长5厘米	重量	9克（每只）

这对耳饰用较粗的金丝制成，下端挂绿松石。纹饰造型浑朴、大方、典雅，与草原游牧民族的习俗和审美观念密切相关。这对耳坠与明清时期的饰品相比，简约古朴、不显华贵，但这在战国时期，受工艺、工具、技艺的限制，也算是做工复杂、造型讲究、搭配有章的耳饰了。

银龙纹耳坠（一对）

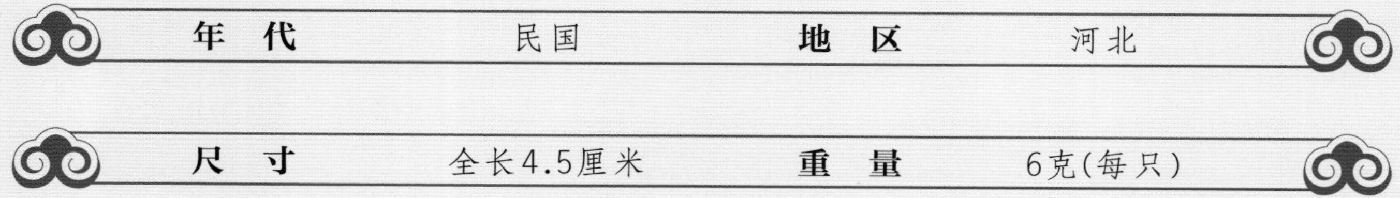

年代	民国	地区	河北
尺寸	全长4.5厘米	重量	6克（每只）

结构简单的耳环就是一个圈环，而耳坠就不同了，烦琐得多，各种形制、坠饰花样无数，少的一般也要悬挂几穗流苏，多则几十穗，甚至更多。组合耳坠花样极多，色彩各异，动物纹、鸟禽纹、花卉纹、人物纹等应有尽有，用寓意、象征、假借等比喻手法，表达了对美好生活的追求和祈望。

银凤穿牡丹葫芦纹耳坠（一对）

年代	民国	地区	河北 山东
尺寸	全长6厘米	重量	4.5克（每只）

中国人佩戴耳坠的历史最早可以追溯到新石器时代，虽然悠久，但初时并不普遍。唐朝是一个开放的国度，受外来影响，各类配饰的工艺都得到较大发展。最初只是一些少数民族的男女佩戴耳环、耳坠，而汉族男子不戴，只有少数女子佩戴。到了宋代，更多的女子开始喜欢耳环，但配用耳坠的仍不普遍。明代时有了明显变化，女子既戴耳环也戴耳坠。清代女子完全秉承了前代遗俗，耳坠盛行。

富贵人家的女子一般都有几对至十几对，耳环、耳坠，因季节及场合而佩戴。同时还要与衣服的颜色搭配。而且一般无须取下耳环，只要在耳环上更换坠饰即可，戴卸十分方便。

耳坠的材料很是丰富，主要有银珐琅彩、银鎏金，银镶嵌宝石、翠玉、珊瑚等。直到今天，妇女们仍然喜爱耳饰，凡隆重场合都要佩戴耳环、耳坠。而耳部穿洞、制售耳环耳坠也已成为专门行业。

银珐琅彩香荷包耳坠（一对）

年代	清代晚期	地区	河北
尺寸	全长3.2厘米	重量	5克(每只)

中国的耳坠上都带有吉祥寓意的纹饰，通过打制小件下坠象形物示意吉祥，其主要有花篮、寿桃、佛手、灯笼、鱼、葫芦、石榴、瓜等。这对耳环的下坠物是一对小香荷包，香荷包也是非常有意义的饰物。作用主要有：作为爱情的信物，寓意夫妻和美；作为求吉祈福、驱恶避邪的护身符。

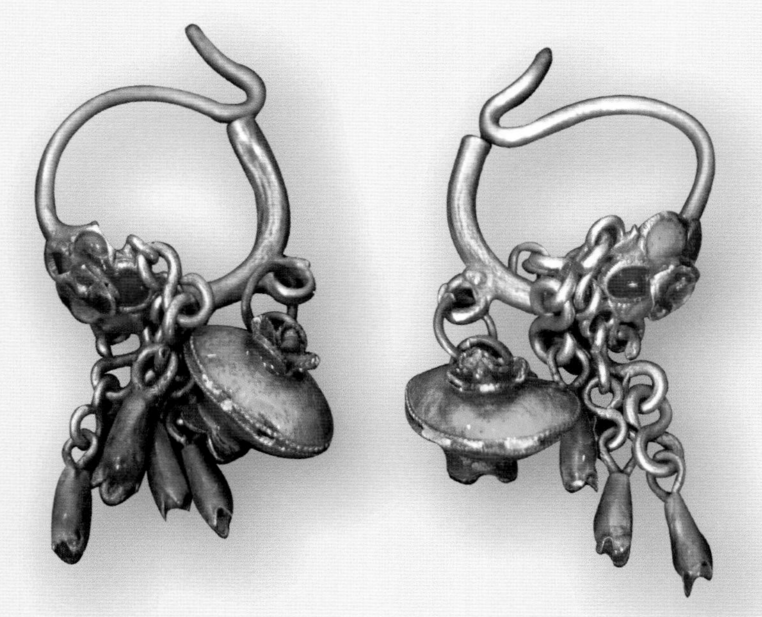

银珐琅彩蝉纹耳坠（一对）

年代	清代	地区	北京
尺寸	全长3厘米	重量	7克(每只)

中国古代人对蝉的品德给予了极高的评价，称蝉有“文”“清”“廉”“俭”“信”五德。正因为如此，很多首饰上都有蝉纹。在民间，总有一些能工巧匠倾其心力关注这些自然界的小动物，模仿小动物的形态，并通过高超的工艺技巧和思想感情，创造出优秀作品。

这对蝉纹耳坠点蓝烧彩，工艺虽然不是特别精致，珐琅彩却极为斑斓，既有生活意趣，又具主观情怀，是一对很具观赏性的首饰。

银珐琅彩鱼纹耳坠之一（一对）

年代	清代晚期	地区	河北
尺寸	全长3厘米	重量	6克(每只)

祖辈人说，戴耳环、耳坠一定要成对、成双。“双鱼吉庆”这种寓意吉祥的图案从汉代时就有，主要用在结婚用品上。

“如鱼得水”是中国人最常用的一句话，是描绘一对幸福的新婚夫妇生活和谐的词语，一对成双的鱼就是爱情生活和谐的象征，也是最常见的结婚礼物。因此，就能够理解为什么一些中国的女性喜欢戴鱼纹耳环、耳坠了。

银珐琅彩鱼纹耳坠之二（一对）

年代	清代	地区	北京
尺寸	全长6厘米	重量	16克(每只)

吉祥如意，自古以来就是每个人对生活所共有的祈盼和追求。中国饰物的吉祥，常常借用语言谐音表示，或运用汉字形声假借方法，即用同音同声的字来表达吉祥。

这对珐琅彩耳坠就有这种吉祥借喻，用丰润盈柔的金鱼寓意金玉满堂。金玉指金石珠宝，泛指财富。“金鱼”与“金玉”谐音，故多借喻金玉。金玉满堂即财富充盈，也用于比喻富有才学之人。以“鱼”与“余”的谐音比喻生活美满富足，年年兴旺。

银珐琅彩蝴蝶花卉纹耳坠（一对）

年代	民国	地区	山西
尺寸	全长6厘米	重量	6克(每只)

银珐琅彩长耳坠（一对）

年代	清代晚期	地区	福建
尺寸	全长12厘米	重量	9克(每只)

银点翠灯笼纹耳坠（一对）

年 代	清末民初	地 区	北京
尺 寸	全长6厘米	重 量	30克(每只)

这对耳坠的纹饰在古代饰品家族中十分罕见，设计独特、工艺精湛，因此极具收藏意义。

灯笼没有直接的公众性吉祥寓意，但是，灯笼（主要是红色灯笼）本身就是传统佳节、庆典中营造祥和气氛的专属品，如在灯笼上绘五谷，即寓意五谷丰登、丰衣足食。灯笼的变化形态非常多，但单独出现还是显得过于单薄，这对耳坠以花卉、花瓣、垂链、灯穗、银珠相配，又精心地施以复杂的点翠工艺和鎏金工艺，其整体外观、身价、佩戴效果和收藏价值大大提升。

银点翠盘长纹耳坠（一对）

年 代	清末民初	地 区	山西
尺 寸	全长10厘米	重 量	13克(每只)

银点翠花卉纹耳坠（一对）

年代	清末民初	地区	山东
尺寸	全长6厘米	重量	5克(每只)

银点翠镶红宝石耳坠（一对）

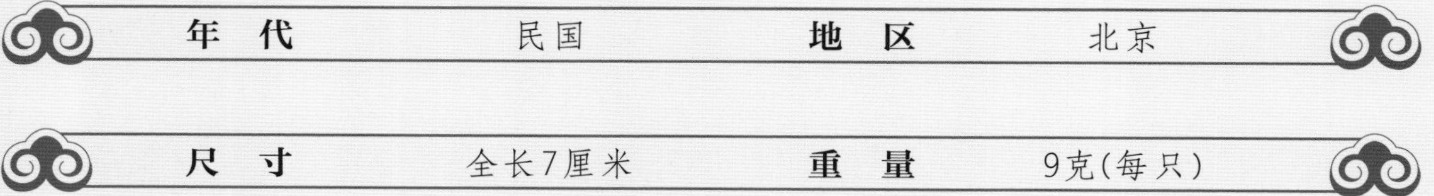

年代	民国	地区	北京
尺寸	全长7厘米	重量	9克(每只)

银点翠镶珍珠耳坠（一对）

年 代	清代	地 区	北京
尺 寸	全长8厘米	重 量	9.5克(每只)

各式银耳环、耳坠（九对）

年代	清末民初	地区	北京 河北 山西 山东
尺寸	全长4~8厘米	重量	1.5~6克(每只)

银牡丹纹耳坠（一对）

年代	清代	地区	福建
尺寸	全长6.5厘米	重量	13克(每只)

人们祝愿吉祥如意不仅用语言，又常以物相来表现，用于这种表达的物品和内容极为丰富。用花卉组成的借喻图案不下百余种，其中又以牡丹花最多。一朵盛开的牡丹花下坠有九条流苏，这是典型的中国闽南地区的银饰风格。牡丹被冠以“花王”之名，也被赞誉为“富贵花”。

人们都喜欢用牡丹花来比喻富贵。用牡丹组成吉祥图案，明代逐渐增多，至清代尤为盛行，自最高统治者至一般平民百姓普遍使用。牡丹花开花盖世，色绝天下，雍容大度，形姿饱满，容貌豪华，世展迷魅。金银首饰以其为尊，多以其为装饰，以便常伴随饰者。

银三多纹耳坠（一对）

年代	清代晚期	地区	河北
尺寸	全长5.5厘米	重量	7克(每只)

银镶红玛瑙耳坠（一对）

年代	清末民初	地区	河北石家庄
尺寸	全长6.6厘米	重量	9克(每只)

银金鱼纹耳坠（一对）

年　代	清代	地　区	河北
尺　寸	全长4.5厘米	重　量	6克（每只）

银镶翠耳坠（一对）

年　代	清代晚期	地　区	山西
尺　寸	全长6厘米	重　量	8克（每只）

第三篇　长命锁与挂饰

第三篇 长命锁与挂饰

长命锁

银镀金百家姓麒麟送子长命锁

年 代	清代	地 区	北京
尺 寸	全长42厘米	重 量	293克

长命锁是戴在颈项的一种装饰，又称“寄名锁”，也叫“百家锁”，起源于古代“长命镂”（缕）或“百索”。原为古代江南地区民俗，在端午节以五彩带结成各种形状，系于手臂，用以避邪，名曰“百索”。以后彩带演变成“珠儿结”。明代以后，逐渐成为幼儿最普遍的一种颈饰。

在本图的长命锁中，一个小孩骑在麒麟背上，小孩手执一朵莲花和笙，表示连生贵子。麒麟之所以在民间广泛流传，如此受人们的珍爱，主要因为在传统文化中它是瑞兽，与龙、凤、龟合称为四灵。四种仁兽，与神学政治关系密切。

对于普通百姓而言，麒麟则为送子神物。旧时麒麟送子的主题多见于图案，祝颂之语，表现方式多样，其意在于祈求、祝颂早生贵子、子孙贤德。

而这件下坠百家姓的麒麟送子锁能站能挂，是众多麒麟送子长命锁中的精品之作。这是古玩行中一位很有影响的藏家隋先生为了支持笔者写好这本书，专门提供的实物资料。

银鎏金全家福长命锁

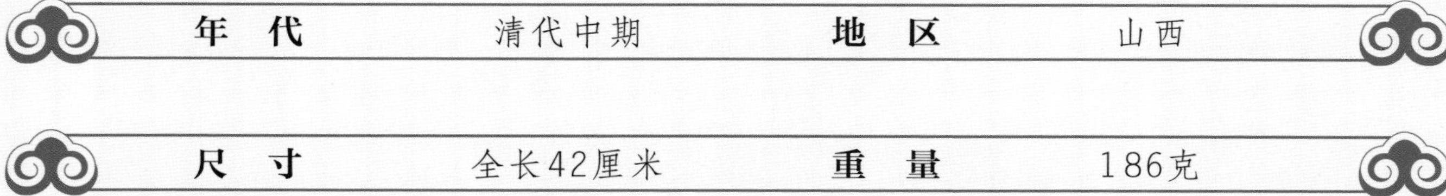

长命锁在中国民间自古以来就是一种常见的佩戴饰物。主要用于儿童满月周岁的礼物，大多都是用白银打造。主要意义是驱灾辟邪、无灾无祸、锁住生命。因此人们把这种饰品称作“长命锁”。是长辈对晚辈最好的祝福。长命锁在不同时代有不同的叫法，前身叫“长命缕”“长生缕”“延命缕”等。佩戴长命锁的习俗从汉代开始流行，到明清民国时期，成为中国民间最有意义的儿童“护身符”。

佩戴长命锁在当时已经成为民间一种习俗，人们可根据自己的意愿选购不同造型的长命锁，“百家姓”长命锁就是其中的一种。清代民间长命锁品类之全，精品之多，藏量之大，是以前任何朝代无法相比的。由于它成了大众的吉祥之物，民间银器制造业也得到了空前发展，很多城镇的街道甚至小巷里都开设有银店、银楼、银铺面，同时也出现了很多知名的字号和银楼，有的还在全国开设分店，具有一定的规模和信誉，生意兴隆，有些老银店至今不衰。

银鎏金五子夺魁长命锁

年代	民国初期	地区	福建
尺寸	全长42厘米	重量	62克

这是一件“中华民国”成立时期带有纪念意义的银鎏金长命锁。当年，孙中山先生被选为“中华民国”第一任临时大总统后，举行大总统受任典礼。孙中山先生宣读誓词同时发布《临时大总统宣言书》和《告全国同胞书》，定国号为“中华民国”，改用阳历。1912年1月1日作为“中华民国”建元的开始。各省代表会议又决议以五色旗为“中华民国”国旗，并颁令全国各省以统一。

这把长命锁是一件很有意义的饰品，其正面为“五子夺魁”，背面为“中华民国”的旗帜，锁下有一丝穗，于民俗中见岁岁平安之意。

银桃园三结义长命锁

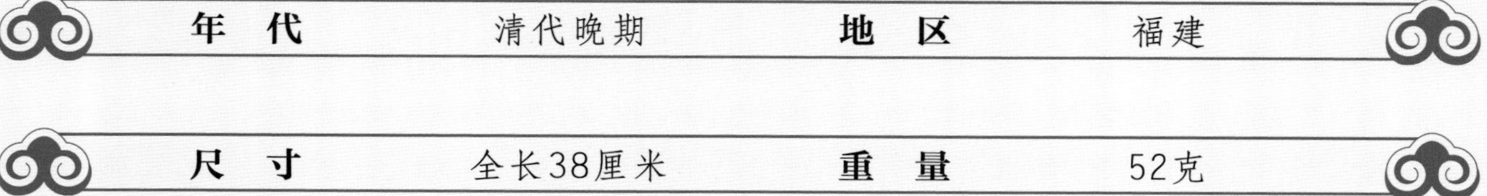

年　代	清代晚期	地　区	福建
尺　寸	全长38厘米	重　量	52克

中国四大名著之一《三国演义》脍炙人口、代代相传。其中，“桃园三结义”的故事更是在民间广为传颂、成为佳话。这个故事讲述了在东汉末年的乱世中，刘备、关羽与张飞志同道合，为了自己的理想，在桃园结拜为兄弟，共同奋斗抗争。

中国是一个历史文明古国，具有数千年的文化积淀，这些彰显中华独特文化的故事传说也流传了数千年。这些表现故事情境、内容的图案，从产生到发展的脉络，深刻展示了中华文化的伟大魅力和辉煌价值。可以肯定地说，大多数故事都有一个产生的背景，而这些故事往往就是一段历史、一个传奇、一个哲理，而这些流传至今的长命锁就是最好的见证，也给后人留下了极为丰富的民俗文化和值得研究的课题。

银人物纹八角形长命锁

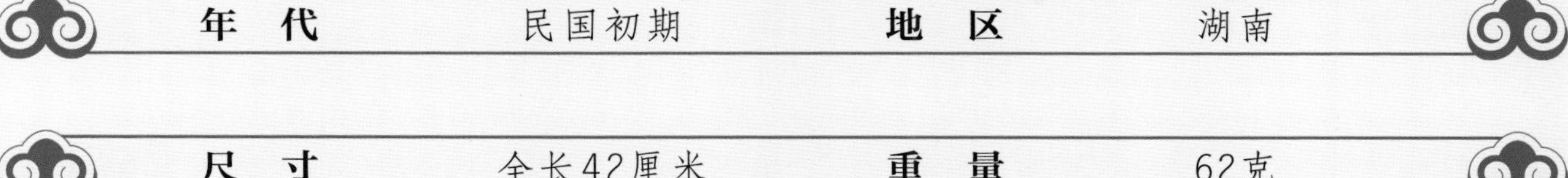

年代	民国初期	地区	湖南
尺寸	全长42厘米	重量	62克

该长命锁正面为人物故事，背面为八卦纹饰镂空工艺，边饰为珐琅彩装饰。类似这样的装饰很多，但与其他锁的不同之处为下坠三个吉祥物，有着很深的文化寓意。左起第一是毛笔，第二是算盘，第三是笏板。

毛笔，是文人必不可少的工具之一，笔、墨、纸、砚，合称“文房四宝”。据说毛笔是很有灵气的，唐朝大诗人李白曾梦见自己所用的笔头生花，从此才情横溢，笔下生辉。南朝大文学家江淹，梦见有人送他一支五彩笔，自此，江淹诗文显闻于世，被后人认为是最有才思的文学家。在南方一些城市自古有在家门前挂毛笔之风。有一种说法，门上挂毛笔，家里定会出文人。图示这件银八卦锁就是一个岁盘，小孩抓住了笔，预示小孩长大后是个文才。再从民俗上说，“笔”与“必定”的“必”谐音，所以图案中有笔，表示读书人科考必定高中且榜上有名。

算盘，在很多吉祥挂件中常常碰到，它是吉祥物，也是进财的一种向往。在小孩满周岁时，岁盘里就摆放了算盘，小孩抓到算盘，表示长大会做生意当商人，商人的算盘珠子噼啪一响，金银财宝滚滚而来。

笏板，是中国古代大臣上朝谒见皇帝时所执的狭长板子。一般为象牙制品，也有用玉、竹片制成的，因官级而异。西魏以后，五品以上通用象牙笏，六品以下用竹木笏，天子用玉笏。不同材质的笏为官阶、地位的象征，有祥瑞之意。唐朝大将军郭子仪六十大寿时，七子八婿和很多朝中大臣来给他祝寿，笏板放了一床，“满床笏”之说由此而来。

小小一把长命锁，不但承载了父母的希望，还蕴含着如此深厚的中国文化。因此，民间将长命锁视为吉祥之物，代代相传。

银人物纹教五子长命锁

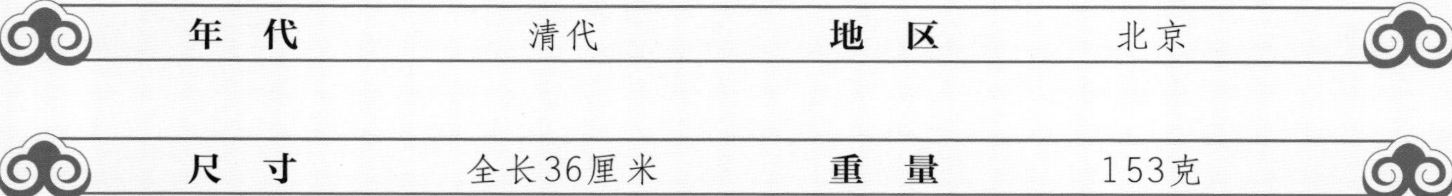

年 代	清代	地 区	北京
尺 寸	全长36厘米	重 量	153克

“教五子”说的是五代后晋蓟州渔阳人窦禹钧因教子有方，五子相继登科而传为佳话。号为“窦氏五龙”，后称“五子登科”。《三字经》：“窦燕山，有义方。教五子，名俱扬。”也称世典。但五子为何人，说法不一。原指五位历史名人，春秋、秦、汉及宋代各不相同。后又将窦禹钧的五个儿子相继登科称为“五子夺魁”，五子夺魁图中为一儿童举着一个头盔，其余儿童来争抢。还有一图案为一只雄鸡带着五只小鸡，象征教五子，以其名扬。

图中这个长命锁是一老先生教五子读书的情景，均是“教五子”的一种图案，而且人物刻画十分精致、生动，尤其是周围的背景布局，整体层次错落有致，满而不乱，有很高的收藏价值，在长命锁中是不可多得的佳作。

教五子长命锁的背面是山水纹与文字

银蝴蝶形人物祝寿纹项圈式长命锁

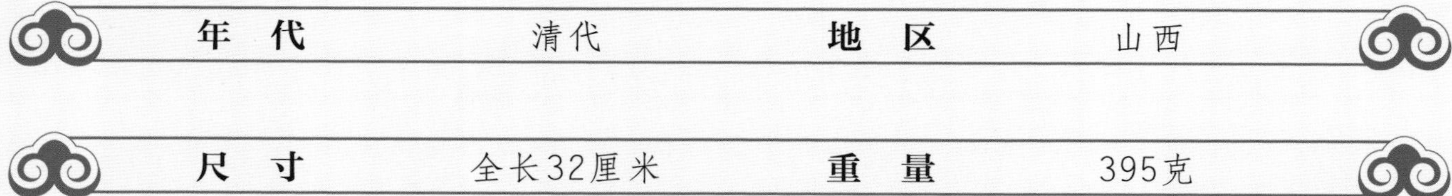

年代	清代	地区	山西
尺寸	全长32厘米	重量	395克

长命锁多用于儿童，但并不绝对，很多也是大姑娘、小媳妇佩戴的饰物，而且尺寸较大的多是成人所戴。在甘肃、青海地区有更大的银锁，是新娘的嫁妆，但它不是项圈式，而是用银链与大银锁相连接。

图中这个项圈式蝴蝶形银锁的戏曲故事应是《凤还巢》。此剧原名《阴阳树》，又名《丑配》，是讲明朝末年兵部侍郎程浦告老还乡的一段故事。人物和戏曲故事纹样的发展与人类社会进步有着千丝万缕的联系，到了明清时期，人物形象越来越多，越来越具体，人物的形象、神态、动作也越来越生动，几乎达到顶峰。这个时期也出现了很多人物故事图案的长命锁，这件又厚又重的项圈式长命锁纹样就是一个历史故事，很值得收藏。

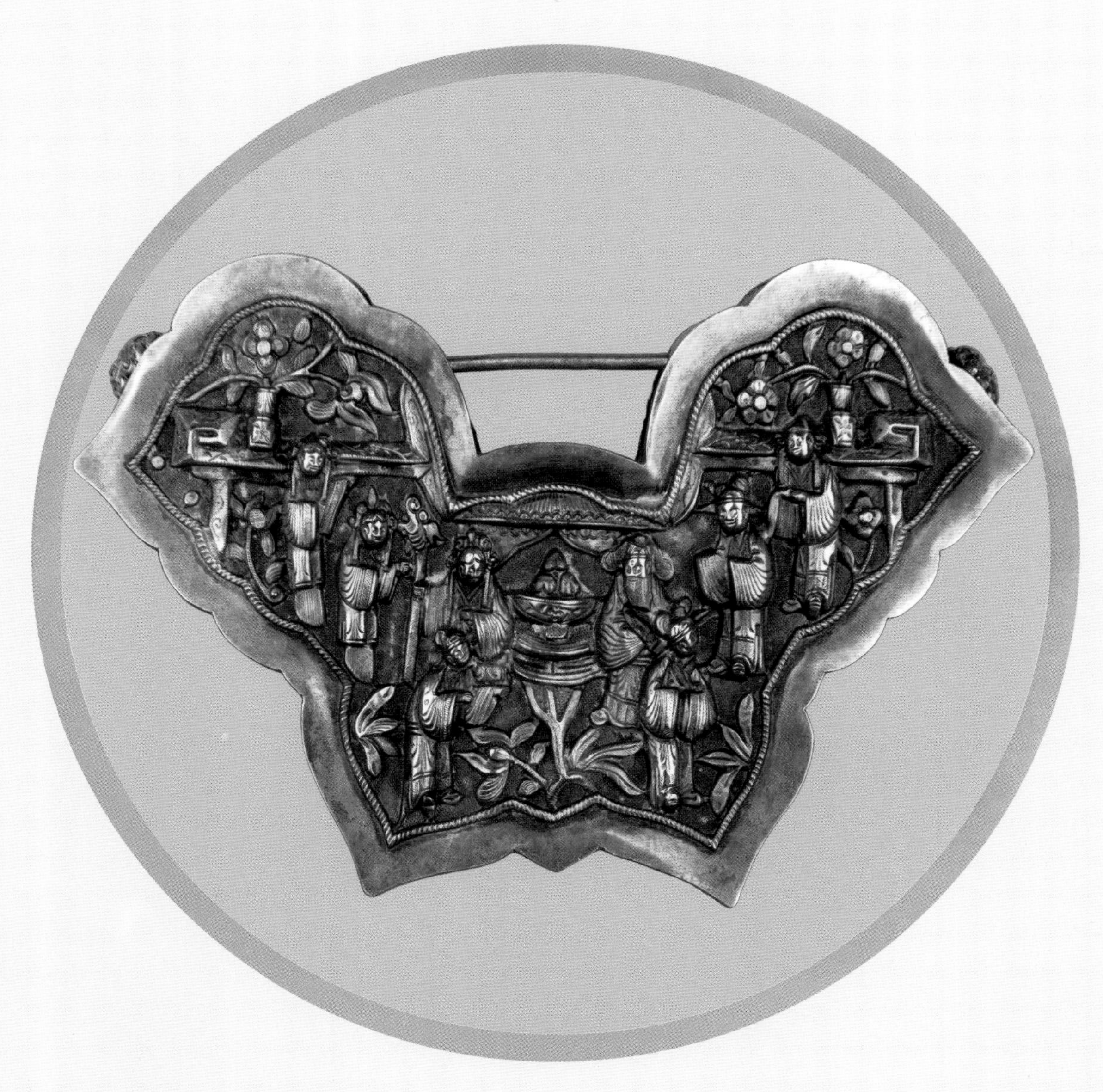

银戏曲人物纹项圈式长命锁

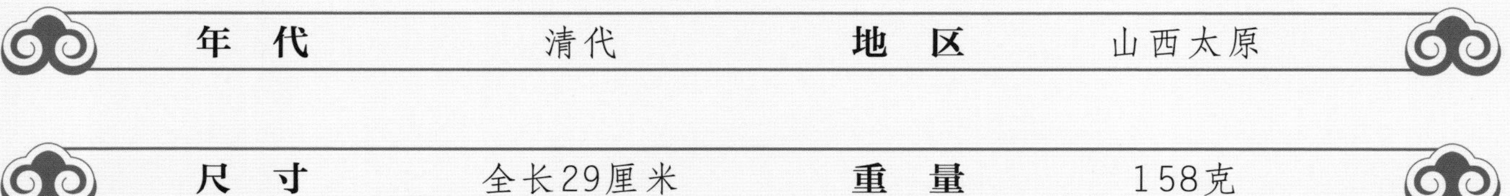

年　代	清代	地　区	山西太原
尺　寸	全长29厘米	重　量	158克

银蝴蝶形祝寿人物纹项圈式长命锁

年　代	清代	地　区	山西
尺　寸	全长33厘米	重　量	268～278克

银三娘教子长命锁

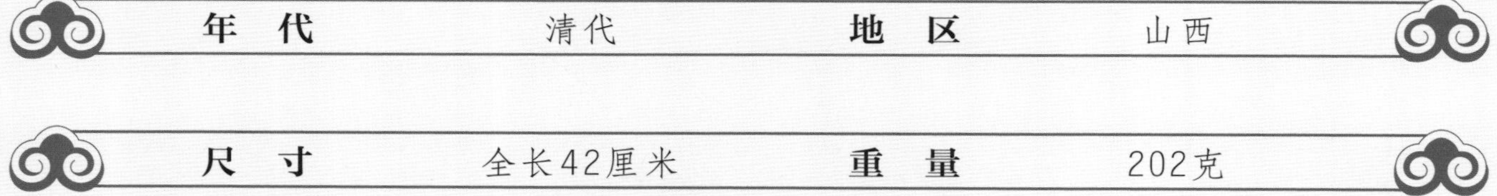

年　代	清代	地　区	山西
尺　寸	全长42厘米	重　量	202克

这件长命锁的纹样“三娘教子”是一个历史故事，讲的是明代有个叫薛广的儒生娶妻张氏，妾刘氏、王氏，因妻妾不和，外出经商。忽传薛广命亡，妻张氏、妾刘氏相继改嫁。唯独三娘王春娥与老仆薛保艰苦度日、省吃俭用抚养刘氏所生之子倚哥。倚哥渐渐长大，知道三娘不是自己的亲娘，不服三娘管教，王春娥气愤之下在织房立断机布教子，直讲得倚哥低头认错。之后，倚哥苦读诗书，应试中举。

银方形镀金麒麟送子长命锁

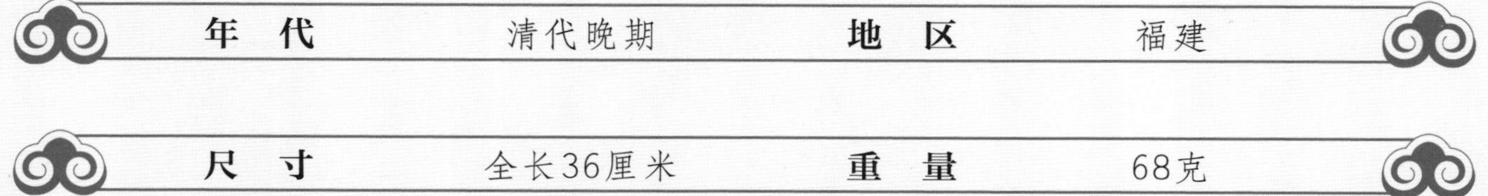

年　代	清代晚期	地　区	福建
尺　寸	全长36厘米	重　量	68克

这是中国沿海福建地区的银锁，原本下面的坠饰是五个铃铛，因年代久远已缺失，但锁上的图案仍然很清晰。这是经过擦洗后显现出来的原形。饰品清洗时一定要小心，轻洗轻擦，不要用力过猛，以免损伤其原形的面目，旧银饰的清洗也是一门很专业的技术。

银镂空童子麒麟送子长命锁

年 代	清代晚期	地 区	山西晋中
尺 寸	全长42厘米	重 量	198克

清代长命锁多为银制，上部为项圈式或链式，下部为坠饰物。坠饰物形状多样，有锁形、蝴蝶形、如意形、麒麟送子形等，正面多錾刻吉祥文字，如“长命富贵”“长命百岁”“五子登科”“百家保”“状元及第”等一些吉祥文字，这些银制长命锁多为少年男女的颈饰。麒麟是传说中的神物，“四灵”之一，因此更多一些。

麒麟送子的文化源头传说涉及孔子。据传说孔子也为麒麟所送，孔子在出生前有麒麟来到他家院中，口吐玉书，因此成了大圣人。孔子出生后也被称为“麒麟儿”，后来人们将别人的孩子美称为“麒麟儿”。《诗经》也曾用“麟趾”称赞周文王的子孙知书达理，从此“麒麟”一词被用于祝颂子孙贤德。

此长命锁相较其他锁创意更丰富一些。链上有双钱；两个喜笑颜开的童子，因为挂在银链上，可称“连生贵子”；两个大银铃，下挂四个小银铃，铃声是一种信号，当孩子戴着锁玩耍时，父母便能根据听到的响铃声，知道孩子是否在附近。长命锁上的各种坠饰都是有寓意的，同时也是中国特有的文化现象。

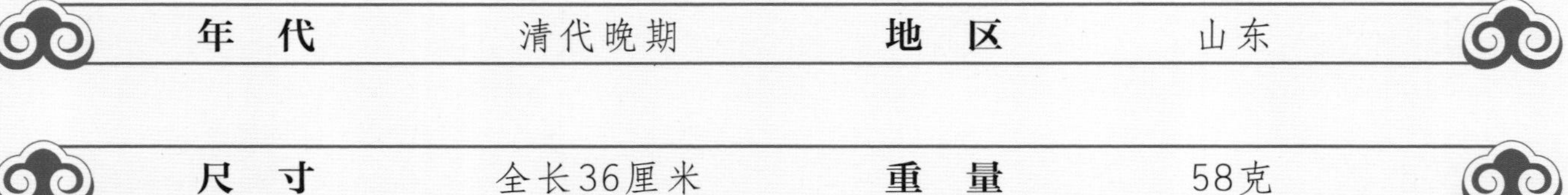

银圆形镂空虎头纹长命锁

年　代	清代晚期	地　区	山东
尺　寸	全长36厘米	重　量	58克

小孩戴虎头纹的长命锁，主要是借虎的威猛避邪驱祟。民间常见镇五毒的长命锁，镇五毒的肚兜、绣荷包、虎围涎等。还有在小孩的额头上用雄黄画一个“王”字，其意就是借虎驱邪。在山西、山东、陕西西北地区，姑娘的陪嫁品中必有一对特大的面老虎。虎头枕、虎头帽、虎头鞋，据说有了这些东西，什么邪恶都不敢欺身。由于虎纹斑斓，额头纹似“王”字，因此，民俗物品中虎的形象也常是在额上饰“王”字，俗称“虎头王”。

虎也颇通人情。过去人们发现老虎后，一般不捕猎，而是由几个省、县的官员联名发布告示，请求老虎回到山里去不要出来伤人，老虎似乎知道了告示内容，不会轻易下山。

传说中有一个故事很有趣：一个老太婆去官府告状，说老虎吃了她的儿子，致使她无人赡养，快要饿死了。官府于是命老虎出庭，裁决结果是老太婆从此以后由这只老虎供养，老虎果然照这样做了。民俗中有关老虎的故事很多，书中的虎纹长命锁有好几个，总而言之，虎在民间的风俗中常见，也是饰品中最广泛使用的纹饰。

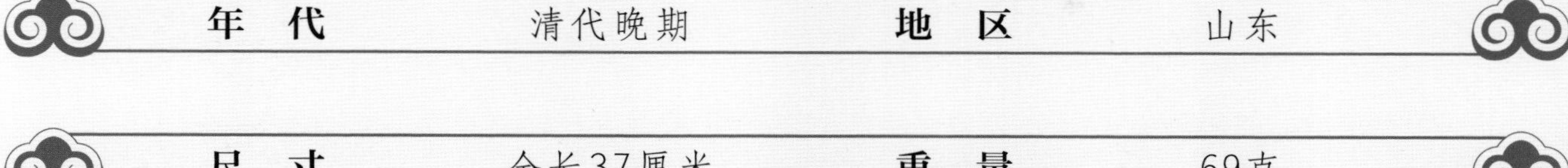

银十二生肖虎头狮子纹长命锁

年代	清代晚期	地区	山东
尺寸	全长37厘米	重量	69克

虎的威猛有力，为人所羡慕。从古至今，关于虎的词组很多。比如，“虎将”比喻将军英勇善战，“虎子”比喻儿子雄健奋发，“虎士”“虎夫”比喻英雄好汉，威武雄壮的步伐称“虎步”，地势雄伟险要称“虎踞”，豪雄人杰、奋发有为称“虎啸风生”。在古代，“虎符”“虎节”为调兵遣将的信物，是兵权的象征。在民间，就连老百姓给孩子起名都叫“虎娃”“虎妞”，比喻结实粗壮。《说文解字》这样介绍：“虎，百兽之君也。”《风俗通》中也说：“虎为阳物，百兽之长也。”正因虎有如此说法，中国民间才有如此多的虎的吉祥图案。

而这把长命锁在虎锁的上面又加了两个狮子，更加强了虎锁的力量，因为狮子也称百兽之王，比虎还凶猛。狮子取义镇宅驱邪，也是官府威势的象征，寄寓太师、少师之意。明清时期的补服绣有狮子，为二品武官的标志。

二式银狮子滚绣球长命锁

年 代	清代晚期	地 区	山西 河北
尺 寸	上图横宽17厘米 下图横宽15厘米	重 量	上图95克 下图125克

右侧图二式长命锁中，上图为银狮子纹长命锁，下图为银鎏金狮子纹长命锁。

作为外来瑞兽形象，狮子造型被吸纳于中国文化中，广泛用于塑像、塑雕等，成为我国民间喜闻乐见的艺术形象之一。

古书中记载，狮子比虎豹凶猛，被称为百兽之王。明清二品武官官服即为狮纹补子。

另外，狮子在佛教中也有一定地位，文殊菩萨就以狮为坐骑，增添了神圣吉祥的意义。从宋代开始，僧人于重阳节举行的法会——狮子会，民间组织的狮子舞等，都是吉祥、智慧的象征。

二式银百家姓长命锁

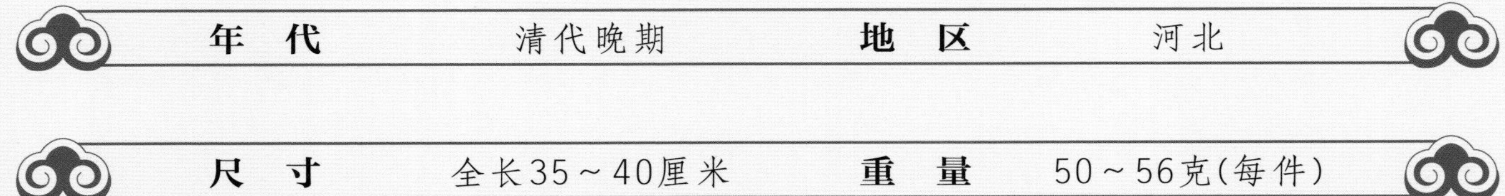

年代	清代晚期	地区	河北
尺寸	全长35～40厘米	重量	50～56克(每件)

由于长命锁有着美好的寓意，善良的中国父母认为它是一种护身符，具有压惊避邪、祈祷福寿的作用，孩子戴上它能长命百岁。笔者研究认为，这虽然带有一些迷信色彩，但因为其所承载着吉祥的寓意、美好的图案，确实有传承的必要，因为这些多姿多彩的长命锁中蕴藏了中华民族深厚的情感与传统理念，饱含了父母对孩子的一片深情。

各式银珐琅彩长命锁（十六件）

银珐琅彩花鸟纹长命锁

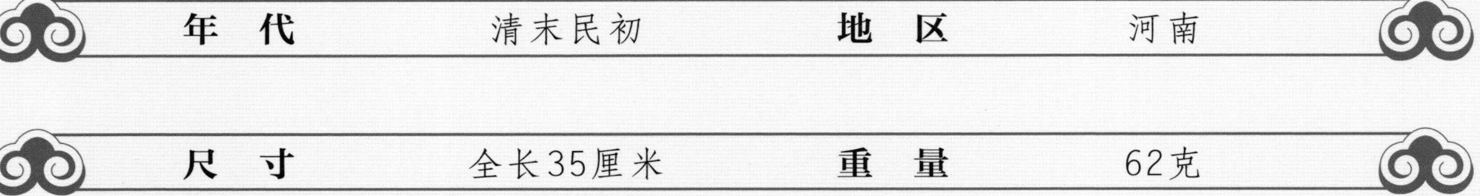

珐琅彩工艺是古代阿拉伯人借着中西贸易传入中国，后又通过蒙古族人民的西进，得到进一步扩展。元代由于重视民间艺人，凡攻下一城，注重保护工匠，余尽歼灭。元代蒙古族统治者统一全国后，随着对外交流的增多，许多身怀绝技的工匠纷纷来到中国，阿拉伯工匠带来了烧造掐丝珐琅彩的技术和主要原料，当时的珐琅器主要为皇家享用，故生产规模不大，产品也不多。明代珐琅彩工艺逐渐被朝廷重视，到了15世纪以后，这项工艺得到了极大发展，不仅造型、品种、釉色显著增多，而且工艺明显进步。清代的珐琅工艺进一步成熟，清初宫内专门设立了珐琅作坊，研究珐琅器具。到了乾隆年间，珐琅工艺全面盛行，达到了顶峰，并遍布全国很多地区。各种器物的纹样越来越多，釉色种类多样，珐琅工艺发展到了极境之地。无论过去还是现在，珐琅彩工艺一直是藏家、行家们的至爱，是金银首饰和其他器物最偏爱的工艺之一。

银珐琅彩二龙戏珠长命锁

年　代	民国初期	地　区	山西
尺　寸	全长38厘米	重　量	98克

关于龙珠有若干说法，《述异记》认为“凡有龙珠，龙所吐者”。《庄子·列御寇》中说“夫千金之珠，必在九重之渊，而骊龙颔下”，有人推测龙珠是龙自身所有。一说“珠”指太阳，所以大部分二龙戏珠图中，龙珠上有火焰，下面多为海水；又说龙珠指佛教的宝珠摩尼珠，又名“如意珠”。龙戏珠是在佛教传入中国后才产生的，而在唐宋之前的图案介于双龙之间的多为玉璧或钱币图案，有人据此认为龙戏珠与佛教有很大渊源。在金银首饰中，二龙戏珠的簪、钗、步摇、扁方、长命锁、耳环、耳坠占据很大一部分，二龙戏珠的金银手镯也有相当比例。因此二龙戏珠成为各种艺术品中的吉祥纹样，是中国人最熟悉的图案之一。

民间艺人的想象力丰富，巧妙地将一个银圆作为龙珠，经过艺术加工成为一枚“二龙戏珠”长命锁。作品充满了民间艺人的聪慧智巧，积淀了民间生活的感受。关键是从老银饰中看到了雕工的精美，看到了淳朴的金银文化，人们对美的执着追求，并倾注了制作者满满的情感和心血。

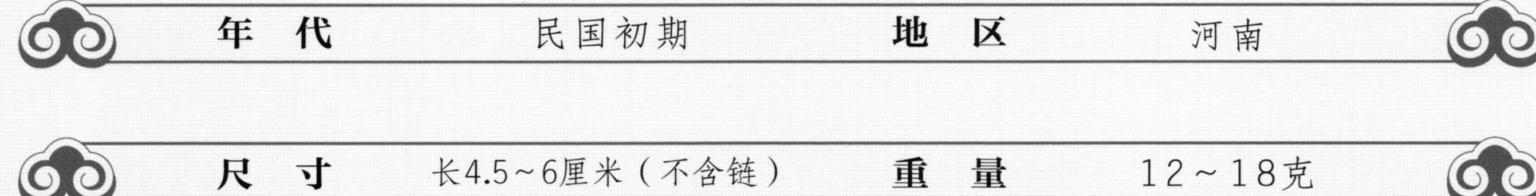

银珐琅彩长命锁

年代	民国初期	地区	河南
尺寸	长4.5~6厘米（不含链）	重量	12~18克

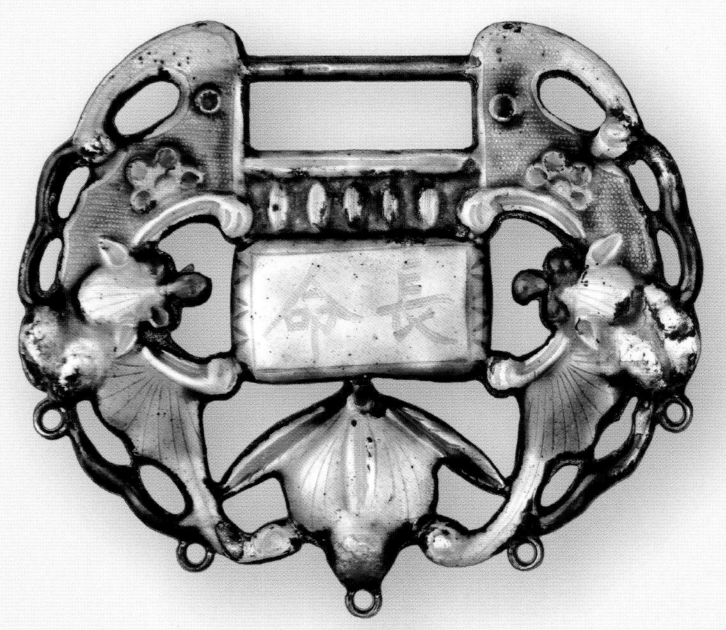

正面为福寿纹长命，背面为福寿纹百岁

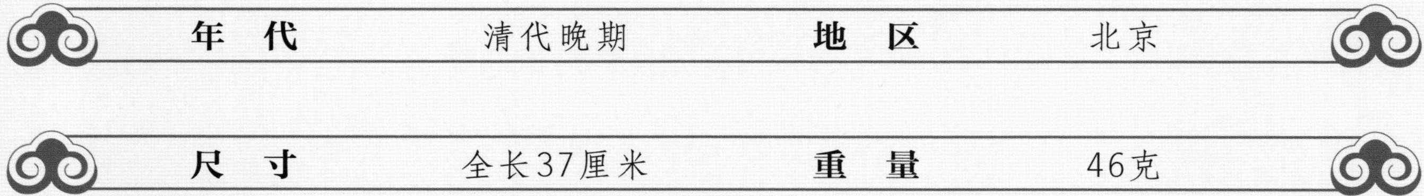

银珐琅彩扇形长命锁

年代	清代晚期	地区	北京
尺寸	全长37厘米	重量	46克

多式银珐琅彩长命锁

年　代	清代晚期	地　区	山西晋中
尺　寸	全长25～40厘米(含链)	重　量	10～50克(每件)

图中各种银珐琅彩长命锁37个，把各式各样的长命锁放在一起，挨着个地把玩，挨着个地端详，这种把玩给人带来了好心情，端详又让人一饱眼福。纵观各地的这些传世之物，寻找在岁月中留下的痕迹，在这些精美的银饰中，深深地体会到中国民间艺人的聪慧与智巧。它们不仅承载着人们的丰富情感，还代表了来自民间的朴实文化。

银珐琅彩福寿纹项圈式长命锁

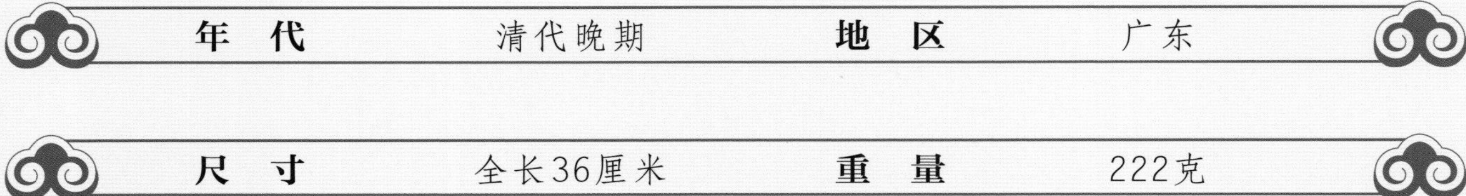

年代	清代晚期	地区	广东
尺寸	全长36厘米	重量	222克

福寿，从古至今就是人们讨论最多的话题，是人类对生存的一种希望和要求，是人生的真谛，是精神上无以复加的宴席。

中国的吉祥图案通常以自然界的物象或传说故事为题材，用寓意、象征、假借等含蓄的比喻表现方法，表达着人们对美好幸福生活的追求。福，作为吉祥文化的主要内容，多角度、多层次地反映了人们的理想与愿望，祈福的观念潜移默化地融入各种民俗活动之中。

图中项圈是以“蝙蝠”和吉祥文字“寿”字组成了福寿纹长命锁，在我国传统装饰艺术中，蝙蝠被视为幸福的象征，民间艺人借用“蝠”与“福”的谐音，以蝙蝠的飞临，寓意“进福”，希望幸福自天而降。很多长命锁正是运用这种装饰艺术表达了人们对福和寿的渴望。

银珐琅彩蝴蝶纹长命锁

年代	民国初期	地区	北京
尺寸	全长33厘米	重量	160克

银珐琅彩龙纹长命锁

年代	清末民初	地区	北京
尺寸	全长35厘米	重量	130克

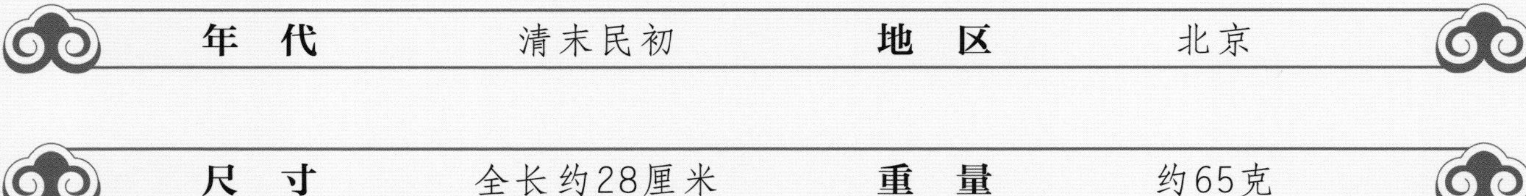

银珐琅彩蝴蝶纹长命锁

年代	清末民初	地区	北京
尺寸	全长约28厘米	重量	约65克

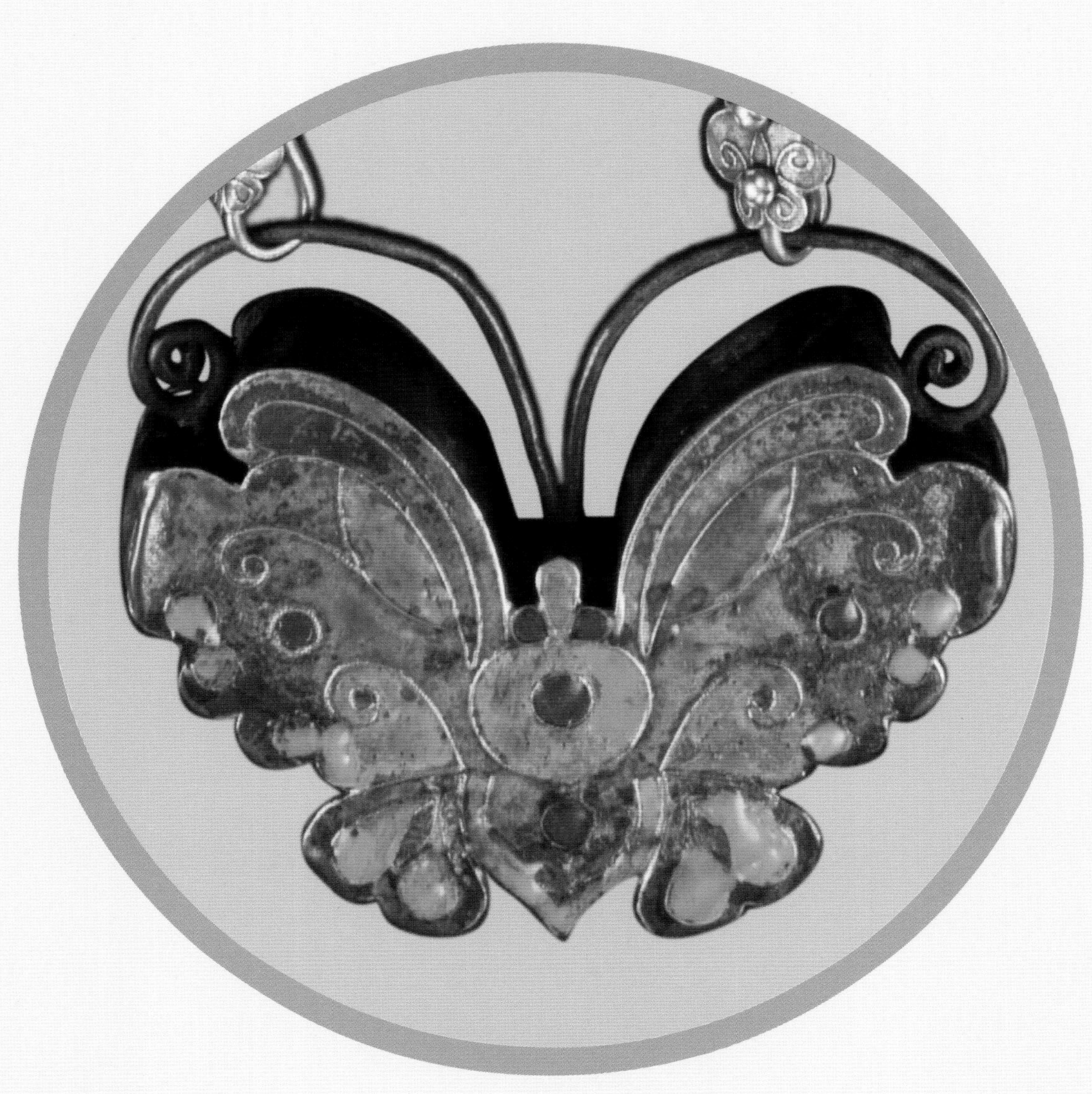

银珐琅彩猫戏蝴蝶长命锁

年 代	民国初期	地 区	山东
尺 寸	全长39厘米	重 量	82克

猫、蝶是吉祥图案中常见的画面。如果画面中光是牡丹和猫，吉祥图可称为“正午牡丹”。因为牡丹是花中之王，无论入画，还是摆设，均是富贵荣华的象征。初夏正午，是牡丹盛开最好的时刻，而猫的眼睛到了中午就变成了“1”字，钟的两针都指向正午十二点。中午是阳光最旺的时刻，也是牡丹盛开的时刻，寓意“富贵花开”。正因为有这些美好的寓意，猫和蝴蝶、猫和牡丹常在一起组图，类似这样的题材很多。这些吉祥图案和人们的审美完美地结合起来，成为我国传统文化艺术的珍贵遗产。

银珐琅彩百家姓长命锁

年代	清末民初	地区	山东
尺寸	全长42厘米	重量	68克

长命锁品种很多，其中锁下坠百家姓的也是比较流行的长命锁之一。和其他锁不一样处，就是在锁的下面垂钓四串或五串树叶似的叶片，是北宋初年一个书生所编创。将常见的姓氏编成四字一句的韵文，姓“赵”，即是国君的姓为首；其次是“钱”姓，钱是五代十国中吴越国王的姓氏；“孙”为吴越国王钱俶的正妃之姓；“李”为南唐国王李氏。在长命锁的坠饰上刻上多种姓氏，寓意有一百个家族在护佑孩子健康成长。特别不能缺了陈、孙、刘、胡四姓。因为这四字的谐音均为吉利字，是讨好口彩的意思。笔者收藏了不少百家姓长命锁和坠有丰富坠饰的各种锁。长命锁是由链饰、钩饰、挂饰、坠饰组合而成的，其中也大有说头，文化内涵很丰富，越好的长命锁，它的链、钩、挂、坠也越讲究。整体的美一定是与局部的美相辅相成的。长命锁和长命锁上的很多配饰都与中国悠久的历史文化有着密切的联系，这些深厚的文化积淀也是祖先给我们留下的财富与文化享受。长命锁上的每个吉祥图案都充分体现出中国父母对儿女的一片深情和美好期望。也正因如此，长命锁在民间经久不衰，传承至今。

長命百歲

银珐琅彩福寿双全长命锁

年　代	民国初期	地　区	山东
尺　寸	全长40厘米	重　量	81克

这里不再用重复的语言解释长命锁的寓意，只想谈谈笔者对这些锁的感悟。长命锁的吉祥物是儿时的记忆，也是中国人文明的真实写照。我国劳动人民在长期的生产和生活实践中，根据事物的某种属性或谐音，赋予其一定的意义，产生了这些充满欢乐、吉庆的图案很容易为人所接受，因为每个图案都是吉祥的，虽然只是一种慰藉、一种美好的希冀，却带给人们无限的盎然春意和喜气。

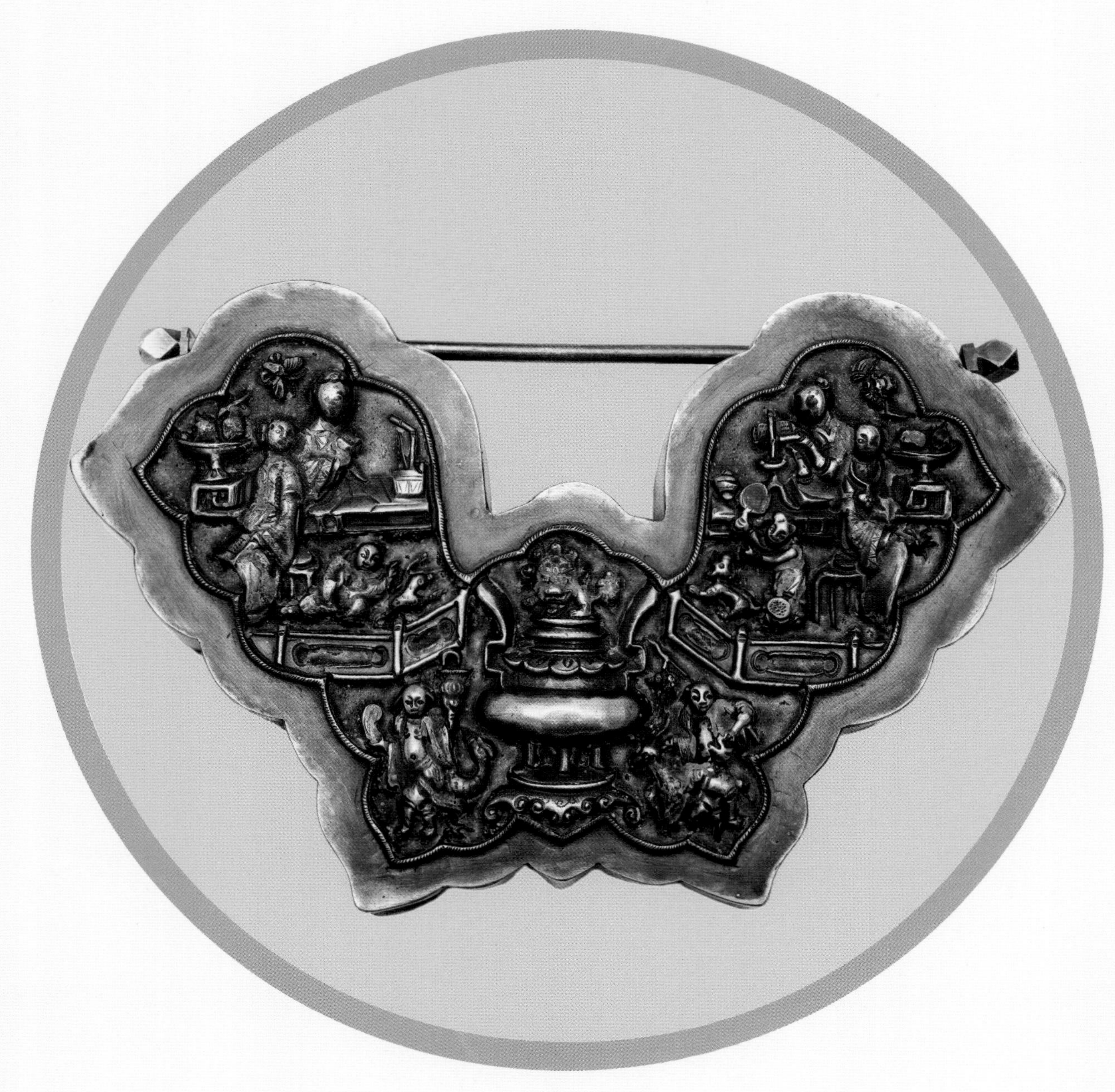

银珐琅彩人物纹项圈式长命锁

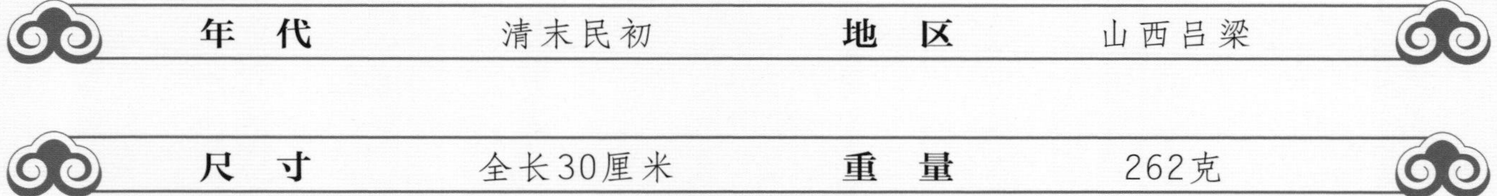

年代	清末民初	地区	山西吕梁
尺寸	全长30厘米	重量	262克

红楼梦中的贾宝玉颈上佩戴的就是类似这样项圈式长命锁。尤其到了清代民国初期工艺得到了很大提高，做工越来越精细，品种越来越多，内容丰富多彩。造型也增加了不少，但最多的造型还是麒麟送子。长命锁上的吉祥纹样，基本上由三种纹样组合。吉祥花草花鸟动物纹、吉祥文字纹、人物故事纹。

书中选择的长命锁都是很有代表性的，也是本人收藏多年，最珍爱的项圈式长命锁。

银珐琅彩人物纹项圈式长命锁

年　代	清末民初	地　区	山西吕梁
尺　寸	全长31厘米	重　量	363克

人物纹银胎珐琅的大长命锁存世量少之又少。白银作为贵金属耐磨性很强，加上珐琅彩釉的晶莹光滑，极具装饰性。珐琅彩制品早期作为宫廷陈设用品，能为宫殿增添非常多华丽色彩，更能体现出封建皇帝的尊贵地位，直到清代中期民间银铺才开始烧制。

图中这把汉族人物纹项圈式长命锁为山西吕梁地区特有的最受当地人珍惜的长命锁，是一件备受珐琅彩行家青睐的藏品。

银珐琅彩人物纹项圈式长命锁

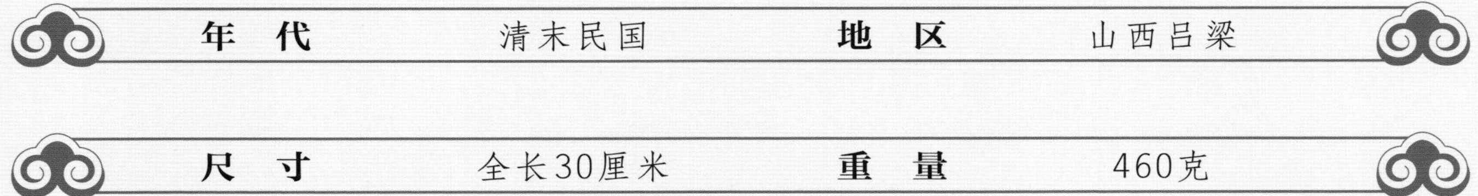

年　代	清末民国	地　区	山西吕梁
尺　寸	全长30厘米	重　量	460克

长命锁上的正反面均錾刻各种吉祥纹样和人物故事。如状元及第、五子三元、百家宝锁、五子登科、满堂富贵、吉祥如意、长命百岁、福寿康宁、全家福、连中三元、福寿双全、天仙送子等；还有很多历史人物故事、传说等，如西游记、刘海戏金蟾、三娘教子、福禄寿三星、关公千里走单骑、五子夺魁、拾玉镯、满床笏、指日高升、和合二仙、西厢记等。长命锁在中国南北方都十分流行，千百年来给中国传统服饰文化的传承留下了宝贵资料，把最美好的祝福佩戴在千家万户的每个孩子身上。

银如意形福寿双全项圈式长命锁

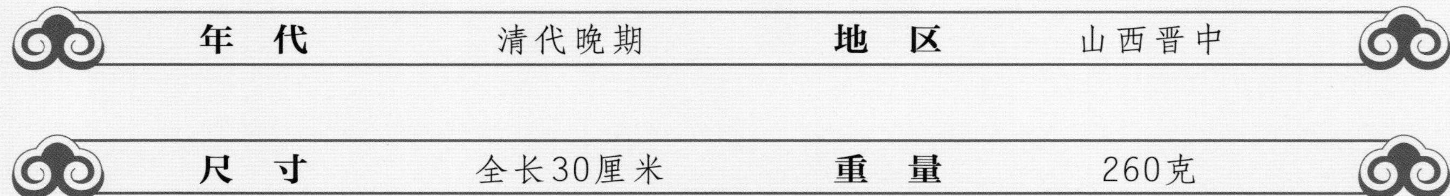

年　代	清代晚期	地　区	山西晋中
尺　寸	全长30厘米	重　量	260克

据历史记载，唐朝大将军郭子仪（今陕西人），平定安史之乱立了大功，拜为兵部尚书，又封汾阳郡王，后尊为“尚父”。他有七子八婿，各具荣华富贵，从古至今受到人们的仰慕。人们称他是位高权重，福寿双全。

此长命锁和项圈连接为一体，风格粗犷而大方，工艺极其精巧，尤其是人物的刻画，无论是开脸、衣纹手势，还是神态，皆十分规整，想是一个很有功力的匠人所作。这不单单只是一个长命锁，更是一件可戴、可把玩、可欣赏的艺术品。

银如意形福禄寿三星高照长命锁

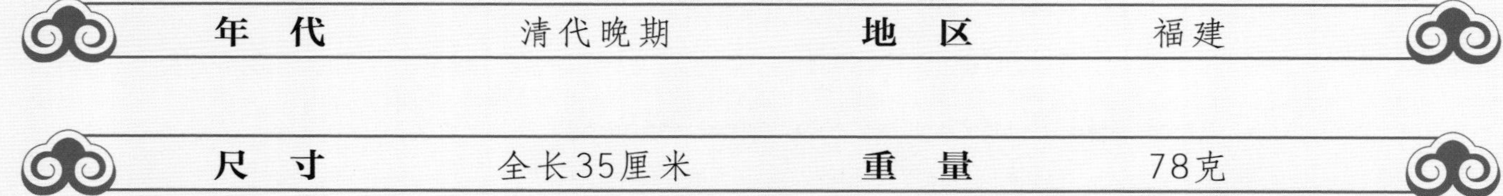

年代	清代晚期	地区	福建
尺寸	全长35厘米	重量	78克

该锁的正、背两面的纹样均为人物，正面为“三星高照”，背面为“状元回家”。

“三星高照”也称“三星拱照”“三星在户”。由福星、禄星、寿星三位神仙组成。民间传说他们分别主管人间的福、禄、寿。福星司祸福，禄星司富贵贫贱，寿星司生死。定做这把“三星高照”的银锁，寓意有神仙保佑孩子，定会阖家幸福、长寿，也是人们对生活美满的追求与向往。本锁也可以这样理解，有三星高照，因而孩子长大能考中状元。在考中状元后，骑着大白马，前后鸣锣开道，人称“状元回家”。

银如意形福禄寿三星高照长命锁

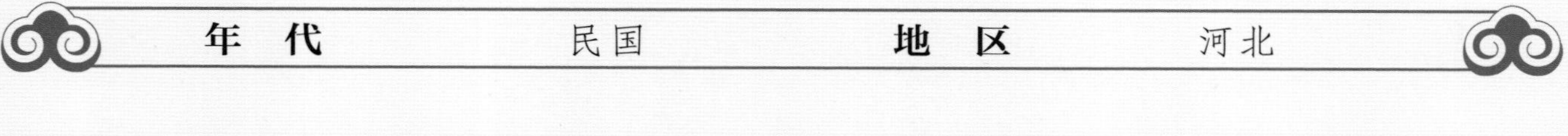

年代	民国	地区	河北
尺寸	全长40厘米	重量	48克

福、禄、寿三星高照纹样的使用很广泛，是木器、家具、瓷器、玉器、织绣、金银器以及竹、木、牙、角雕绘画等很多艺术品中最常见的吉祥图案。传说福星是天官，古称是木星下凡；禄星是由一颗辰星演变而来，它位于北斗七星的正前方，北斗七星正前方这六颗星统称为文昌宫，里面最后一位就是主管禄的禄星，它是历代读书人的幸运之星；而寿星亦名南极仙翁，也是人们常说的南极老人，他广额白须，捧桃执杖，负责安康长寿，即生死寿考，更是作用巨大。既然是美丽的传说，我们何必又去求证它的真实性。正因为有这么多的美丽传说，世人才拥有了无数美好的憧憬并为实现这些美好生活而奋斗。在欣赏、把玩、收藏这些长命锁的同时，我们充分感受到了这些文化现象中所蕴含的玄机、吉祥与审美取向，以及中国文化的博大精神，丰富了我们的文化知识，开阔了我们的眼界。

银如意形福禄寿纹长命锁

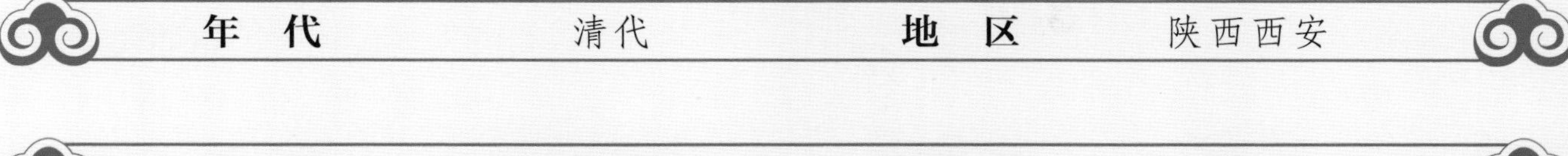

年　代	清代	地　区	陕西西安
尺　寸	全长32厘米	重　量	115克

该锁的装饰主题，正面为福禄寿，背面文字为当朝一品。银锁的正面錾刻十分精致细微，走线工艺很到位，线条流畅，画面清晰，特别是人物的整体塑造工艺很成熟，必是老艺人的手艺。

银锁正面上方两只蝙蝠在祥云中飞舞，在吉祥图案中称喜相逢。有一只鹿顺从地跟随着老寿星，一活泼童子手舞足蹈地在前方引路，形成一幅“福禄寿”的吉祥图。

银锁背面采用了掐丝工艺，最上面左右日月两字，寓意指日高升。银锁的一边有一只花瓶，寓意平安富贵。下方左右有书画，代表琴、棋、书、画，寓意天下太平；正中有一个“磬”代表吉庆，还有两个瓜，代表子孙万代。银锁中间有“当朝一品”。一品是官品中地位最高之意，当朝是执掌国家政务。

整个银锁正反两面画面的刻画无论是蝙蝠、鹿、人物动作和神态都很生动。银锁反面用掐丝工艺成型的书画、磬、瓜、吉祥文字、花瓶排列有序，一丝不苟，画面的边饰也十分规整。主题明确，形象生动。

二式银如意形棒打龙袍长命锁

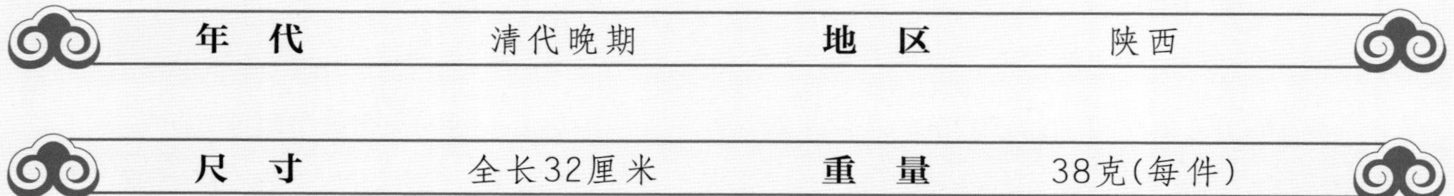

年 代	清代晚期	地 区	陕西
尺 寸	全长32厘米	重 量	38克(每件)

《打龙袍》是京剧传统剧目。讲的是宋代包拯奉旨陈州放粮，在天齐庙遇一盲丐妇告状，诉说当年宫中秘事。原来此妇便是真宗之妃，是当朝天子之母，并有黄绫诗帕为证。包拯当即答应代其回朝辩冤。回京后，包拯借元宵观灯之际，特设戏目指出皇帝不孝。仁宗大怒，要斩包拯。经老太监陈琳说破当年狸猫换太子之事，才赦免包拯，并迎接李后妃还朝。李后妃要责惩仁宗，命包拯代打皇帝。于是包拯脱下皇帝的龙袍，用打龙袍象征打皇帝。京剧剧目《赵州桥》《断后》，还有《遇后龙袍》，说的都是这个故事。

银蝴蝶纹项圈式长命锁

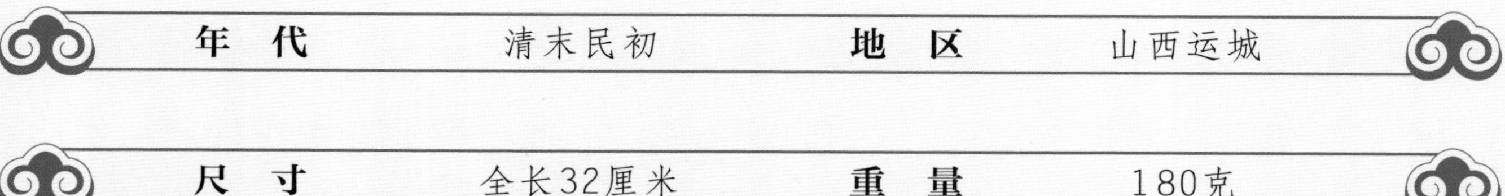

年　代	清末民初	地　区	山西运城
尺　寸	全长32厘米	重　量	180克

银牌匾式状元第纹长命锁

年代　清末民初　地区　山西

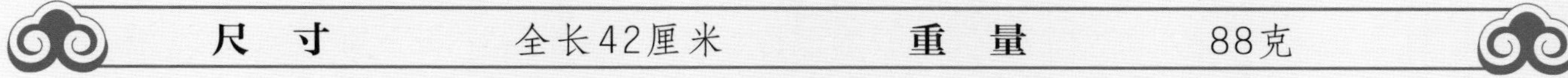

尺寸　全长42厘米　重量　88克

中国科举考试制度创始于隋朝，形成于唐朝，完善于宋朝，强化于明朝，至清朝趋向衰落，历经1300余年。状元为殿试第一名，第二名为榜眼，第三名为探花。新科状元殿试钦点之后，由吏部、礼部官员捧着圣旨鸣锣开道，状元公身穿红袍、帽插宫花，骑着高头骏马，在皇城御街上走过，称为“御街夸官”或“游街夸官”。

状元第原称“宝砚堂”，康熙五十九年乡魁庄柱所建，后其子培因于乾隆十九年状元及第，遂改称“状元第”。

银牌匾式状元第长命锁

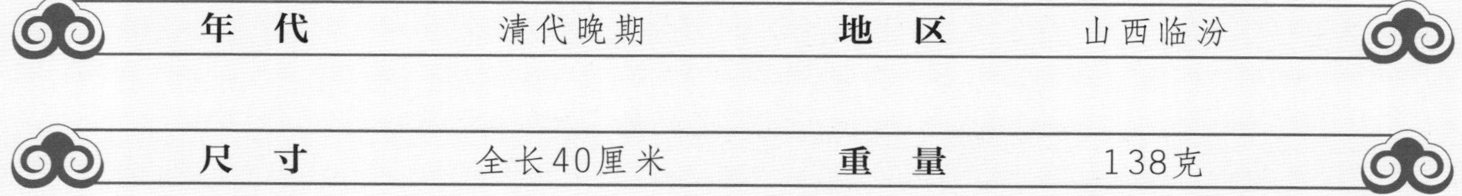

年　代	清代晚期	地　区	山西临汾
尺　寸	全长40厘米	重　量	138克

旧时科举考试，金榜有甲乙次第之分，凡考中状元皆称“状元及第”，童子戴冠寓意着“高中状元”，童子骑于马上寓意“马上成功”，骑龙寓意昔日的鲤鱼已跃过龙门而化作龙。

这件状元第长命锁非常别致，以门匾的造型制作。上边左右有双龙飞舞，中间人物为“三娘教子”故事，其下为琴棋书画及花卉纹装饰，高低错落，层次分明。上面银链挂四个小铃，锁的最下方挂四个大铃，布局大气、明朗。

状元第

银状元及第暗八仙纹长命锁

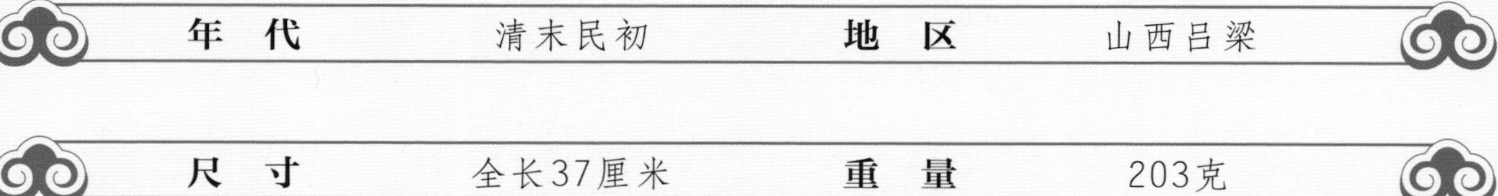

年代	清末民初	地区	山西吕梁
尺寸	全长37厘米	重量	203克

第及元狀

银状元及第蝙蝠纹长命锁

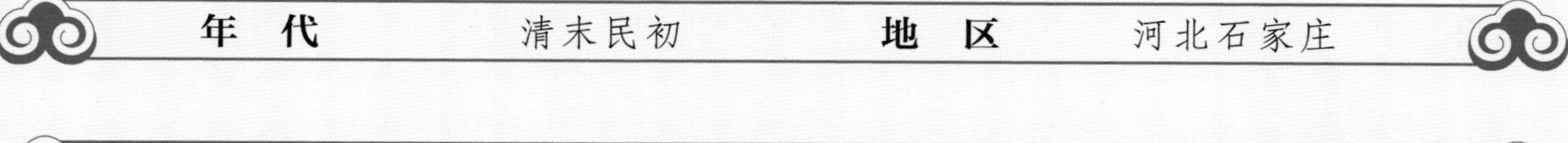

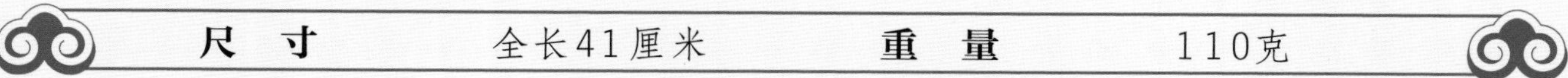

在古代没有电影、电视，宣传什么很受局限，其实这些长命锁上的吉祥图案，包括木版年画等，就相当于现在的电视、电影。如果很早就有这些传播工具，古代传统文化会得到更广泛地流传和发展，对社会文化的影响也会更深远。

几千年来，中国人一直把读书和日后入仕途紧紧联系在一起。在古代封建社会里，科举是文人进入仕途的必由之路，只要是金榜题名，就意味着开始吃皇粮，享有俸禄，就能改变命运。因此，金榜题名是文人最大的心愿。古语“书中自有千钟粟，书中自有颜如玉，书中自有黄金屋”，即是对金榜题名最通俗的注解。

即使是今天，状元及第仍然不过时，那些学子们步入考场，谁不想状元及第呢！状元及第是对学子们的祝福，是对人才出众的最高评语，也是对各行各业人才的赠语。状元及第是应试士子中万里挑一的佼佼者，所以现在也用“行行出状元”来形容各行各业的杰出人才。说到这里你就会明白，为什么长命锁中状元及第锁很多，为什么天下父母要打凿状元及第锁给儿女佩戴。因为，这是天下父母对儿女的美好祝福和愿望寄托。

翠玉如意纹长命锁

年　代	清末民初	地　区	北京
尺　寸	全长约30厘米	重　量	约120克

这件长命锁由数个镂空银珠子，八颗红朱砂珠子，两个珐琅彩寿桃纹小铃铛，一对兽爪挂饰与一件如意纹翠玉长命锁组合而成。虽然挂饰不多，但寓意着美好的祝愿，避邪保平安。两个桃纹小铃铛在传统民俗文化中代表寿，而最下面的如意云头纹翠玉长命锁在传统文化中代表事事如意顺心。

我国先民在旧石器时代就用兽爪装饰身体，早期的避邪物大多是利用兽爪、兽牙、兽角、鱼骨以及贝壳等自然物进行简单加工，并用绳索缀连成饰。

人类早期使用兽爪、兽牙、兽角，首先是满足人的巫术信仰或图腾崇拜，后来演化出部落族群的标志。当时人们认为佩戴兽牙、兽骨就能获得野兽的力量或是得到图腾祖先的护佑，可以镇祟避邪。至今，一些民族仍有佩戴兽爪的习俗，同样也包含浓厚的观念意义。

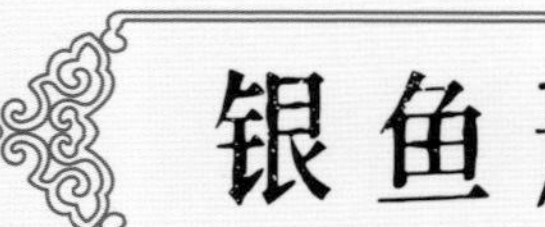

银鱼形长命锁

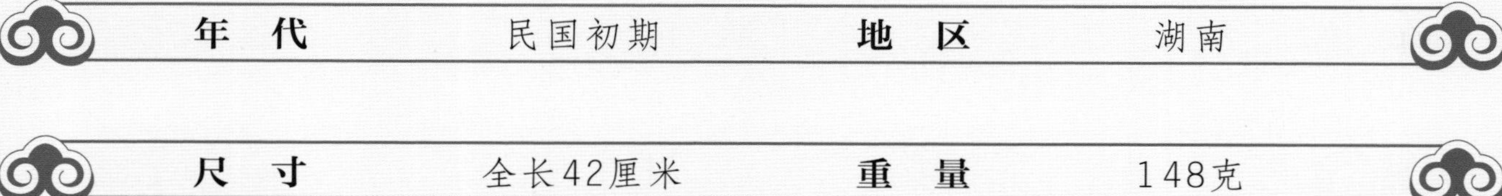

年　代	民国初期	地　区	湖南
尺　寸	全长42厘米	重　量	148克

这种造型的锁是长命锁中的一种，也可说是吉祥挂饰，两者并不矛盾。

人类和鱼的关系自古就十分密切。在长期的历史发展中，人们形成了很多关于鱼的观念，这种观念以各种方式体现于民俗艺术等方面。

从狩猎文明到工业文明，鱼一直活跃在人们的文化生活中。成语“鱼传尺素”说的是用“鱼”来传递书信的典故。书信又有“鱼笺”之称。古时有“鱼符”，也叫“鱼契”，是类似于虎符的信物。佛教僧徒诵经时击打节奏的器物叫“鱼鼓”，俗称“木鱼”。在中国民间，老百姓最喜爱的“连年有余”“吉庆有余”的吉祥图几乎贴进了千家万户，寓意生活富裕美好。更有“鱼化龙”“鲤鱼跳龙门”的故事自古流传至今，后代人常作高升的比喻，幸运的开始。鱼在各种饰品上用于祝吉求子，以其作为生育繁衍的象征。中国浙江东部，新媳妇出轿门时以铜钱撒地，谓“鲤鱼撒子”。用“如鱼得水”形容幸福的夫妇生活和谐美满，因此鱼和人类有着十分密切的关系。

各式银长命锁（十件）

年　代	清末民初	地　区	山西　江西　河北
尺　寸	全长3～6厘米	重　量	8～19克(每件)

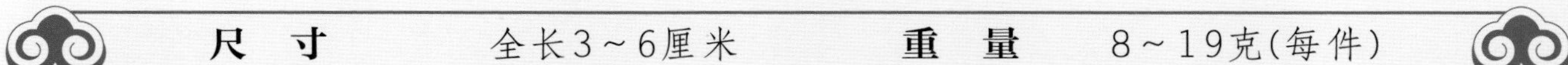

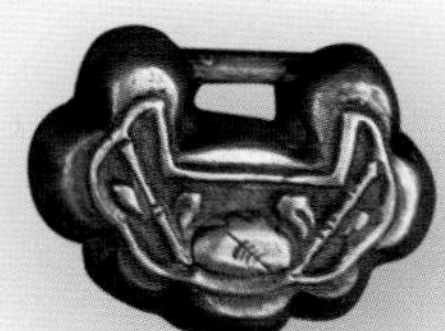

银魁星长命锁

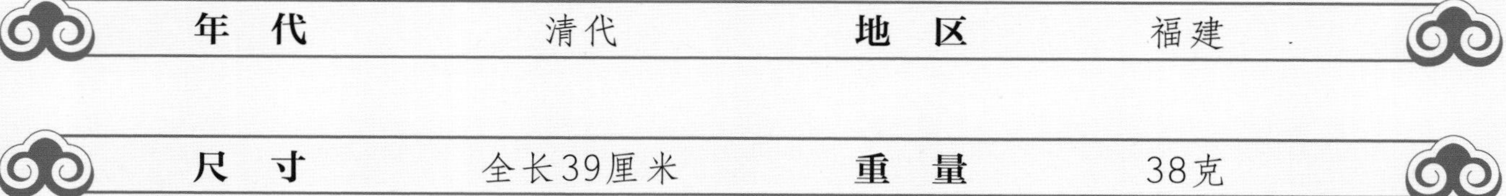

年代	清代	地区	福建
尺寸	全长39厘米	重量	38克

这种以魁星为饰牌的挂饰很少见，实际上也是长命锁的一种。魁星是我国神话中是主宰文章兴衰的神。旧时有很多地方都有魁星楼、魁星阁等古建筑，尤其在闽东一带很受一些文人的崇拜。有些地区七夕这天女子拜“织女”祈求贵子，读书人拜“魁星”祈求功名。

拜“织女”的仪式也非常讲究且有趣，少妇盼望喜得贵子，专门等到七月七回娘家拜“织女”，少则三四个、多则七八个已嫁且未生子的少妇组织起来联合举办，希望织女星赐予恩惠，祈盼早生贵子。

而“魁星”系北斗一星座名，据说此星生于农历七月初七，并主管“文事”，所以当地文人每到七夕这天就会拜祭它，以求功名。

这些活动虽有些迷信色彩，又有些游戏味道，但通过这样的形式，可以看到人们对功名利禄、夫荣子贵的强烈愿望。

中国的银饰品，只要有图案，就有故事。这些习俗在我国民间广为流传，表达了人们祈求平安吉祥的愿望。

银挂饰

第三篇 长命锁与挂饰

银镀金双鱼挂饰（一对）

年 代	民国	地 区	福建
尺 寸	全长15厘米	重 量	65克(一对)

中国人自古有佩戴挂饰的风俗，人们称这些挂饰为吉祥物。有在颈上挂的，有在腰间挂的，女子一般佩挂在衣服右襟第二颗纽扣上。这种风俗由来已久，早在魏晋南北朝就有，但于明清时代流传最广。无论是南北方的汉族，还是少数民族均有佩挂这类饰物的习俗，挂饰的内容也是根据个人的爱好而制作的。

在长期的历史发展中，人类和鱼的关系十分密切。有关鱼的吉庆语、吉祥图案很多，如“富贵有余”“年年有余”等。古人的铜镜上经常可以看到双鱼图案，是人们用来描写新婚夫妇生活幸福和谐的词语，因为一对鱼就是爱情生活和谐的象征，也是最常见的结婚礼物。此图中的双鱼挂饰很可能就是结婚时留下来的纪念品。

银鎏金万事如意挂饰

年代	清代	地区	山西
尺寸	全长42厘米	重量	56克

清代和民国时期，身佩多层的挂饰很时尚。这件挂饰应为女眷所用。多层挂饰长度并无规定，一般为二三层，多的为五六层，最下层坠挂饰品有刀、剑、耳挖、牙签、镊子等。特别在中国的福建地区，多有这样的银饰挂件，中间挂的饰牌采用银质镂空工艺。錾花工艺成型下坠的刀剑具有避邪的功能。自下往上为如意头饰，是一种如意纹的造型，造型极富情趣，地域不同，叫法也不同，有叫“兵佩饰”，也有叫“压襟”的。称为“兵佩饰”多有避邪的意思，而压襟是指妇女穿的斜襟衣服，挂在第二颗纽扣上，有压住斜襟不起伏之用，因此这种二至五层的挂饰多为妇女所有。

类似挂饰不但南方有，北方也有，通常北方的要比南方的重一倍到两倍。挂饰具有多姿多彩的装饰风格，有鎏金、珐琅彩，甚至镶嵌珠宝等。图案也丰富多样，有福禄寿喜、花鸟鱼虫、人物故事、山水楼台等。小小的银挂饰，寄托着人们对美好生活的向往，形成了别具一格的艺术特点。

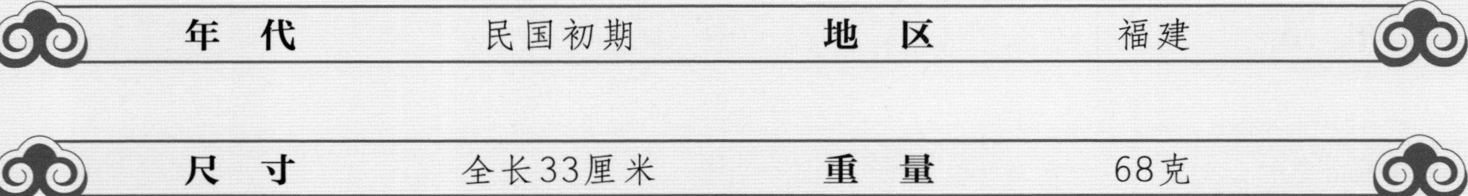

银珐琅彩一帆风顺花篮挂饰

年　代	民国初期	地　区	福建
尺　寸	全长33厘米	重　量	68克

珐琅彩挂饰在古玩行里是备受喜爱的手把玩件，数量要比没有珐琅彩的挂饰少得多，因此很受玩家的青睐。

本书收录的珐琅彩饰品和挂饰为我们展示了珐琅彩的精湛和美丽，无论是大件器物还是随身佩戴的小把件，都格外令人喜爱。

银珐琅彩鲤鱼跳龙门挂饰

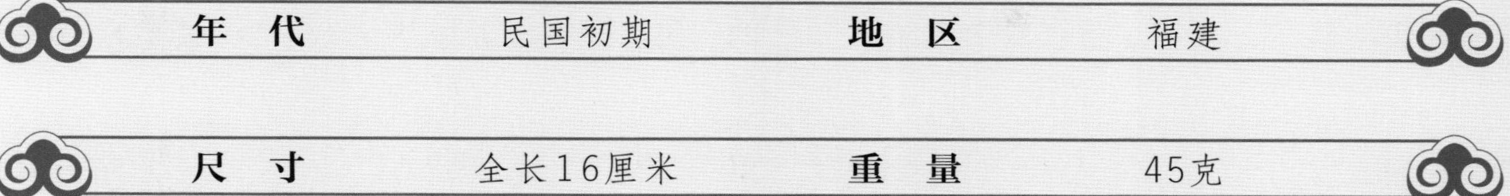

年代	民国初期	地区	福建
尺寸	全长16厘米	重量	45克

鱼的种类和吉祥物很多，但多指鲤鱼和金鱼。鲤鱼的“鲤”和“利”谐音，故有“渔翁得利”；鲤鱼产籽多，故常用于祝吉求子，作为生育繁衍的象征。汉代铜洗上的双鲤鱼被称为“君宜子孙”。

在历史文化的发展进程中，鱼的图案越来越多地用于吉祥饰品，成为金饰、银饰、竹木牙角雕、玉佩、铜佩、珐琅器及各种挂饰中使用最广的图案，也是中国民间老百姓最喜爱的图符之一。

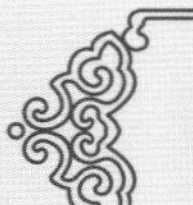

银珐琅彩花篮挂饰

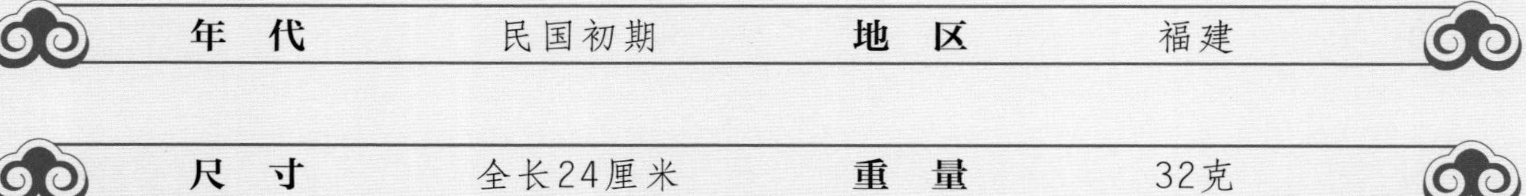

年　代	民国初期	地　区	福建
尺　寸	全长24厘米	重　量	32克

清代康熙年间，中西方贸易禁止被解除后，欧洲的珐琅器(洋瓷)传入中国，并以贡品、礼品等形式进入清宫廷。这些珐琅器工艺品引起了清代皇帝及王公大臣的关注，于是清政府在广州和北京两地专门设立了珐琅器制造作坊，经若干年的努力，烧制出多种图案题材、器物造型和风格独特的珐琅器。

银珐琅彩鱼纹挂饰

年 代	民国初期	地 区	福建
尺 寸	全长14厘米	重 量	32克

古人视鱼为吉祥物，这件鱼纹挂饰为银珐琅彩，鱼头与鱼身分段制作，能转头活动，像虾一样能屈能伸、精巧灵动，整体效果极具装饰性。

银鱼跳龙门挂饰

年　代	清代	地　区	北京
尺　寸	全长38厘米	重　量	48克

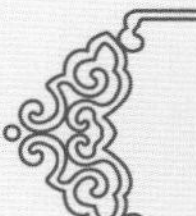

银花篮纹挂饰

年代	民国	地区	河北
尺寸	全长32厘米	重量	68克

银喜鹊登梅挂饰

年　代	清代	地　区	河北石家庄
尺　寸	全长48厘米	重　量	42克

喜鹊在中国人心里、在民俗文化中都有着鲜明的印迹，其透着喜气的身姿、明丽清亮的鸣叫随处可见、随处可闻。在春联、新婚喜联里，常用喜鹊渲染喜庆气氛。例如春联：红梅吐蕊迎佳节，喜鹊登枝唱丰年；再如喜联：金鸡踏桂题婚礼，喜鹊登梅报佳音。中国人认为喜鹊具有感应喜事预兆的神异本领，古代曾称为“神女”，故有灵鹊报喜之说。民间传说牛郎织女每到农历七月初七便于鹊桥之上相会，因此后世将其引申为能够联结男女姻缘的各种事物。于是，喜鹊成了中国民俗中最常见的吉祥图案纹样，也是各种艺术饰品中使用最多的题材。

银翡翠挂饰

年　代	清代	地　区	山西
尺　寸	全长45厘米	重　量	62克

这是一件比较讲究的挂饰。上面共挂有一个翡和十一个翠，其层次分明、雅致，下端还坠有五个饰件，整体很具观赏性。最上端是一个阿福图案，民俗称“一团和气”。这一挂饰没有复杂的工艺，只是把这些翡翠饰品简单地用银链连到一起，但却有着浓浓的雅趣，舒展而素雅，给人一种舒适的生活状态。

银岁盘式挂饰

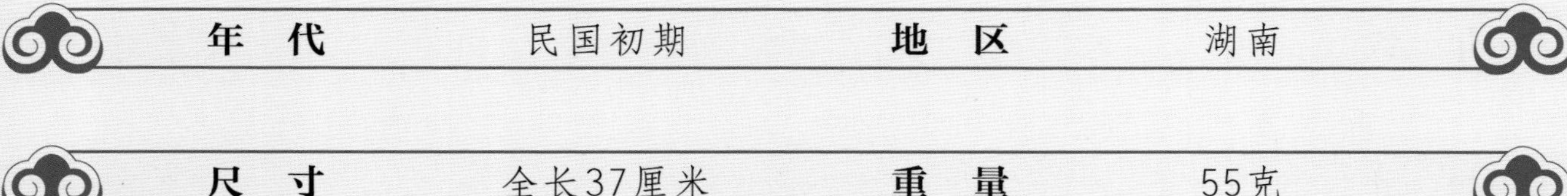

年代	民国初期	地区	湖南
尺寸	全长37厘米	重量	55克

银岁盘式挂饰实际上也是长命锁的一种，也可以作为挂饰。

中国民间自古有抓周的风俗，不分南方北方，包括一些少数民族，普遍有之。古代称抓周为“试晬”“试儿”，现代称“抓周”“抓生”，抓周一般都是在孩子周岁时举行。人们认为，抓周能预测孩子一生的兴趣爱好、志向事业、前途命运，这种习俗至今都很盛行。

聪明又会经营的银匠艺人们把岁盘打成能戴的长命锁，是一种新的创意，更能满足人们为孩子祈福的心愿，这种具有占卜性的风俗只是民间的一种民俗活动，不可能预言和决断孩子的未来和人生。但民间的风俗是根深蒂固的。比如北方人过年包饺子时，常将一些硬币包在饺子里，谁吃到谁就有福，谁吃得多谁福气就越多，若是第一口咬上了硬币，更是好征兆，就像这岁盘的寄寓一样，中国百姓相信这些风俗，其实也是很有趣的一项活动。这就是中国人有滋有味生活的反映，尤其突显在民俗文化上，给人们带来了美好如意的祝福。

二式银吉祥挂饰

年　代	清代	地　区	山西
尺　寸	全长24～32厘米	重　量	28～40克(每件)

图中左为银珐琅彩护身符，右为银珐琅彩小放牛。

在很多饰品上常常可以看到牧童骑牛纹样，或牧童骑牛吹笛，或牧童骑牛读书。民间多以春牛图、牧牛图表示“太平景象”。牛又是春天的象征，寓意喜迎春天，农时开始，人畜兴旺。而图中这件儿童骑在牛背上认真读书的挂饰，则表示勤奋好学的精神，在放牛的时候都不忘读书。放牛是为了生活，而抓紧时间读书是为了今后能成为一个对社会有用的人才。古时只有读书进取、有了功名才能加官晋爵，青云直上，也是改变自己前途和命运的一个阶梯。因此，刻苦读书，成为古代学子们获取功名利禄的唯一途径。

银佩玉、玛瑙挂饰

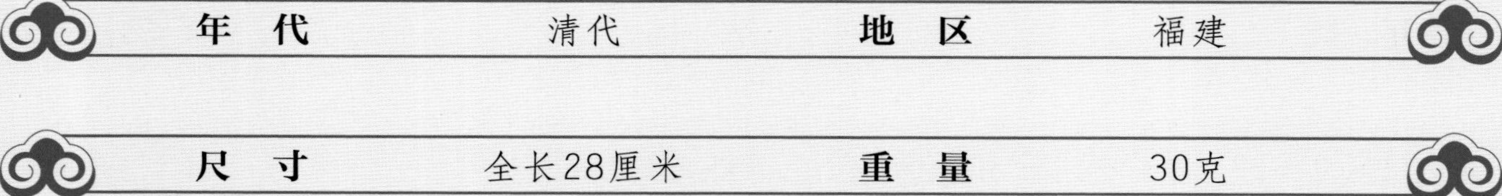

年代	清代	地区	福建
尺寸	全长28厘米	重量	30克

这是一件挂饰小品，为女性佩挂。这种佩玉、玛瑙饰品来自中国福建地区。这类饰物在我国明清时期尤其是清代十分流行，大江南北不分男女均有佩挂各种挂饰的习俗。男子一般挂在腰间和胸前，女子多挂在衣服的第二个纽扣上。作为装饰之挂饰，大多采用“五兵佩”或是采用七件、九件，均以单数为吉利，同样是为了镇祟避灾、保佑平安。

银镶虎牙挂饰

年代	清代晚期	地区	福建
尺寸	全长35厘米	重量	52克

虎全身都是宝，这是一件用虎牙制成的吉祥挂饰，属虎的人往往把它当作吉祥物挂在身上。虎是勇气胆魄的象征，用它镇祟避邪，保佑平安。吉祥饰物早在旧石器时代就已经出现，最早的饰物是利用兽牙、兽骨、蚌贝等自然物进行简单加工制作而成，后来随着社会的不断发展，饰品越来越精致，多姿多彩，装饰目的更加多样化。无论早期还是近代，佩戴兽牙、兽骨的装饰形式首先是满足人们的信仰，时至今日世界上依然有很多民族保持佩戴兽骨、兽牙的习俗，就是期望用它获得力量、保佑平安。

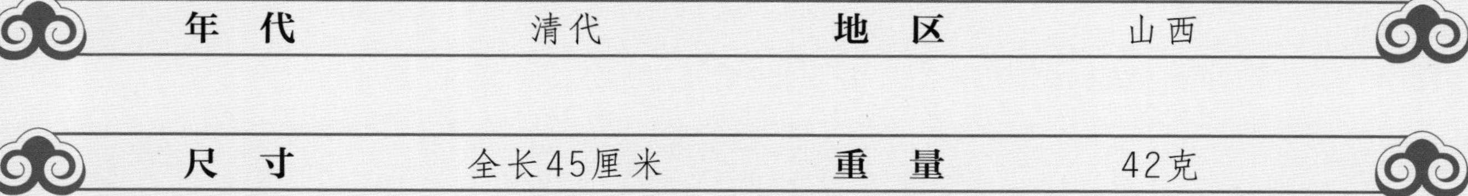

银万事如意挂饰

年 代	清代	地 区	山西
尺 寸	全长45厘米	重 量	42克

人生有不如意的事是客观存在的，作为中国的吉祥挂饰，如意挂饰满载着古人对生活的美好憧憬，鼓舞着人们驶向幸福的彼岸。

这件银挂饰的中间一层，以如意灵芝为主题，中心装饰“卍”字纹寓意万事如意。作为文化符号和吉祥图案，它们的寓意都充满了欢乐与吉庆。

“卍”字原为梵文，在武则天当政时被采用成文字，音“wàn”，为吉祥万福之集聚，通常作为万字的变体字。“卍”字自四端纵横伸延，以相连锁组成各种花纹，含连绵长久之意，称为“万字锦”，象征富贵不断，在建筑物、家具、金银饰品等器件上应用很广泛。受传统文化的影响，中国人喜欢身佩一两件吉祥饰物，这样的万字如意纹挂饰颇受人们喜爱。

银珐琅彩挂饰

年　代	清代晚期	地　区	福建
尺　寸	全长30～35厘米	重　量	35～45克(每件)

本书中的腰挂均为传世之物，比较常见，形式一般为宝塔形，用具和佩饰物以银链穿系连接，从上到下分层递增排列，以三层、五层比较常见，五层以上的虽有，但很少见到，且层层都有说法，个个都有寓意。女子挂饰较短，男子挂饰较长。女子的挂饰挂在前胸第二个纽扣上，男子多佩戴在腰上，但有些较简单的挂饰也有挂在胸前的，那是为了使用更方便。总之，对于挂饰的位置，并没有具体而严格的要求。

六式银珐琅彩花瓶针筒挂饰

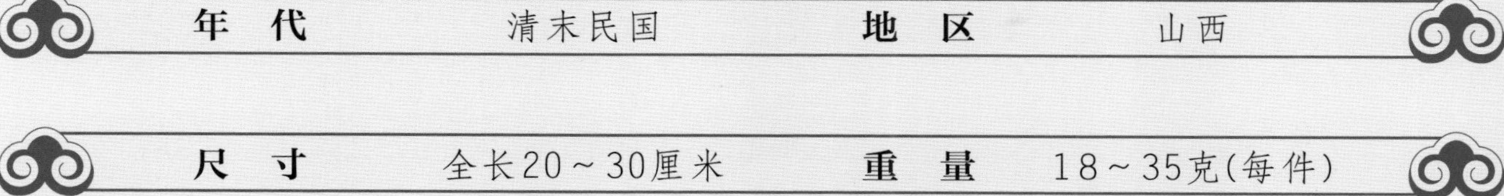

年　代	清末民国	地　区	山西
尺　寸	全长20～30厘米	重　量	18～35克(每件)

银针筒是旧时妇女身边常挂的饰品，就和今天的针线包一样不离身。此外，还有白铜针筒，作用都是为了缝缝补补之方便，也显示了中国妇女勤俭持家的好习惯与优良作风。针筒大多是银和珐琅彩的，一般不用镀金，因针筒戴在身上经常摩擦，镀金容易被摩擦掉。针筒上的图案有写实的也有抽象的，有简洁的也有繁缛的，有精细的也有普通的。图中六式针筒挂饰的品相都比较好，形态塑造圆润饱满又极具装饰性，也算针筒里的上乘之作。

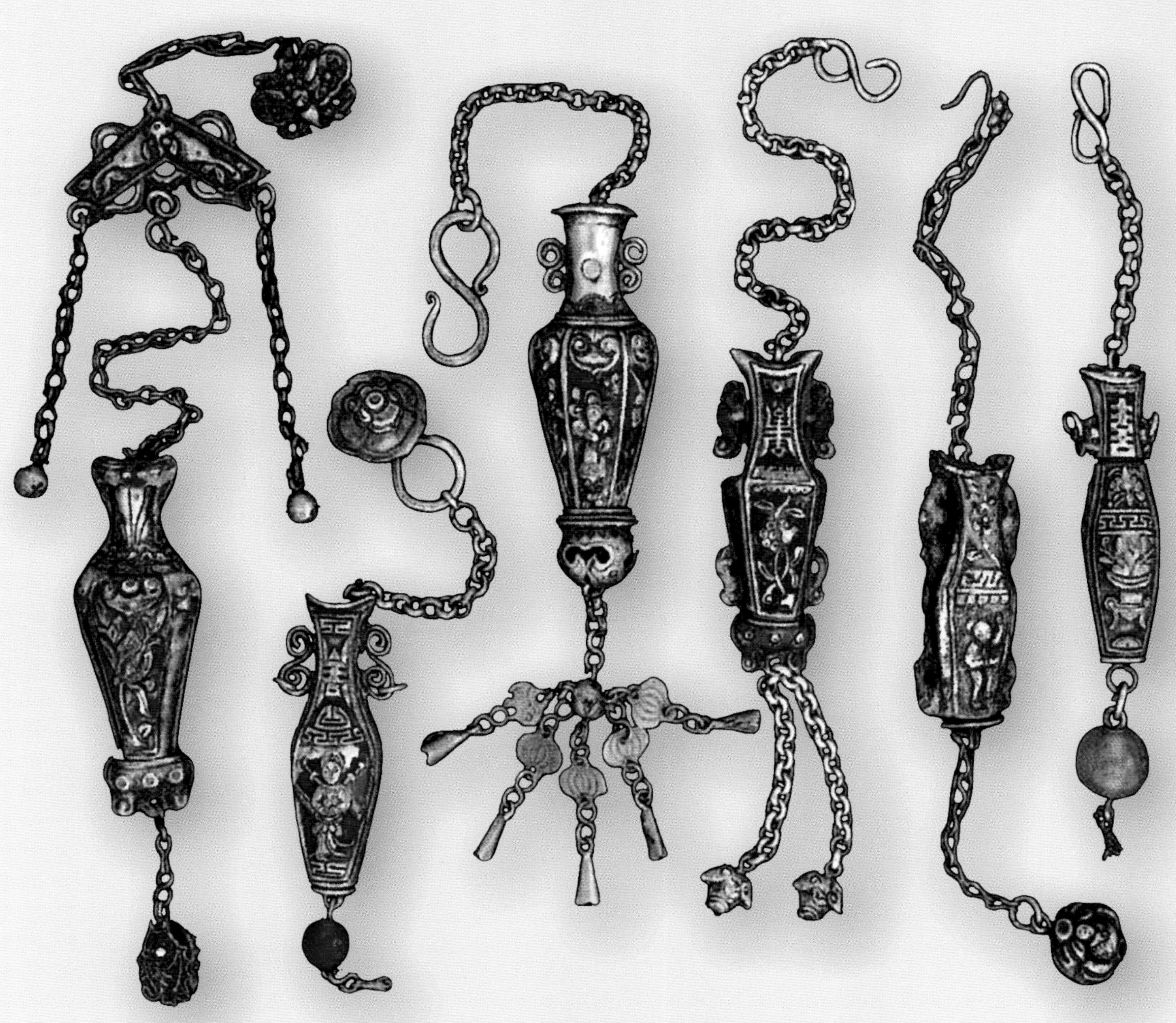

五式银针筒挂饰

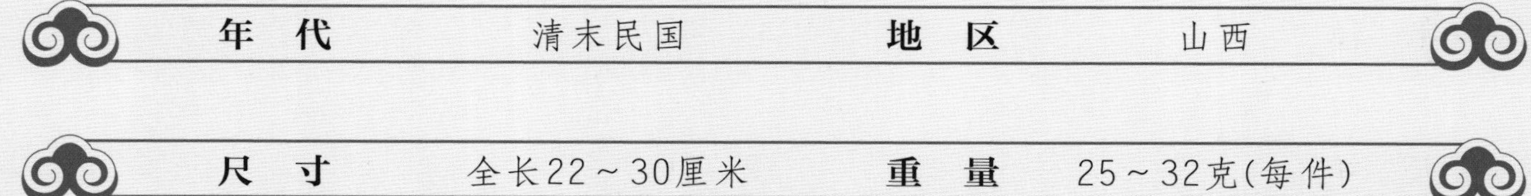

年代	清末民国	地区	山西
尺寸	全长22～30厘米	重量	25～32克(每件)

挂饰上的针筒有花瓶形、圆筒形、六棱形、童子踩元宝形等。但以花瓶形居多，它代表了平平安安，圆筒形代表圆圆满满，六菱形代表六六大顺，童子踩元宝形代表招财进宝。一般均是以錾刻工艺完成，具有凸凹起伏的立体效果和浓厚的民间情趣。通过一件小小的佩饰，能体会到中国人向往平平安安和富足安康的生活。不仅用来装针缝补衣服，更重要的是，小小针筒还容纳着生活理想。艺术中蕴含着一种人间真爱，那就是“女红文化”，产生于中国妇女传统的针凿艺术活动及与生活相关的创造。这一点笔者在农村插队的六年里深有体会，当下地干活歇下来的时候，无论是年轻的人还是年老的人，只要有空就拿出针线活，或纳鞋帮，或纳鞋底，手中从来不离针线。在一些僻远的山区，至今男耕女织的古老习俗仍在延续，支持着这一文化经久不衰。

五式银元宝挂饰

年　代	民国	地　区	内蒙古
尺　寸	全长30～35厘米	重　量	25～115克(每件)

元宝，又称“银锭”，是祈财文化的一种符号。追求财富是社会发展的一种正常现象，为了增加个人的财富，民间广泛流行着一些有关钱财的图案，如铜钱、刀币、银锭、元宝等。在除夕，大人要送小孩压岁钱，一是祝愿新年财源广进，二是用于压伏鬼怪。

在民间，中国人多称银锭为“元宝”，其实元宝只是银锭中的一种，带“宝”字的钱币很多，有“开元通宝”“乾封泉宝”“乾元重宝”，有五代时期的铸钱，还有“天福元宝”“淳化元宝”，故而“元宝”成为较大较重银锭的别称。关于元宝成为吉祥物，也有一些说法。旧时文官考试前，友人常赠笔、定胜糕（元宝形的饼）还有灵芝（如意），取锭为比拟物是“必定如意”之意。锭还是中国传统的“八宝之一”。作为银锭之一的元宝，因其名称吉祥，因此被绘入吉祥图案之中。

三式银梳子挂饰

年　代	清末民国	地　区	山西
尺　寸	梳子长10～12厘米(不含链)	重　量	梳子12～16克

这种随身挂戴的小银梳子挂饰一般为老年人和绅士所用，用于梳理胡须和眉毛。图中有两把带梳套，一把不带。

小银梳子在工艺上极为精巧，造型考究，并且具有很强的装饰性，不但使用方便，听老人说还有另一种意义，即梳子都是由上往下梳，人一旦有什么事时，往往需要求人，就得从上往下先疏通关系，只有疏通了关系才好办事。还有一种梳子是豆荚形式，内藏小梳子，豆荚形如四季豆，寓意四季平安，还喻四季疏通顺利。有的还专门制成了梳子的形式，但其实是并不实用的装饰物挂在身上。

中国人就是这样，为一些不起眼的小玩意儿赋予美好愿望，抚慰着人们的心灵和生活。

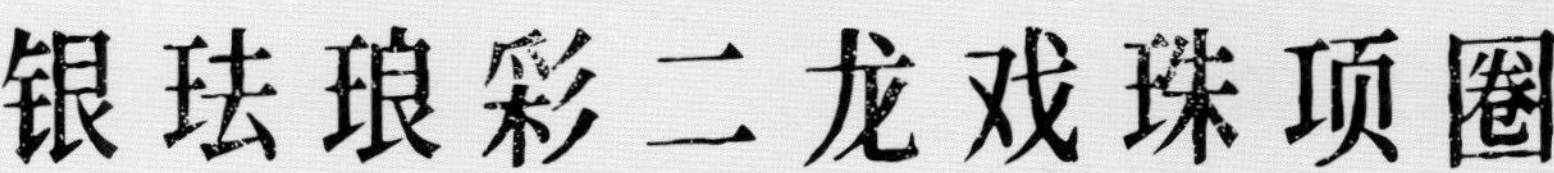

银珐琅彩二龙戏珠项圈

年代	清末民初	地区	福建
尺寸	径约22厘米	重量	约110克

银福禄寿康宁腰带

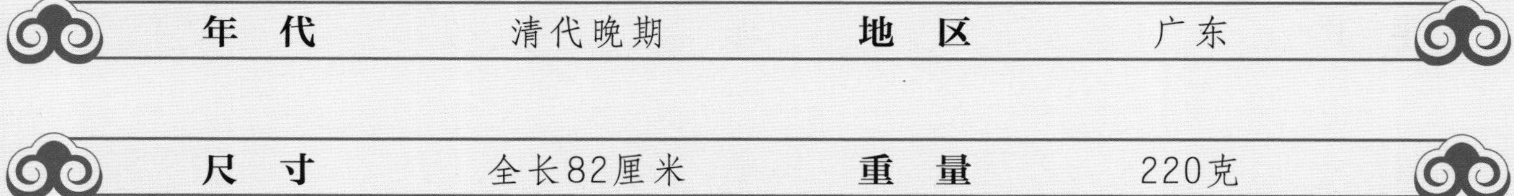

年　代	清代晚期	地　区	广东
尺　寸	全长82厘米	重　量	220克

图中腰带分为二十节，以吉祥文字“福禄寿康宁” 环套环组合而成。其盘旋翻转，头尾呼应，在当时属于一些窈窕淑女所用的时尚品。腰带的一端焊接有挂钩，可根据佩戴者的腰围大小调解长短。

此腰带属于曾经外销，现在又回流的饰品。中国银饰有着灿烂的文化历史，一些金银器产品都巧妙结合了中西文化，将大量的中国元素加入出口西方的日常生活器物之中，在当时深受西方人的喜爱。同时也成为中国上流社会绅士、淑女们的青睐之物。

银人物纹双喜腰带

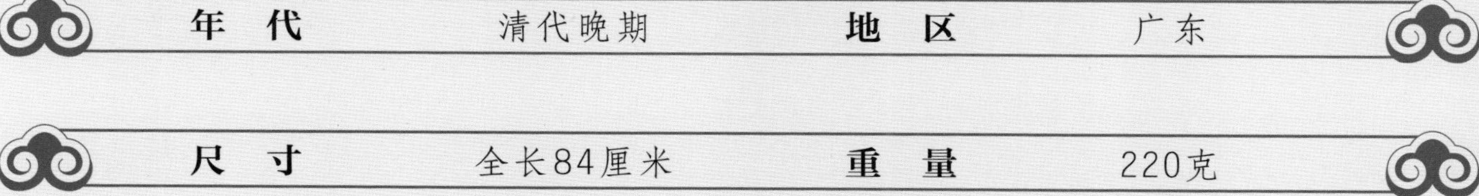

年 代	清代晚期	地 区	广东
尺 寸	全长84厘米	重 量	220克

这也是一条备受当时上流社会小姐们喜爱的银腰带。

据资料记载，清代最大的对外贸易银器机构在广东，又称专业商行、洋货行、外洋行、洋货十三行、广东十三行等。十三行成立于 1685 年，毁于 1856年。当时广东十三行被视为清政府财源滚滚的“天子南库”，用银钱堆满十三行来形容。到清代末期，由于鸦片战争，十三行也在战火中越来越萧条，虽貌似在营业，但已逐渐走向衰弱。1856年，繁荣一时的“十三行”在英法联军的炮火中一再衰败，英国商人也将经营中心转至中国香港，广东十三行从此退出历史舞台。在1900年之前，这里是外销银器最大、最集中的市场之一。当时许多外商通过行商或自行从广东银铺、银楼定制银器，通常是餐具、高足酒杯及银盒等，具有中西方艺术风格交融的特色。因此，现在很多回流银器多出自广东十三行，回流的银饰与中国传统银饰汇聚，使中国的金银文化市场更加丰富多彩，靓丽多姿。

作者简介

王金华，出生于北京。1968 年初中毕业后，到山西夏县插队。1975 年就职于铁路行业。由于酷爱古典文化，工作之余热衷研读地方志、史书，收集民间传统艺术品。20 世纪 80 年代末，毅然辞去二十余年安身立命的铁路工作，专事古玩的收、卖、研，逐渐成为中国传统织绣和银饰文化的藏品大家。目前，珍藏服装、云肩、枕顶等丝织品上千件，簪、钗、冠、手镯、长命锁等首饰上千件，且藏量大、品种丰富、品相较好，具有极高的研究价值。

作者行事专注、刻苦钻研，在明清服装和银饰的研究方面尤见成效，并心系传统文化的研究、保护、传播与传承，创办了“雅俗艺术苑”，为广大艺术品研究者、爱好者提供了一个文化交流平台。同时，还为各地博物馆的筹建、各类藏品的展览以及学者专家的著书等提供了大量藏品和相关图片。

凭借丰富的藏品、渊博的收藏知识、独到的鉴别经验，对文物实业界和文物学术界均有一定影响和贡献。曾任工商联中华全国古玩业商会常务理事、北京古玩城商会古典织绣研究会会长、北京古玩城私营个体经济协会副会长。

五十余年，陆续出版了《中国民间绣荷包》《中国民俗艺术品鉴赏刺绣卷》《民间银饰》《图说清代女子服饰》《图说清代吉祥佩饰》《中国传统首饰》《中国传统首饰：簪钗冠》《中国传统首饰：手镯戒指耳饰》《中国传统首饰：长命锁与挂饰》《中国传统服饰：云肩肚兜》《中国传统服饰：儿童服装》《中国传统服饰：清代服装》《中国传统服饰：绣荷包》《中国传统服饰：清代女子服装 · 首饰》等书籍。其中，《中国传统首饰：簪钗冠》荣获第五届中华优秀出版物奖图书提名奖、2023—2024 年度国家社科基金中华学术外译项目，《中国传统服饰：清代女子服装 · 首饰》荣获中华印制大奖银奖，有几部曾多次重印，还有几部译成英、德、法等文字，在多个国家热销。近期，又将有几部专业新著陆续面世。